Teubner-Reihe Wirtschaftsinformatik

Herausgegeben von

Prof. Dr. Dieter Ehrenberg, Leipzig
Prof. Dr. Dietrich Seibt, Köln
Prof. Dr. Wolffried Stucky, Karlsruhe

Die „Teubner-Reihe Wirtschaftsinformatik" widmet sich den Kernbereichen und den aktuellen Gebieten der Wirtschaftsinformatik.

In der Reihe werden einerseits Lehrbücher für Studierende der Wirtschaftsinformatik und der Betriebswirtschaftslehre mit dem Schwerpunktfach Wirtschaftsinformatik in Grund- und Hauptstudium veröffentlicht. Andererseits werden Forschungs- und Konferenzberichte, herausragende Dissertationen und Habilitationen sowie Erfahrungsberichte und Handlungsempfehlungen für die Unternehmens- und Verwaltungspraxis publiziert.

Teubner-Reihe Wirtschaftsinformatik

R. Kneuper/G. Müller-Luschnat/
A. Oberweis (Hrsg.)

Vorgehensmodelle für die
betriebliche Anwendungsentwicklung

Vorgehensmodelle für die betriebliche Anwendungsentwicklung

Herausgegeben von
Dr. Ralf Kneuper
TLC GmbH Frankfurt am Main
Günther Müller-Luschnat
FAST e.V. München
Prof. Dr. Andreas Oberweis
Johann Wolfgang Goethe-Universität Frankfurt am Main

B. G. Teubner Stuttgart · Leipzig 1998

Dr. Ralf Kneuper

Geboren 1959 in Wiesbaden. Von 1979 bis 1985 Studium der Mathematik in Mainz, Manchester (England) und Bonn. Von 1986 bis 1989 wissenschaftlicher Mitarbeiter im Fachbereich Informatik der Universität Manchester im Bereich Formale Methoden. Juli 1989 Promotion an der Universität Manchester mit einer Arbeit über symbolische Ausführung von formalen Spezifikationen.

Von 1989 bis 1995 Mitarbeiter bei der Software AG im Bereich Qualitätssicherung/Qualitätsmanagement. Von 1995 bis 1997 als Berater bei der Deutschen Bahn AG im Bereich Methoden und Werkzeuge. 1997 Wechsel zu TLC, einer Tochterfirma der Deutschen Bahn, als Leiter Qualitätsmanagement in einem Großprojekt.

Günther Müller-Luschnat

Geboren 1952 in Düsseldorf. Studierte bis 1982 Mathematik an der Universität Düsseldorf. Von 1983 bis 1986 Organisationsprogrammierer/Projektleiter bei der Bosch-Siemens Hausgeräte GmbH und von 1986 bis 1993 Seniorberater bei der ALLDATA Unternehmensberatung im Bereich Methoden/Tools. Seit 1994 wissenschaftlicher Mitarbeiter beim Forschungsinstitut für Angewandte Software-Technologie (FAST) e.V. Themen hier: Business Process Reengineering, Entwicklungsmethodik von Multimedia-Systemen, Programm-, Beschaffungs- und Vertrags-Management.

Mitbegründer und seit 1993 Sprecher der GI-Fachgruppe 5.1.1 „Vorgehensmodelle für die betriebliche Anwendungsentwicklung".

Prof. Dr. Andreas Oberweis

Geboren 1962 in Trier. Von 1980 bis 1984 Studium des Wirtschaftsingenieurwesens an der Universität Karlsruhe. Wissenschaftlicher Mitarbeiter an der Universität Karlsruhe (1985), an der Technischen Hochschule Darmstadt (1986–1987) und an der Universität Mannheim (1987–1990). Juli 1990 Promotion an der Universität Mannheim mit einer Arbeit über Zeitstrukturen in Informationssystemen. Wissenschaftlicher Assistent am Institut für Angewandte Informatik und Formale Beschreibungsverfahren der Universität Karlsruhe (1990–1995). Februar 1995 Habilitation für das Fach Angewandte Informatik ebendort. Seit 1995 Inhaber eines Lehrstuhls für Wirtschaftsinformatik an der Johann Wolfgang Goethe-Universität Frankfurt am Main.

Gedruckt auf chlorfrei gebleichtem Papier.

Die Deutsche Bibliothek – CIP-Einheitsaufnahme

Vorgehensmodelle für die betriebliche Anwendungsentwicklung /
hrsg. von Ralf Kneuper ... – Stuttgart ; Leipzig : Teubner, 1998
(Teubner-Reihe Wirtschaftsinformatik)
ISBN 978-3-8154-2605-0 ISBN 978-3-663-05994-3 (eBook)
DOI 10.1007/978-3-663-05994-3

Umschlaggestaltung: E. Kretschmer, Leipzig

Vorwort

Eines der Themen, die sowohl in der Betriebswirtschaft als auch der Informatik in den letzten Jahren diskutiert wurden, ist Business Process Reengineering (BPR). Mit BPR soll ein Unternehmen oder Unternehmensbereich ausgehend von der Modellierung seiner Geschäftsprozesse reorganisiert werden.

Auch die betriebliche Anwendungsentwicklung kann man als einen Unternehmensbereich verstehen, der prozeßorientiert betrachtet werden muß. Schon seit ca. 40 Jahren beschäftigt sich die Informatik mit der Modellierung des Geschäftsprozesses "Entwickeln einer Anwendung". Die daraus entstandenen Modelle haben einen besonderen Namen bekommen: Vorgehensmodelle (englisch: Software Process Model).

Um ein Vorgehensmodell zu erstellen, sind die grundlegenden Fragen der Geschäftsprozeßmodellierung zu beantworten:

- Welche Ziele werden mit dem Prozeß verfolgt?
- Welche Prozeßschritte sind nötig?
- In welcher Reihenfolge werden sie bearbeitet?
- Wer ist beteiligt?
- Welche Ressourcen werden benötigt?
- Welche Vor- und Nachbedingungen sind gegeben?

Die Fachgruppe 5.1.1 "Vorgehensmodelle für die betriebliche Anwendungsentwicklung" der Gesellschaft für Informatik e.V. (GI) beschäftigt sich mit diesen Fragen und veranstaltet dazu regelmäßig Workshops und Arbeitskreise.

Aus dieser Arbeit heraus entstand der Wunsch, die bisher in der Fachgruppe gemachten umfassenden Erfahrungen zum Thema "Vorgehensmodell" im vorliegenden Buch zusammenzufassen.

Die im ersten Teil dieses Buches enthaltenen Beiträge behandeln Grundlagen für die Definition von Vorgehensmodellen, nämlich Begriffe, Historie und Modellierungssprachen.

Um ein gemeinsames Verständnis des Themas "Vorgehensmodelle" zu erreichen, ist die Erläuterung und Diskussion von Begriffen, die es rund um dieses Thema gibt, notwendig. Die Arbeitsgruppe "Begriffe" der Fachgruppe, deren Kernmitglieder die Autoren Fischer, Biskup und Müller-Luschnat sind, erläutert die wichtigsten Begriffe in ihrem Beitrag.

Die Geschichte der Vorgehensmodelle ist eine Geschichte der ihnen innewohnenden grundlegenden Vorgehensprinzipien, der Entwicklungsschemata. Der Beitrag von Bremer gibt einen Überblick über die wichtigsten Entwicklungsschemata und ihre geschichtliche Entwicklung.

Die beiden Beiträge von Verlage behandeln die Formalisierung von Vorgehensmodellen. Im ersten Beitrag werden Erfahrungen bei der Formalisierung von vier verschiedenen Vorgehensmodellen dargestellt. Der zweite Beitrag von Verlage vergleicht verschiedene formale Sprachen, die besonders zur Beschreibung von Vorgehensmodellen geeignet sind.

Gruhn und Wellen im nächsten Beitrag behandeln detailliert eine dieser Sprachen, nämlich FUNSOFT-Netze. Am Beispiel eines Software-Unternehmens wird die Darstellung eines Vorgehensmodells beleuchtet.

Ein weiterer Teil dieses Buches ist der Betrachtung von Spezialfällen, also Vorgehensmodellen für bestimmte Projekttypen, reserviert.

Folgende Projekttypen werden behandelt:

- Objektorientierung (Hesse)
  Hesse vergleicht die Vorgehensweisen der bekannten Entwicklungsmethoden der Objektorientierung und stellt ihnen einen selbst entwickelten Ansatz gegenüber.
- Workflow (Jablonski, Stein)
  Ausgehend von Vorgehensmodellen der Informationssystementwicklung wird eine spezifisch für Workflow-Anwendungen geeignete aspektorientierte Vorgehensweise erarbeitet.
- Reengineering (Borchers, Hildebrand)

Die besonderen Charakteristika von Reengineering-Projekten werden aufgezeigt. Die Autoren erläutern, warum die bestehenden Vorgehensmodelle den hieraus resultierenden Anforderungen nicht genügen und entwickeln eine spezielle Reengineering-Vorgehensweise.

- Wissensbasierte Systeme (Angele, Fensel, Studer)
  Drei unterschiedliche Vorgehensweisen zur Entwicklung wissensbasierter Systeme werden präsentiert und deren Vor- und Nachteile diskutiert.
- Konfiguration von Standardsoftware am Beispiel R/3 (Keller, Teufel)
  Dieser Beitrag beschreibt eine bei SAP erarbeitete Vorgehensweise zur Konfiguration von Standardsoftware.

Rahmenbedingungen für den praktischen Einsatz von Vorgehensmodellen behandelt der dritte und letzte Teil des Buches.

Im Beitrag von Chroust und Grünbacher geht es um die Unterstützung, die Werkzeuge beim Einsatz von Vorgehensmodellen bieten (können). Dazu werden verschiedene Dimensionen der Werkzeugunterstützung definiert, die Software-Entwicklungsumgebungen bei der methodischen Erstellung von Ergebnissen, bei der Verwaltung dieser Ergebnisse und bei der Einhaltung eines Vorgehensmodells liefern können. Beispielhaft werden dann einige existierende Werkzeuge in diesem Modell eingeordnet.

Die organisatorische Gestaltung des Einsatzes von Vorgehensmodellen wird im Beitrag von Kneuper beschrieben. Dazu gehört u.a. die Einrichtung einer Gruppe von Mitarbeitern, die das Vorgehensmodell betreut, und die Definition der für den Einsatz eines Vorgehensmodells relevanten Prozesse.

Der erste Beitrag von Wiemers behandelt ein eng verwandtes Thema, nämlich die Vorgehensweise beim Einführen eines Vorgehens(modells). Dieser Beitrag empfiehlt eine Aufsplittung der Einführung in mehrere Einzelprojekte und bietet viele Tips und Tricks aus der Praxis.

Seit es Vorgehensmodelle gibt, spielt die Frage eine Rolle, wie man den Aufwand und die für eine Anwendungsentwicklung gemäß einem Vorgehensmodell benötigte Zeit vorhersagen kann. Wie dies mit Hilfe des V-Modells, des Standards für die Anwendungsentwicklung der deutschen Bundesbehörden, geschehen kann, behandelt Wiemers in ihrem zweiten Beitrag.

Wir danken allen, die an der Entstehung dieses Buches beteiligt waren. Ein besonderer Dank gebührt den Autoren, die neben der Erstellung des eigenen Beitrags auch die Herausgeber durch Begutachtung anderer Beiträge unterstützten.

Frankfurt, München,

im Februar 1998

Ralf Kneuper

Günther Müller-Luschnat

Andreas Oberweis

Inhalt

Grundlagen

Vorgehensmodelle für spezielle Projekttypen

Praktischer Einsatz von Vorgehensmodellen

I Begriffliche Grundlagen für Vorgehensmodelle

Thomas Fischer, Hubert Biskup, Günther Müller-Luschnat

Zusammenfassung

Bei der Annäherung an ein Thema, egal ob in Theorie oder Praxis, ist ein Verständnis der verwendeten Begriffe grundlegend. Nur mit diesem Verständnis kann die weitere Bearbeitung des Themas auf einer gesicherten und für die Kommunikation unzweideutigen Weise geschehen.

In diesem Beitrag werden die begrifflichen Grundlagen für das Thema "Vorgehensmodelle für die Anwendungsentwicklung" umrissen und die wichtigsten Begriffe diskutiert. Dabei wird nicht der Anspruch erhoben, Begriffe allgemeingültig zu definieren oder zu normen, da die praktische Verwendung von unterschiedlichen Nuancen in der Syntax bis hin zu semantischen Widersprüchen reicht.

Es wird ein Ordnungsschema vorgestellt, das den Betrachtungsbereich in Themenbereiche strukturiert. Die Begriffswelt der einzelnen Themenbereiche wird beschrieben, wobei "Kern"-Themenbereiche wie "Vorgehensmodell" und "Aktivitäten" detaillierter behandelt werden als Themenbereiche wie "Projektmanagement" und "Systementwicklung".

Eine Möglichkeit, die Begriffsarbeiten von verschiedenen Gruppen zusammenzufassen, ist die Schaffung eines "Begriffsnetzwerks" im Internet. Hierzu wurden erste Aktivitäten gestartet.

1 Motivation für eine Begriffssammlung

Die ständige Weiterentwicklung und zunehmende Spezialisierung von fachlichen und wissenschaftlichen Disziplinen führt auch zu einer Ausbildung spezifischer

Sprach- und Begriffswelten. Dies kann man insbesondere in dem hochdynamischen Gebiet der Informationsverarbeitung verfolgen. Es ist daher immer wichtig, sich frühzeitig klar zu werden, in welchem fachlichen Umfeld und somit in welcher Begriffswelt beispielsweise eine Kommunikation stattfindet oder ein Artikel einzuordnen ist.

In der Entstehungsphase einer neuen, eigenständigen Fachdisziplin ist zum einen die Übernahme bestehender Begrifflichkeiten aus anderen Welten zu beobachten, zum anderen werden die Begriffe selbst durchaus mit neuen oder zumindest geänderten Bedeutungen belegt.

Beispielsweise wurde der Begriff *Fenster* aus dem Architektur-/Bauwesen in die Welt der Benutzeroberflächen von Computerprogrammen übernommen. Dies geschah wohl aufgrund von Eigenschaftsanalogien wie Freigabe einer eingeschränkten, festgelegten Sicht auf etwas oder das Öffnen und Schließen dieser Sichtmöglichkeit. Auch der Begriff *Methode* hat im Kontext von Vorgehensmodellen eine andere, viel allgemeinere Bedeutung (vgl. Abschnitt 2.9) als im Bereich der Objektorientierung, wo die Methode der funktionale Bestandteil einer Klasse ist.

Nach einer Zeit der Orientierung und Etablierung einer Fachwelt entsteht ein gewisser Standard bezüglich der Bedeutung und Verwendung von Basisbegriffen. Im weiteren wächst dann der Wunsch oder die Erfordernis einer klaren Begriffsdefinition bis hin zur Begriffsnormung.

Diese allgemein geschilderten Feststellungen waren letzlich auch die Motivation für eine intensivere Auseinandersetzung mit der Begriffswelt der Vorgehensmodelle.

Im Bereich der Informationsverarbeitung bietet die Gesellschaft für Informatik e.V. (GI) für die unterschiedlichen fachlichen Spezialgebiete ein Forum zur Kommunikation zwischen Wissenschaft und Praxis. Für den Themenkomplex Vorgehensmodelle wurde 1993 eine eigene Fachgruppe "Vorgehensmodelle für die betriebliche Anwendungsentwicklung" gegründet. Eines der ersten Bedürfnisse der Mitglieder der neuen Fachgruppe war die Beschäftigung mit den begrifflichen Grundlagen dieses Spezialgebiets innerhalb eines Arbeitskreises.

Ziele der Begriffsklärung im Kontext Vorgehensmodelle sind hierbei:

- Beschreibung und Definition von Einzelbegriffen
- Abgrenzung ihrer Relevanz für den betrachteten Kontext
- Positionierung von Einzelbegriffen in einer Metastruktur
- Klärung von Zusammenhängen innerhalb dieser Begriffswelt

Zur Klärung von Begriffen können einerseits Literaturquellen beitragen, andererseits sollen sich auch praktische Erfahrungen aus dem Umgang mit Vorgehensmodellen widerspiegeln, auch wenn diese möglicherweise nicht repräsentativ sind. Zur einheitlichen und systematischen Dokumentation der Einzelbegriffe sind ein allgemeines Beschreibungsformular und ein Metaschema zur Einordnung sehr hilfreich.

Es gelingt jedoch nicht immer, einen Themenkomplex allein durch die Aufzählung und Erläuterung einzelner charakteristischer Begriffe zu beschreiben. Beispielsweise kann der Themenbereich "Aktivitäten" (vgl. Abschnitt 2.3) nahezu vollständig durch ein gutes Glossar erklärt werden. Weniger stark ausgeprägte Begriffswelten wie der Themenbereich "Rollenmodell" (vgl. Abschnitt 2.10) erfordern eine weniger formalisierte Diskussion. Dort gibt es nur wenige charakteristische Einzelbegriffe. Das Verständnis wird eher durch die Aufschlüsselung von Zusammenhängen mit anderen Begriffen und über Themenbereiche hinweg aufgebaut.

2 Begriffssystematik

Das Thema Vorgehensmodelle ist breit gefächert. Zunächst gilt es den Betrachtungsbereich hier auf die Entwicklung von Softwaresystemen im technischen und/oder organisatorischem Umfeld einzugrenzen. In unterschiedlichen Systementwicklungsumgebungen haben sich aus unterschiedlichen Traditionen und Zielsetzungen heraus auch unterschiedliche Vorgehensmodelle entwickelt. Das Vorgehen bei der Entwicklung technischer Software sieht anders aus als bei der Entwicklung kaufmännisch-administrativer Software. Das Vorgehen kann sich ändern, wenn zunehmend objektorientierte Techniken anstelle strukturierter Methoden zum Einsatz kommen.

Betrachtet man die Entstehung des Begriffs *Vorgehensmodell* selbst, so führt dies gleichzeitig zum Ziel und Zweck von Vorgehensmodellen:

Das *Vorgehen* bei der Entwicklung von betrieblichen Anwendungen, also der gesamte Systementwicklungsprozeß, wird auf Basis von Beschreibungen und Anleitungen durch Strukturierung aus verschiedenen Sichten als *Modell* abgebildet und somit transparent und planbar.

Die statische Sicht auf ein Vorgehensmodell bezieht sich

- auf seine interne Architektur, beispielsweise die Strukturierungstiefe in Phasen und Aktivitäten oder die Auftrennung in unterschiedliche Tätigkeitsbereiche
- und die Form der Dokumentation, etwa die Ausgliederung von wiederholten methodischen Erläuterungen in gesonderte Beschreibungsteile.

Das Vorgehensmodell wird dynamisiert durch die Anwendung in einem Entwicklungsprojekt. Dies geschieht in Form von

- strukturellen Anpassungen, also beispielsweise Streichungen und Ergänzungen von Aktivitäten / Ergebnissen,
- Ausprägung der Metaebene: die im Vorgehensmodell beschriebenen Aktivitätstypen werden zu konkreten Projektaktivitäten, die nötigen Rollen mit Personen besetzt,
- und Abbildung auf die Zeitachse, das heißt Aktivitäten erhalten ein konkretes Start- und Endedatum bzw. Mitarbeiter müssen ihre Ergebnisse in einem definierten Zeitraum erarbeiten.

2.1 Ordnungsschema

Sowohl die Struktur eines konkreten Vorgehensmodells als auch die zugehörige Begriffswelt läßt sich in einem Ordnungsschema abbilden, das auch als Metamodell verstanden werden kann (siehe Abbildung I-1).

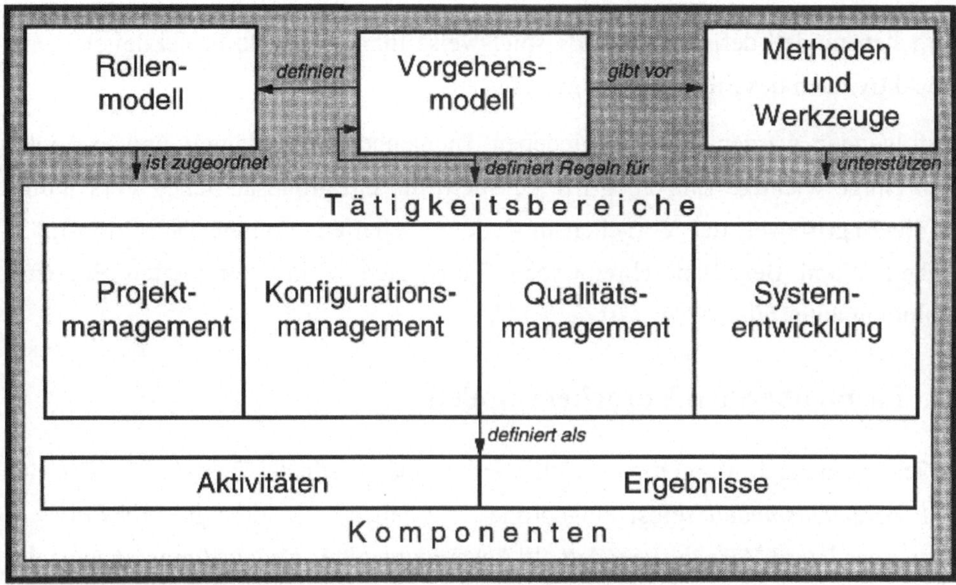

Abbildung I-1: Ordnungsschema

Das Schema identifiziert übergeordnete Themenbereiche, die inhaltlich verwandte Einzelbegriffe sammeln. Die Themenbereiche stehen untereinander in Bezug. Hier werden nur die statischen Sichten von Vorgehensmodellen herangezogen, die dynamischen Dimensionen werden gesondert behandelt.

Der Kern eines *Vorgehensmodells* wird als Regelwerk verstanden, das für den Umgang mit dem Vorgehensmodell selbst als auch für seine Strukturkomponenten Regeln definiert. Ein häufig zu findendes Strukturmerkmal bildet die Sicht auf verschiedene Tätigkeitsbereiche innerhalb des gesamtheitlichen Systementwicklungsprozesses: *Projektmanagement*, *Konfigurationsmanagement*, *Qualitätsmanagement* und *Systementwicklung*. (In [Vmo90] wird diese Aufgliederung mit dem Begriff "Submodelle" bezeichnet.) Diese Tätigkeitsbereiche werden definiert und beschrieben als *Aktivitäten* und *Ergebnisse*. Aktivitäts- bzw. Ergebnistypen bilden die wesentlichen Komponenten eines Vorgehensmodells. Das Vorgehensmodell gibt die *Methoden und Werkzeuge* vor, welche die Erarbeitung von Ergebnissen innerhalb einer Aktivität unterstützen. Außerdem sind den Aktivitäten der verschiedenen Tätigkeitsbereiche jeweils spezifische *Rollen* zugeordnet, die allgemein durch das

Vorgehensmodell definiert sind. Beispielsweise führt die Rolle Projektleiter spezielle Aktivitäten des Projekt-Managements aus.

Im folgenden werden die verschiedenen Themenbereiche erläutert und exemplarisch einige wichtige Einzelbegriffe definiert, um ein grundsätzliches Verständnis für die Begriffswelt der Vorgehensmodelle zu schaffen. Weitere Definitionsmöglichkeiten und Begriffsbeschreibungen finden sich in der kompletten Begriffssammlung unter *http://www.fast.de/fg511/.*

2.2 Themenbereich Vorgehensmodell

Im Themenbereich Vorgehensmodell werden übergeordnete Themen wie der Begriff *Vorgehensmodell* selbst eingeordnet. Ausgehend von dem Begriff *Entwicklungsprozeß* wird *Vorgehensmodell* als Ausprägung eines *Entwicklungsschemas* definiert:

Der **Entwicklungsprozeß** (synonym *Software-Lebenszyklus*) ist der Lebenslauf eines Software-Systems vom Projektbeginn über Nutzung/Betreuung bis zur Außerbetriebnahme.

Er stellt den Ablauf der Entstehung und Fortentwicklung eines Software-Systems dar, der alle Maßnahmen und Tätigkeiten einschließt, die während dieser Periode erforderlich sind.

Ein **Entwicklungsschema** (synonym *Vorgehensstrategie*, *Entwicklungsansatz*) ist die Fokussierung des repräsentierten Wissens einer soziotechnischen Umgebung (Entwicklungsphilosophie, SW-Werkzeuge, Projektorganisation) bezüglich der Art und Weise, wie Software-Systeme gestaltet und betreut werden.

Beispiele: "Wasserfallmodell" [Boe76], "Spiralmodell" [Boe88].

Weitere Erläuterungen hierzu finden sich in Kapitel II "Genealogie von Entwicklungsschemata" in diesem Buch.

Ein **Vorgehensmodell** (synonym *Prozeßmodell*) ist ein Muster zur Beschreibung eines *Entwicklungsprozesses* auf der Basis eines *Entwicklungsschemas*.

Beispiele: "V-Modell" [Vmo90], "ISOTEC" [Iso91].

Ein Vorgehensmodell beschreibt auf abstrakte Weise (nicht im Projektplan), in welchen Stadien der Entwicklung und Nutzung sich ein Informationssystem befindet. Ein Vorgehensmodell wird als Ausprägung eines *Entwicklungsschemas* verstanden. Mehrere Vorgehensmodelle können sich nach dem gleichen Entwicklungsschema orientieren.

Dieser Themenbereich umfaßt auch die Repräsentation von Vorgehensmodellen, also die graphische Visualisierung von Vorgehensmodellkonzepten, beispielsweise als Spirale, aber auch die physische Dokumentation eines Vorgehensmodells wie etwa in speziellen Vorgehensmodelltreibern, die Werkzeuge zur Navigation oder Anpassung bieten können.

Außerdem wird hier die Verbindung zu Begriffen im Zusammenhang mit spezifischen Anpassungen und Ausprägungen von Vorgehensmodellen hergestellt. Diese Thematik der Dynamisierung wird in Abschnitt 3 erläutert.

2.3 Themenbereich Aktivitäten

Als Komponenten von Vorgehensmodellen werden die beiden Themenbereiche Aktivitäten und Ergebnisse zusammengefaßt. Diese bilden den wesentlichen Anteil der statischen Architektur eines Vorgehensmodells.

Die begriffliche Differenzierung zwischen der Typ- und Ausprägungsebene, hier *Aktivitätstyp* und *Aktivität*, wird insbesondere in der Umgangssprache oft nicht so streng eingehalten.[1] Die unterschiedliche Bedeutung kann in den Definitionen jedoch klar formuliert werden:

Ein **Aktivitätstyp** wird definiert durch eine abstrakte Beschreibung von Arbeitsschritten "in der Art einer Arbeitsanleitung" [Vmo90], die geschlossen durchzuführen sind.

1 Dies läßt sich jedoch auch in anderen Bereichen beobachten, beispielsweise in der Datenmodellierung: Entitytyp vs. Entity.

Ein Aktivitätstyp erzeugt bzw. verändert einen oder mehrere *Ergebnistypen*. Das Bildungskriterium für einen Aktivitätstyp besteht meist darin, daß mindestens ein *Ergebnistyp* erzeugt bzw. modifiziert wird und damit Übergänge von und zu definierten *Ergebniszuständen* stattfinden. Namen von Aktivitätstypen sind modellspezifisch, also nicht standardisiert. Als Namenssyntax findet man häufig Konstrukte wie "<Ergebnistyp> erstellen".

Beispiele: "Elementarfunktionen beschreiben" oder "Benutzerschnittstelle implementieren" [Iso91].

Eine **Aktivität** (synonym *Tätigkeit, Task*) ist eine Ausprägung eines *Aktivitätstyps*.

Eine Aktivität ist also die konkrete Durchführung von definierten Arbeitsschritten innerhalb eines *SW-Entwicklungsprozesses* zur Erstellung von *Ergebnissen*.

Die hierarchische Aggregation als Aspekt der statischen Struktur von Vorgehensmodellen drückt sich beispielsweise durch die Begriffskette *Phase - Aktivität - Arbeitspaket* aus. Darin spiegelt sich insbesondere der Detaillierungsgrad der Aktivitätensicht wider, der selbst wiederum durch den dynamischen Konkretisierungsprozeß begleitet wird (vgl. Kapitel 3).

Eine **Phase** ist die Gruppierung von *Aktivitäten* zu einer planbaren, kontrollierbaren Einheit [gemäß HKL84].

Eine Phase kann auch anhand unterschiedlicher Bildungskriterien definiert werden, wie "zeitlich, begrifflich, technisch und/oder organisatorisch begründete Zusammenfassung von Tätigkeiten in einem SW-Projekt" [HMF92]. Auch die Definition von Phasen als "Hauptplanungsintervalle mit Meilensteinen für die Bewertung des Projekts" [Chr92a] lassen den Verwendungszweck als Management-Objekt und somit den Bezug zum Tätigkeitsbereich Projektmanagement deutlich werden. Häufig wird nicht unterschieden zwischen dem Namen der Phase als *Aktivitäten*aggregation und dem Phasen*ergebnis*.

Beispiele für Phasennamen: "Planung, Analyse, Entwurf, Implementierung, Einführung, Wartung" [Iso91].

Ein **Arbeitspaket** (synonym *Aufgabe*, *Task*) ist eine im Rahmen des Projekt-Managements gebildete Einheit zur Durchführung einer oder mehrerer *Aktivitäten*.

Es dient zur Beauftragung und Kontrolle der Durchführung von Aktivitäten. Der Inhalt wird durch Zuordnung eines *Aktivitätstyps* oder durch Aufteilung und/oder Zusammenfassung mehrerer Aktivitätstypen bestimmt. Dem Arbeitspaket sind konkrete Ressourcen und Zeiten zugeordnet.

Die Abhängigkeiten der Aktivitätstypen / Aktivitäten untereinander bezüglich zeitlich paralleler oder sequentieller Abarbeitungsmöglichkeit wird mit dem Begriff *Aktivitätenfolge* bezeichnet.

2.4 Themenbereich Ergebnisse

Die enge Kopplung der Aktivitäten- und der Ergebnissicht zeigt sich vielfältig. Charakteristisch für diese Themenbereiche sind auch begriffliche Entsprechungen auf beiden Seiten, zum Beispiel:

Typebene:	*Aktivitätstyp*	*Ergebnistyp*
Ausprägungsebene:	*Aktivität*	*Ergebnis*
Statuskonzept:	*Aktivitätsstatus*	*Ergebniszustand*
Statische Struktur:	*Phase*	*Meilenstein*
Dynamische Struktur:	*Aktivitätenfolge*	*Ergebnisfluß*

Diese beiden Themenbereiche hängen aber insbesondere zusammen durch die Input-/Output-Beziehungen

- "Ergebnis wird verwendet in Aktivität"
- "Ergebnis wird erzeugt in Aktivität"

Dieser *Ergebnisfluß* bestimmt letztlich die potentielle *Aktivitätenfolge*. Feiner betrachtet kann dies auch noch durch den Bearbeitungsstand, also *Ergebniszustand* oder *Aktivitätenstatus* vorgegeben werden.

Ein **Ergebnistyp** ist ein abstrahiertes Resultat, definiert durch eine "Beschreibung, die die Inhalte des *Ergebnisses* festlegt" [Vmo90].

Die Systematisierung und Schematisierung von Ergebnissen ist Ziel der Festlegung von Ergebnistypen. Sie werden ergänzend beschrieben durch syntaktische Qualitätskriterien, semantische Qualitätskriterien, Granularität (Einzel-/Sammel-Ergebnis), *Aktivitäten*zuordnung und *Werkzeug*zuordnung. Namen von Ergebnistypen sind modellspezifisch, also nicht standardisiert.

Beispiele: "Feindatenmodell", "Funktionsspezifikation".

Ein **Ergebnis** (synonym *Produkt, Resultat, Dokument, Entwicklungsdokument)* ist die Ausprägung eines *Ergebnistyps* und kann durch Zuordnung zu einem definierten Ergebnistyp als solches identifiziert werden.

Ein Ergebnis ist also ein konkretes Resultat, das während eines *SW-Entwicklungsprozesses* entsteht. Es entstehen oft mehrere Einzel*ergebnisse* gleichen Typs.

Beispiele: "Entity-Relationship-Diagramm Personalwirtschaft" ist Ausprägung des Ergebnistyps "Feindatenmodell", das Ergebnis "MiniSpec Girokonto eröffnen" ist Ausprägung einer "Funktionsspezifikation".

Der **Ergebniszustand** (synonym "*Statuscode*" [Chr92a]) kennzeichnet ein *Ergebnis*, in welchem Bearbeitungsstatus / Reifegrad es sich befindet.

Beispiele: "geplant, in Bearbeitung, vorgelegt, akzeptiert" [Vmo90]

Für den Praxiseinsatz von Vorgehensmodellen werden auch Hilfsmittel wie *Ergebnisschablonen* oder *Ergebnismuster* bereitgestellt.

Auch im Bereich Ergebnisse gibt es Begriffe in Bezug auf die hierarchische Aggregation. So spielt der aus diesem Themenbereich stammende Begriff *Meilenstein* auch im Projektmanagement eine wesentliche Rolle.

Ein **Meilenstein** ist eine geschlossene *Ergebnis*menge an einem "präzisen Prüfpunkt" [HBB94], die "überprüfbar und versionsfähig" [Iso91] ist.

Aus Sicht des Projekt-Managements wird ein Meilenstein auch als der Zeitpunkt

(Termin) gesehen, an dem das "besondere Ereignis" [Vmo90] eintritt, daß die festgelegte Ergebnismenge vorliegt bzw. vorliegen soll.

2.5 Themenbereich Projektmanagement

Der Tätigkeitsbereich Projektmanagement wird im Rahmen von Vorgehensmodellen oft als umschließende Klammer für den Prozeß der Anwendungsentwicklung gesehen. Die allgemein bekannten Projektmanagement-Verfahren werden auf das Entwicklungsumfeld abgebildet und angepaßt, wobei die für den Kontext Vorgehensmodelle charakteristischen Objekte verwendet werden. Dabei findet auch die Übertragung der allgemeinen Projektmanagement-Begriffe in diesen Kontext statt.

Da aber keine relevanten Änderungen in der allgemeinen Bedeutung von Projektmanagement-Begriffen festzustellen ist, werden diese Begriffe hier auch nicht weiter einzeln diskutiert.[2] Vielmehr soll exemplarisch die Verzahnung der Begriffe aus diesem speziellen Tätigkeitsbereich mit den hier erläuterten Vorgehensmodellbegriffen aufgezeigt werden.

Es bestehen beispielsweise folgende Begriffszusammenhänge:

- *Projektpläne* beinhalten *Aktivitäten*, *Arbeitspakete* und *Meilensteine*.
- *Fertigstellungsgrade* können anhand von *Aktivitätsstatus* oder *Ergebniszustand* abgeleitet werden.
- Ein *Abnahmeverfahren* soll die *SW-Qualität* eines *Ergebnisses* mittels *Review* sicherstellen.

2.6 Themenbereich Konfigurationsmanagement

In diesem Themenbereich werden *Konfiguration, Version* und deren Verwaltung auf Software und Softwareprojekte bezogen betrachtet. Unter *Konfigurationsmana-*

---

2 Als Quellen wird daher auf allgemeine Projektmanagement-Literatur z.B. [Lit95], auf Begriffsdefinitionen in [HBB94] oder bereits genormte Begriffe in [DIN80] verwiesen.

gement versteht man die Identifikation der *Konfiguration* eines Systems zu diskreten Zeitpunkten zum Zwecke der systematischen Steuerung von Konfigurationsänderungen und der Aufrechterhaltung der Vollständigkeit und Verfolgbarkeit der *Konfiguration* während des gesamten *SW-Lebenszyklus*.

Zum übergeordneten Bereich *Konfigurationsmangement* gehören auch Teilaspekte wie *Versionsverwaltung* oder *Änderungsmanagement.* Neben der Beschreibung von Tätigkeiten gibt es Begriffe zur Gesamtheit und den Teilen von Software mit ihren jeweiligen Zuständen. Eine *SW-Konfiguration* ist die Gesamtheit zusammenpassender *SW-Elemente.* Das "Zusammenpassen" konkretisiert sich in den *Versionen* verschiedener *Software-Elemente* durch einen definierten Änderungsstand ("Schnappschuß" zu einem bestimmten Zeitpunkt).

2.7 Themenbereich Qualitätsmanagement

Ebenso wie der Themenbereich Konfigurationsmanagement teilt sich der Themenbereich Qualitätsmanagement in Tätigkeiten, betrachtete Objekte und ihre Eigenschaften auf. Im Rahmen der Beschäftigung mit Vorgehensmodellen wird der umfassende Bereich des Qualitätsmanagement hier ebenfalls nicht näher erörtert, sondern auf einige Berührungspunkte beschränkt.[3]

Qualitätsmanagement ist eine Führungsaufgabe zur Festlegung der *Qualitätspolitik*, der *Qualitätsziele* und der Verantwortung für *Qualität.* Qualitätsmanagement beruht auf Qualitätsbewußtsein, Qualitätsfähigkeit und Qualitätsförderung. Es geht hierbei vor allem um die innere Einstellung zur Qualität, die es ermöglicht, mit einem ständigen Wandel in der Arbeitsumgebung zu leben. Die Qualität von Software wird unter anderem durch den *Entwicklungsprozeß* (Personal, Technologie, Management) bestimmt.

Damit wird auch der Bezug zu Vorgehensmodellen deutlich, der sich in Begriffen

---

3 Standardisierte Definitionen zu Begriffen des Qualitätsmanagements siehe auch [DGQ95].

äußert, die sich konkret mit der Operationalisierung von Qualitätsmanagement im Projekt befassen wie etwa *QS-Plan*, *Review* oder *Audit*. Beispielsweise kann *Review* definiert werden als eine projektspezifische Überprüfung, um den Status der SW-Entwicklung an einem *Meilenstein* zu beschreiben.

2.8 Themenbereich Systementwicklung

Der Tätigkeitsbereich Systementwicklung umfaßt die eigentliche Erstellung einer Anwendung, während die anderen Tätigkeitsbereiche eher begleitende Aspekte zum Entwicklungsprozeß betrachten.

Die Begriffswelt der Systementwicklung wird sehr stark geprägt durch den Einfluß des Themenbereichs Methoden und Werkzeuge (vgl. Kapitel 2.9). Beispielsweise übertragen sich die spezifischen Begriffe aus übergeordneten methodischen Konzepten wie Strukturierte Analyse / Strukturiertes Design, Information Engineering oder aus einzelnen spezifischen Methoden wie Entity-Relationship-Modell oder Interaktionsdiagramm. So wird der Zusammenhang mit dem Begriff *Ergebnistyp* wieder deutlich, da dieser einzelne *Methoden* umsetzt und mit *Werkzeugen* bearbeitet wird.

Andererseits finden sich hier auch Ausprägungen aus der Begriffswelt der *Aktivitäten* und *Ergebnisse*, so etwa Bezeichnungen einzelner *Phasen* wie *Analyse*, *Entwurf*, *Implementierung* oder *Einführung*.

Spezifische Begriffe dieses Themenbereichs Systementwicklung entstammen aus der Hardware- und Softwaretechnik. Hier eröffnen sich viele weitere Welten von Grund- und Spezialbegriffen, die wiederum in eigenen Systematiken untersucht werden können.[4]

Beispielsweise wird eine *Benutzeroberfläche* nach festgelegten *Prinzipien* und

---

4 Als Quellen hierfür wird insbesondere auf die Systematik und Begriffsuntersuchungen in [HKL84] und [HBB94] oder auf Erklärungen in spezifischen Lexika verwiesen, z.B. [Dud93].

Methoden entworfen und mit *Werkzeugen* implementiert. Eine zusammengehörige Menge *Code* wird in einer *Datei* gespeichert und stellt so physisch ein *Ergebnis* eines bestimmten *Ergebnistyps* z.B. einen Funktionsbaustein dar. Einzel*ergebnisse* eines Feindatenmodells werden als *Tabellen* eines *Datenbank-Managementsystems* umgesetzt.

2.9 Themenbereich Methoden und Werkzeuge

In diesem Themenbereich werden Begriffe zur Beschreibung von Methoden und Werkzeugen auf einer Metaebene behandelt. Einerseits werden abstrakte Begriffe wie *Prinzip* und *Methode* gegeneinander abgegrenzt, andererseits werden Begriffe der konkreten Umsetzung von Methoden wie *Technik, Verfahren, Werkzeug* oder *Software-Entwicklungsumgebung* beschrieben.

Eine **Methode** ist eine planmäßig angewandte, begründete Vorgehensweise zur Erreichung von festgelegten Zielen (i.a. im Rahmen festgelegter *Prinzipien*). Zu Methoden gehören eine Notation, systematische Handlungsanweisungen und Regeln zur Überprüfung der Ergebnisse [HMF92].

Eine Methode ist eine systematische Handlungsvorschrift (Vorgehensweise), um Aufgaben einer bestimmten Klasse zu lösen. Sie beruht auf einem oder mehreren *Prinzipien.* Die Handlungsvorschrift beschreibt, wie, ausgehend von gegebenen Bedingungen, ein Ziel mit einer festgelegten Schrittfolge erreicht wird. Methoden sollen anwendungsneutral sein, dieselben Methoden sollen daher z.B. für verschiedene Programmiersprachen gelten (gemäß [Bal82] und [GeS88]).

Beispiel: Beim relationalen Datenmodell ist die Normalisierung eine *Methode* zur Erfüllung des *Prinzips* der Normalformen.

Werkzeuge der Software-Entwicklung sind programmtechnische Mittel zum automatisierten Bearbeiten von Informationsmengen [GeS88].

Werkzeuge dienen der automatisierten Unterstützung von *Methoden* und *Verfahren* [HMF92].

In der Regel werden unter Werkzeugen *Software-Werkzeuge* verstanden und nicht andere Hilfsmittel wie z.B. eine Zeichenschablone zum Zeichnen von Flußdiagrammen. Als Beispiele können Entity-Relationship-Diagramm-Editoren oder Testwerkzeuge genannt werden (vgl. dazu auch Kapitel XI "Vorgehensmodelle und Werkzeugunterstützung" in diesem Buch).

Unter einer **Software-Entwicklungsumgebung** (SEU) (synonym: SPU *Software-Produktionsumgebung,* IPSE *Integrated Project Support Environment)* versteht man eine Gesamtheit von aufeinander abgestimmten, untereinander kompatiblen, gemeinsam zu benutzenden und wesentliche Teile des *Entwicklungsprozesses* abdeckenden *Methoden* und *Werkzeugen* zur Software-Entwicklung [HMF92]. Eine SEU muß nicht vollständig sein in Bezug auf ein *Vorgehensmodell,* kann jedoch auch mehrere unterschiedliche Vorgehensmodelle unterstützen.

Beispiel: "MAESTRO II" der Fa. Softlab.

2.10 Themenbereich Rollenmodell

Unter diesem Themenbereich werden zunächst Begriffe zum *Rollenmodell* selbst gefaßt.

Eine **Rolle** ist eine Funktion[5], in der ein Bearbeiter eine bestimmte *Aktivität* ausführt [Vmo90].

Rollen sind durch notwendige Erfahrungen, Kenntnisse und Fähigkeiten definiert.

Im V-Modell [Vmo90] werden definierten *Aktivitäten* Rollen zugeordnet und diese definiert (z.B. Systemanalytiker, DV-Designer, Programmierer, Support-Berater). Durch die Festlegung von Rollen wird die Unabhängigkeit des *Vorgehensmodells* von organisatorischen und projektspezifischen Randbedingungen erreicht. Die Zuordnung von Organisationseinheiten und Personen zu Rollen erfolgt zu Beginn eines *Projekts.*

5 Der Begriff "Funktion" in diesem Zitat ist zu verstehen als "definierte Aufgabe".

Neben diesen konkreten Begriffen aus der Organisation eines Projekts kann man in diesen Themenbereich auch angrenzende Disziplinen wie Teamarbeit und Benutzerpartizipation eingliedern. Eine besondere Herausforderung der Anwendungsentwicklung besteht darin, daß in den frühen Phasen verschiedene Gruppen von Beteiligten miteinander kooperieren und ihre unterschiedlichen Perspektiven aufeinander abstimmen müssen. Unterschiede in Ausbildung, fachlicher Orientierung und beruflichem Umfeld sind häufig eine Ursache von terminologischen Differenzen und Inkonsistenzen (vgl. [HBB94]).

3 Anpassung von Vorgehensmodellen

Das vorgestellte Ordnungsschema umfaßt bisher die eher statische Betrachtungsweise der Strukturelemente von Vorgehensmodellen. Der praktische Einsatz eines Vorgehensmodells in einem Entwicklungsprojekt führt zu einer Sicht auf dynamische Dimensionen der Vorgehensmodellwelt. Die Schritte von einem generischen Referenzmodell bis zu einem Modell für das konkrete Projekt beleuchtet Abbildung I-2.

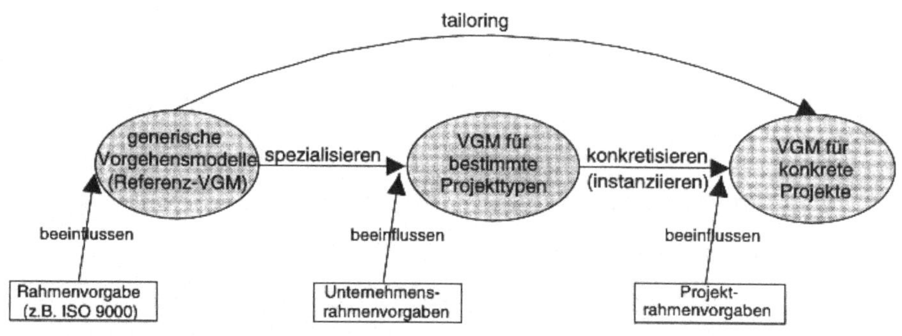

Abbildung I-2: Spezialisierung und Konkretisierung von Vorgehensmodellen

Der Abbildungsprozeß des Spezialisierens wird von außen beeinflußt durch Rahmenvorgaben, zum Beispiel durch Projektgröße, Anwendungsbereich und Vorgehensstrategie. Durch Spezialisierung entstehen Vorgehensmodelle für bestimmte

Projekttypen. Begriffe wie *Strategische-Informationssystem-Planung*, *Eigenentwicklung*, *Wartung*, *Reengineering* oder *Standardsoftware-Einführung* kennzeichnen solche verschiedenen Anwendungsbereiche (siehe dazu auch die weiteren Beiträge in diesem Buch).

Die Spezialisierung von Vorgehensmodellen wird außerdem bestimmt durch die Art der Vorgehensstrategie: *Wasserfallmodell*, *zyklisches Vorgehen*, *evolutionäres Vorgehen*, *partizipatives Vorgehen* oder *Prototyping* kennzeichnen diese Dimension (siehe auch Kapitel II "Genealogie von Entwicklungsschemata" in diesem Buch).

Sequentielles Vorgehen beruht auf der Annahme, daß die einzelnen Phasen für alle Bereiche des Anwendungssystems nacheinander abgearbeitet und abgeschlossen werden können (top-down-Ansatz). Ein bekanntes Beispiel ist das Wasserfallmodell [Boe76].

Evolutionäres Vorgehen ist dagegen SW-Entwicklung als rückbezüglicher Prozeß, d.h. der Einsatz der Software verändert deren Anforderungen. Bei der Anwendung anfallende Verbesserungsvorschläge werden zum Ausgangspunkt für einen neuen *Entwicklungsprozeß* gemacht, wobei dann gewissermaßen die nächste Generation des Anwendungssystems entsteht (Wandlungsfähigkeit der Anwendung, vgl. [Leh80]).

Prototyping ist ein Mittel der Entwicklungsstrategie, um bestimmte Aspekte eines SW-Objekts in einem bestimmten Stadium des *SW-Entwicklungsprozesses* erfahrbar zu machen. Die mit dem Prototyp gewonnenen Erfahrungen werden zu dessen Änderungen genutzt, woraus sich schließlich ein neues System ergibt (vgl. [Flo84]).

Ein spezialisiertes Vorgehensmodell wird erneut abgebildet auf ein konkretes Vorhaben, d.h. das Vorgehensmodell wird wiederum unter Berücksichtigung von spezifischen Einflußfaktoren instanziiert. Erst dann ist der gesamte Anpassungs- und Ausprägungsprozeß im Rahmen der Projektbeplanung abgeschlossen. Dafür wird oft der Begriff *Tailoring* verwendet.

Tailoring ist die Anpassung der *Aktivitäten* und *Ergebnisse* eines *Vorgehensmodells* auf spezifische Projektsituationen.

In [Vmo90] werden die verschiedenen Anpassungsschritte als *vertragsrelevantes* und *technisches Tailoring* bezeichnet.

4 Ausblick

4.1 Begriffssammlung als Arbeitsmittel

Die zusammengetragenen Begriffe sollen nicht als statische Sammlung verstanden werden, sondern bedürfen der weiteren Ergänzung und auch Diskussion unterschiedlicher Sichtweisen. Dazu bietet sich als Medium das Internet bzw. das World Wide Web an. Mit zunehmender Verfügbarkeit dieser Technologie kann somit Information direkt für die tägliche Arbeit in Wissenschaft oder in Projekten zur Verfügung gestellt werden. Das gilt auch für die Begriffssammlung zum Thema *Vorgehensmodelle.* Unter der Adresse *http://www.fast.de/fg511/* sind die Begriffsdefinitionen zugänglich. Ergänzungen oder Diskussionsbeiträge können per E-Mail eingebracht werden.

4.2 Ein Begriffsnetz für die Softwaretechnik

In den letzten Jahren gibt es zunehmend Arbeitsgruppen, die sich Begriffsklärungen und -abgrenzungen für spezielle Fachgebiete der Informatik vorgenommen haben. Erste Veröffentlichungen dazu gibt es bereits 1984 in der Zeitschrift Informatik-Spektrum (vgl. [HKL84]). In diesem Zusammenhang entstand die Idee, die Begriffssammlung zum Themenkreis Vorgehensmodelle nicht isoliert stehen zu lassen, sondern mit den technischen Mitteln des WWW mit anderen Begriffssammlungen zu vernetzen und als Nachschlagemöglichkeit zur Verfügung zu stellen.

Erste Abstimmungen mit anderen Arbeitsgruppen haben bereits stattgefunden, um eine gemeinsame Basis für elektronisch vernetzte Begriffssammlungen zu finden. Ziel ist dabei, einzelne unabhängige Begriffssammlungen als solche bestehen zu lassen, sie aber mit anderen Sammlungen zu verknüpfen, um unterschiedliche Sichtweisen aus den verschiedenen Kontexten heraus deutlich zu machen. Die Basis eines solchen Begriffsnetzes wird durch eine vierstufige Hierarchie gebildet (siehe Abbildung I-3).

Das Begriffsnetz besteht aus mehreren Begriffssammlungen, entsprechend den beteiligten Arbeitsgruppen. Jede Begriffssammlung wiederum besteht aus mehreren Themenbereichen (mindestens aber einem); ein Themenbereich kann auch in mehreren Begriffssammlungen vorkommen. Ein Themenbereich enthält mehrere Begriffe, jede Begriffsdefinition (innerhalb einer Begriffssammlung) muß eindeutig einem Themenbereich zugeordnet sein. Homonyme (gleiche Bezeichner für verschiedene Definitionen in verschiedenen Begriffssammlungen) sind nicht erwünscht, aber zugelassen. Homonyme sollten als Anregung zur Diskussion verstanden werden.

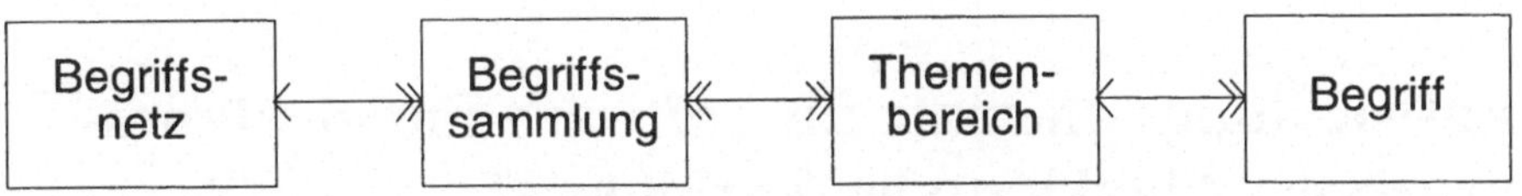

Abbildung I-3: Hierarchie des Begriffsnetzes

Mit den Mitteln des WWW soll ein gemeinsamer Begriffsindex aufgebaut werden, über den Definitionen und Beschreibungen zu Begriffen aus unterschiedlichen Begriffssammlungen gefunden werden können. Zusätzlich zur Verknüpfung über die Begriffe selbst sollen auch Schlagworte verwendet werden können.

Das Begriffsnetz befindet sich im Aufbau. Die physikalischen Standorte der verschiedenen Begriffssammlungen werden auch in Zukunft nicht statisch sein, sondern sich an den regionalen Aktivitäten von Arbeitsgruppen im Rahmen der GI orientieren. Ein zentraler Zugang zum Begriffsnetz wird über die Homepage der GI eingerichtet: *http://www.gi-ev.de*.

II Genealogie[1] von Entwicklungsschemata

Georg Bremer

Zusammenfassung

Vorgehensmodelle sind heute zu einem wesentlichen Leitgerüst in der Entwicklung von Softwaresystemen geworden. Die Modellierung des Lebenszyklus eines Softwaresystems, wie es die Vorgehensmodelle vorgeben, ist selbst einem ständigen Wandel unterworfen. Eine historische Charakterisierung von Entwicklungsschemata, die den Vorgehensmodellen zugrunde liegen, bringt mehr Transparenz bei der Abgrenzung und Auswahl von Vorgehensmodellen für die Anwendungsentwicklung.

1 Entwicklungsschemata für Software-Entwicklungsprozesse - Abbilder oder Vorbilder[2]?

Erfahrungen und Wissen werden bei der stark personen- und projektbezogenen Anwendungsentwicklung nur informell gesammelt und weitergegeben. Dabei gibt es eine Folge von Aktivitäten, die für alle Arten der Software-Entwicklung gültig ist. Deshalb ist anzustreben, den (generellen) Ablauf einer Anwendungsentwicklung so zu strukturieren, daß er für die Projektarbeit als Muster dienen kann.

Die Anwendungsentwicklung selbst wird als Kooperation von Arbeitsprozessen[3]

---

[1] Unter Genealogie wird hier eine historische Charakterisierung von Dingen verstanden, wobei diese gemäß einer Ahnentafel in Bezug gesetzt sowie in einem übergeordneten Zusammenhang verglichen und eingeordnet werden.

[2] Interessante Aspekte hierzu sind auch in [Lud89] enthalten.

betrachtet, auf die das Projektmanagement, das Konfigurationsmanagement und die Qualitätssicherung regulierend eingreifen, um die Stabilität des Gesamtprozesses zu gewährleisten.

Um einen Software-Entwicklungsprozeß beherrschbar zu machen, wird ihm eine Vorgehensstrategie aufgeprägt, nach der das Softwaresystem zu entwickeln ist. Eine solche Vorgehensstrategie ist ihrem Wesen nach "konstruktiv"; denn sie sucht ein Modell herzustellen, das die Verhältnisse des Entwicklungsprozesses in einer dem (ingenieurwissenschaftlichen) Denken konformen Weise nachzeichnet. Sie ist aufgrund von Erfahrungen über den (wirklichen) Prozeß entstanden (Abbild[4]), hiernach soll sich aber auch der (zukünftige) Entwicklungsprozeß richten (Vorbild[5]). Mit der Zeit "paßt" das aufgeprägte Strukturkonzept (gemäß [Sch82]) nicht mehr für die Anwendungsentwicklung und muß verbessert werden.

Der Prozeß der Anwendungsentwicklung ist also mit einem passenden Entwicklungsschema zu "erschließen". Dieses entsteht aufgrund einer Vision bzw. einer Vorstellung über die Anwendungsentwicklung, wobei durch Strukturierung des Entwicklungsprozesses die Deutung der Erfahrungen von Entwicklern geleitet wird. Es bildet den "roten Faden" für ein Entwicklungsprojekt.

In der folgenden Darstellung ist der Unterschied zwischen Entwicklungsschemata,

---

3 Herstellung und Nutzung eines Softwaresystems können nach [Rei92] als spezifische (kreative) Arbeitsprozesse aufgefaßt werden. Sie sind "dadurch charakterisiert, daß zu ihrem Beginn allenfalls der Gegenstandsbereich und eine allgemeine Zielstellung angegeben sind, wohingegen ihr Verlauf und vor allem ihr Resultat nicht vorweg determiniert werden können" ([ReG91], S. 53).

4 Vorgehensstrategie "stimmt" mit dem Entwicklungsprozeß überein: "Sagen wir zum Beispiel von einer Abbildung, daß sie stimmt, so bedeutet das, daß sie das Abgebildete wiedergibt und mit ihm in irgendeiner Weise gleichförmig ist." ([Gla97] S. 19)

5 Vorgehensstrategie "paßt" für den Entwicklungsprozeß: "Sagen wir andererseits von etwas, daß es paßt, so bedeutet das nicht mehr und nicht weniger, als daß es den Dienst leistet, den wir uns von ihm erhofften ." ([Gla97] S. 20)

Vorgehensmodellen und Projektmodellen skizziert:

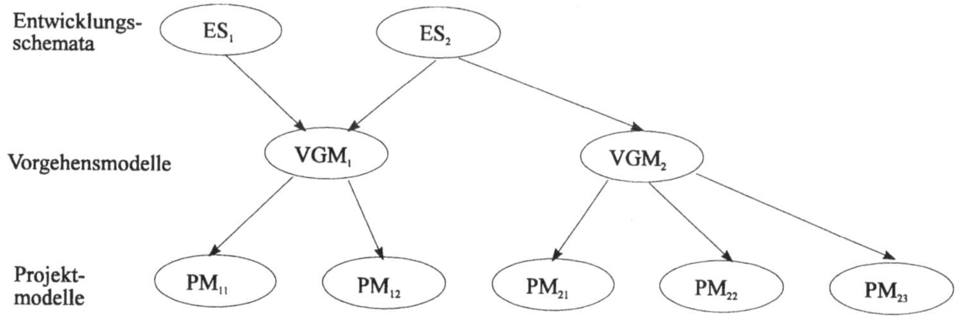

Abbildung II-1: Abgrenzung der Entwicklungsschemata

Hierbei bilden die Vorgehensmodelle (spezifische) Ausprägungen von Entwicklungsschemata, indem sie als "Referenzmodelle" für den Entwicklungsprozeß dienen. Projektmodelle sind auf den speziellen Anwendungsfall zugeschnittene (anhand von "Tailoring" angepaßte) Vorgehensmodelle.

2 Wandel des Vorgehens bei Entwicklungsschemata

Die ersten Softwaresysteme wurden im wissenschaftlich-technischen Bereich eingesetzt. Die Software-Entwicklung entsprach eher einer Kunst als einer planvollen Tätigkeit. Erst die Software-Krise in den 60er Jahren führte dazu, daß die Strukturierung des Entwicklungsprozesses mehr und mehr in den Mittelpunkt des Interesses bei der Systementwicklung rückte.

Im SAGE-Projekt des MIT wurde in den 50er Jahren bei der Entwicklung eines großen Softwaresystems erstmalig ein Entwicklungsschema angewandt, das als Phasenmodell bekannt geworden ist [Ben56]. Hierbei wurden Anleihen bei der Industrie gemacht. Diese hatten ihre Wurzeln im Projektmanagement anderer Ingenieurdisziplinen (z.B. Bauingenieurwesen, Maschinenbau); denn dort wurden Phasenmodelle aus rein planerischen Gründen bei der Entwicklung komplexer technischer Systeme angewandt. So wird bei Problemen aus der Bauindustrie deren Lösung in mehrere aufeinanderfolgende Handlungsschritte strukturiert. Jeder solche Handlungsschritt besteht aus einer zielgerichteten Vorgehensweise und einer Entscheidung bzgl. des weiteren Vorgehens. Systementwicklung wird danach aufgefaßt als eine (spezifische) Organisation der Entwicklungsarbeit, bis das Produkt entstanden ist. Dies erfolgt i.d.R. in Form von Projekten.

Da die Anwendungsentwicklung aus der Sicht des Software Engineering ebenfalls als Ingenieurdisziplin aufgefaßt wird, hat bei der Entwicklung von Softwaresystemen das Phasenmodell Pate gestanden. Die Vorstellung war, den Ablauf der Anwendungsentwicklung überschaubar und transparent zu machen, um den Entwicklungsfortschritt, die Softwarequalität und den Aufwand im Rahmen des Projektmanagements überwachen und steuern zu können.

Zunächst wurde das Entwicklungsschema eher ergebnisorientiert aufgefaßt, ohne festzulegen, wie diese Ergebnisse erbracht werden sollen. Es wurden eher idealisierte Ad-hoc-Annahmen darüber gemacht, was (personenunabhängige) Anwendungsentwicklung sein sollte (u.a. können Anforderungen von vornherein festgelegt, Kommunikation über Dokumente geregelt, Meilensteine vorweg geplant werden). Das zu erstellende Software-Produkt stand somit im Vordergrund.

In den frühen 70er Jahren wurde am TRW ein weiteres Entwicklungsschema angewandt [Roy70], das als Wasserfallmodell bekannt wurde, sich mehr und mehr als Standard in der Software-Entwicklung etablierte und sogar zum Dogma der Anwendungsentwicklung erhoben wurde. Je mehr die Softwaresysteme in das Anwendungsfeld eingebettet wurden, indem sie die dortigen Arbeitsprozesse unterstützten, um so mehr standen sie in Wechselwirkung mit ihrem betrieblichen Umfeld. Sie führten zur Veränderung der Arbeitsprozesse, die ihrerseits eine Anpassung dieser Systeme erforderlich machten (Nach [Leh80] wird ein Softwaresystem während seines Lebenszyklus stetigen Änderungen unterworfen. Wird die Entwicklungsfähigkeit eines solchen Systems sich selbst überlassen, so wächst seine Komplexität und es wird unbrauchbar, wenn keine Maßnahmen ergriffen werden, um dies einzudämmen. Nach [Nau92] "lebt" ein Softwaresystem nur solange, wie die Entwickler und Benutzer, welche eine Theorie des Softwaresystems besitzen, die aktive Kontrolle behalten). Hier führte auch das Wasserfallmodell mit seinen zahlreichen Varianten nicht mehr zum gewünschten Erfolg.

Mit der Zeit war das Entwicklungsschema aufgrund seines strikten sequentiellen Ablaufs (insbesondere die strikte Trennung zwischen Analyse und Design), aber auch wegen seiner starren Handhabung[6] mit den Erfahrungen aus der Entwicklungspraxis nicht mehr vereinbar, da der Umgang mit neuen Anforderungen während der Anwendungsentwicklung nicht berücksichtigt wurde (z.B. Einfrieren des Pflichtenheftes, bis das Softwaresystem realisiert ist). Anfang der 80er Jahre wurde Kritik ([McJ82, Gla82, Blu82]) an den traditionellen Entwicklungsschemata laut. Die Phasenmodelle wurden zur Diskussion ([Hal82, Zah83]) gestellt.

Um den Wandel von Anforderungen an das Softwaresystem während der Anwendungsentwicklung zuzulassen, sind weitere Entwicklungsschemata erstellt worden, welche auch Zyklen in Verbindung mit Prototyping[7] berücksichtigen (z.B. wird die Wartung nicht mehr als zusätzliche Phase betrachtet).

Da ein Entwicklungsschema auch die soziotechnischen Aspekte der Projektarbeit widerspiegeln sollte, war es notwendig geworden, auch die Benutzerbeteiligung sowie die Kooperation zwischen Anwender und Entwickler konzeptuell in das Lebenszyklusmodell der Anwendungsentwicklung zu integrieren (Anwendungsentwicklung als offener Prozeß, der in seinem Ablauf nicht im einzelnen vorausbe-

---

6 "In der Praxis hatte von Anfang an gestört, daß bei unkritischer Anwendung des Phasenmodells ein psychologischer Druck dahingehend entstand, zu glauben, daß es wünschenswert oder möglich sei, eine Entwicklungsphase vollständig abzuschließen, bevor man die nächste beginnen könne." ([Elz94] S. 35)

7 Interessante Aspekte zum Prototyping sind in [Flo84] enthalten. Prototyping wird in diesem Zusammenhang nicht als eigene Vorgehensstrategie, sondern eher als Unterstützung einer Entwicklungsstrategie betrachtet (siehe auch Kapitel I in diesem Buch sowie die Begriffssammlung Vorgehensmodelle unter http://www.fast.de/fg511/).

stimmt werden kann). Die Arbeitsprozesse bei Entwicklung und Einsatz des Softwaresystems stehen nun im Vordergrund[8].

3 Darstellung der Historie von Entwicklungsschemata

Zur Beschreibung der Ablaufstruktur von Software-Entwicklungsprozessen sind unterschiedliche Entwicklungsschemata entstanden. Sie sind in Abbildung II-2 in einem "Stammbaum" dargestellt.

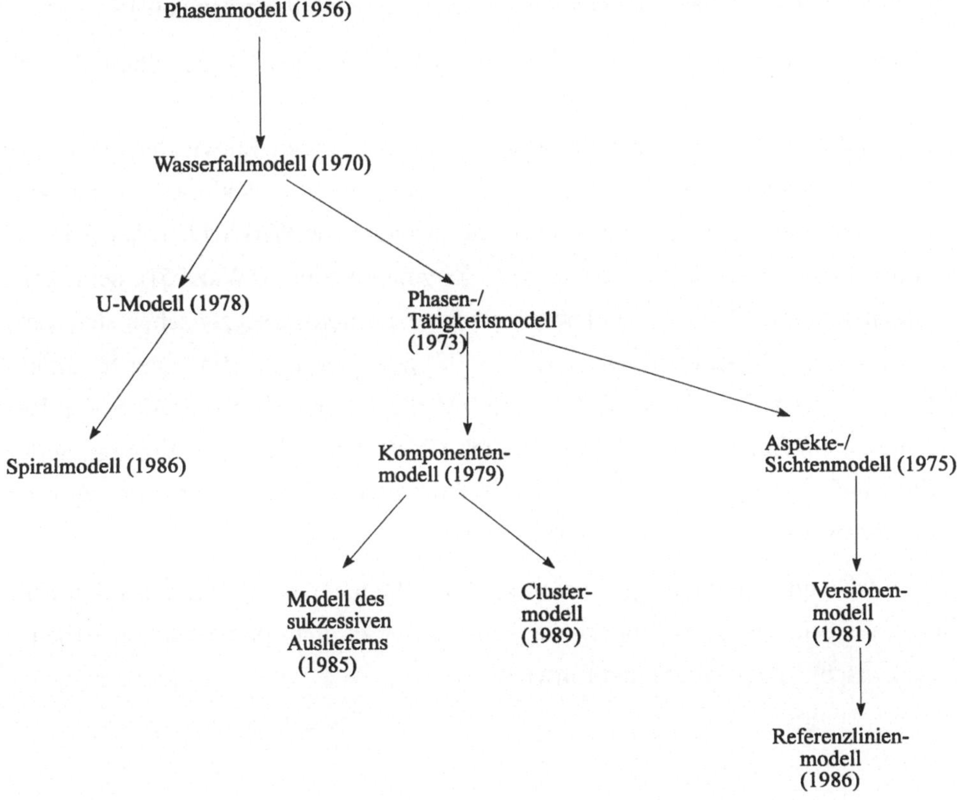

Abbildung II-2: Genealogie von Entwicklungsschemata

8 In [Flo81] wird ein prozeßorientierter Ansatz dem produktorientierten gegenübergestellt.

- Diese Modelle sind geprägt von einer spezifischen Sicht[9] auf den Software-Entwicklungsprozeß.

In der Geschichte der Entwicklungsschemata sind zwei Extreme erkennbar:

- Entwicklerdominanz (Linie der Phasenmodelle als linker Ast des Stammbaums bis zum Spiralmodell)
  Bevormundung der Anwender, da sie als "Störenfriede" wahrgenommen und nur als Zulieferer von Informationen gesehen werden. (Entwicklungsschema wird als "methodischer Imperativ" aufgefaßt, wonach ein Softwaresystem aus rein funktionalen, ingenieurmäßigen Gesichtspunkten erstellt werden soll.)
- Anwenderdominanz (Linie der Sichtenmodelle als rechter Ast des Stammbaums ab dem Aspekte-/Sichtenmodell)
  Anwendungsstrategie liegt vollkommen beim Anwender, Entwickler dienen als Kooperationspartner und Zulieferer von Lösungen. (Entwicklungsschema wird als "kommunikativer Imperativ" aufgefaßt, wonach die Wirklichkeit der Anwendungsentwicklung das Ergebnis von Kommunikation ([WaK95]) sein soll: Durch Kommunikations- und wechselseitige Lernprozesse zwischen den Entwicklern und Anwendern wird nach [Rei92] gewissermaßen ein neuer Realitätsbereich geschaffen. Die Fokussierung auf die kommunikativen Akte der Beteiligten am Entwicklungsprozeß ist nach [Rae92] eine zu starke Verengung der Sicht auf diejenigen Arbeitsprozesse im Anwendungsfeld, die durch den Einsatz des Softwaresystems mehr und mehr umgestaltet werden.)

Da die Anwender "mündig" geworden sind, möchten sie nicht mehr alles den Entwicklern überlassen. Dies führt konsequenterweise zu einer partizipativen Arbeitsweise zwischen Anwendern und Entwicklern.

---

9 "Es geht um die Frage, wie wir - dadurch, daß wir unweigerlich von einem ganz bestimmten Ausgangspunkt an die [...] Komplexität der Welt herangehen - vorwegnehmen, was wir zu finden glauben." ([WaK95] S. 9)

3.1 Phasen- und Wasserfallmodell[10]

Ansatz:

Software-Entwicklung wird als Fertigungsprozeß betrachtet, indem die unterschiedlichen Entwicklungsaktivitäten in Phasen strukturiert werden, die zeitlich nacheinander angeordnet sind (siehe Abbildung II-3).

Vorgehen:

Das Softwaresystem wird top-down spezifiziert und anschließend (auf breiter Front) schrittweise konkretisiert. Alle wesentlichen Anforderungen der späteren Anwender werden von vornherein ermittelt und festgeschrieben, d.h. die Spezifikation als Leistungsbeschreibung dient als Grundlage für den gesamten Entwicklungsprozeß.

Die einzelnen Phasen repräsentieren die "Arbeitsgänge" einer Softwareproduktion, wobei die Ergebnisse einer Stufe in die nächste "fallen", um dort entsprechend weiterbearbeitet zu werden. Beim Übergang zur nächsten Phase wird vorausgesetzt, daß die vorhergehende Phase abgeschlossen ist. Zur Verständigung zwischen Entwicklern und Anwendern reichen (umfangreiche) Dokumente über das zu erstellende Softwaresystem aus. Dieses wird einmal hergestellt und dann gewartet, wobei seine Nutzung während der Software-Entwicklung nicht im Vordergrund steht.

Beim Wasserfallmodell wird die Möglichkeit von Rücksprüngen zur jeweils vorgelagerten Phase eingeführt.

Hierbei beinhaltet jeder Phasenabschluß einen Validations- und Verifikationsschritt zur vorherigen Phase, um so unerwünschte Seiteneffekte der schrittweisen Konkre-

---

10 Das Phasenmodell ist in [Ben56] erstmalig veröffentlicht worden. Es hat seinen Ursprung im Systems Engineering ([Dae76]) und kann nach [Eng80] auf die Allgemeine Systemtheorie zurückgeführt werden. Das Wasserfallmodell ist in [Roy70] erstmalig präsentiert worden und hat durch die Veröffentlichung in [Boe76] eine starke Verbreitung gefunden.

tisierung aufzufangen. Alle Änderungen an bereits akzeptierten Ergebnissen müssen auf die unmittelbar vorhergehende Phase begrenzt bleiben.

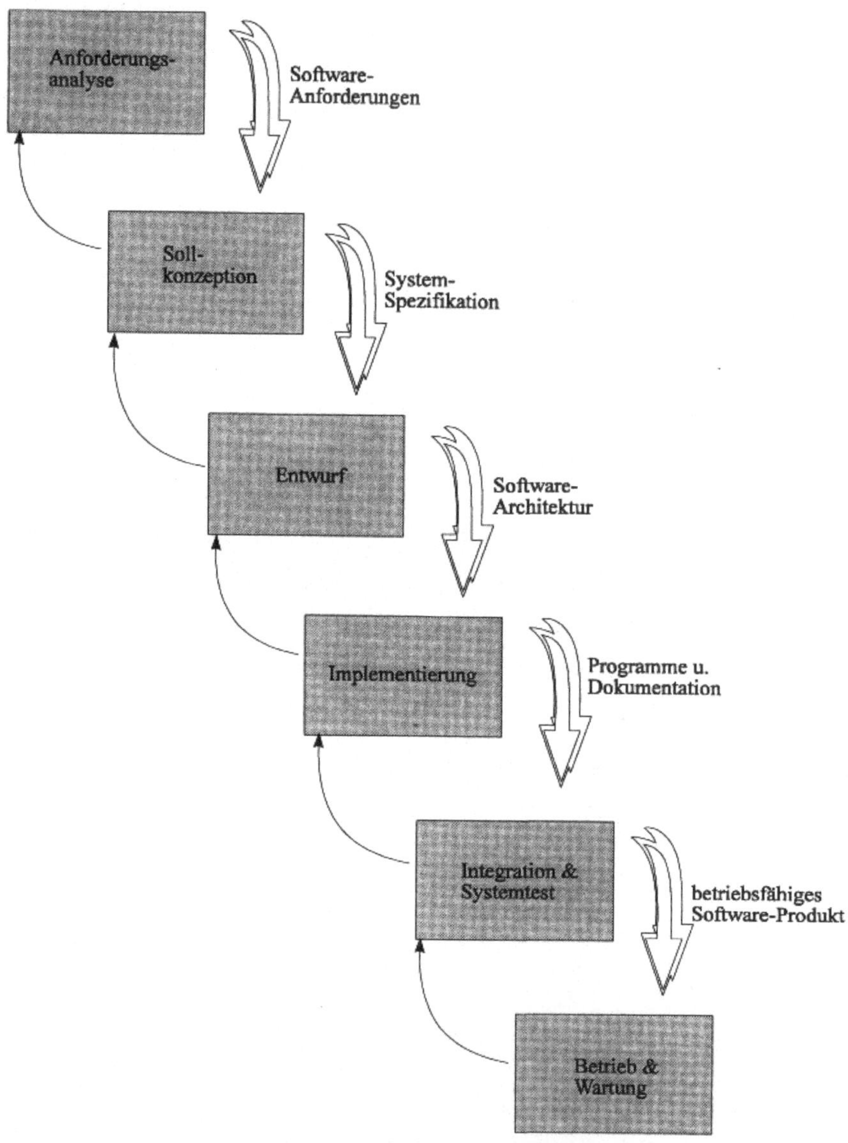

Abbildung II-3: Wasserfallmodell

3.2 U-Modell[11]

Ansatz:

Software-Entwicklung wird als symmetrischer Prozeß von Konstruktions- und Integrationstätigkeiten unter Betonung von QS-Maßnahmen betrachtet.

Vorgehen:

Es wird davon ausgegangen, daß Qualitätssicherungsmaßnahmen aus den Querbezügen zwichen den Ergebnissen der Integrations- und Konkretisierungsschritten (z.B. zwischen Systementwurf und Abnahme, zwischen Modulentwurf und Integration etc.) abgeleitet werden können.

Zum einen ist bei der Erstellung des Softwaresystems festzustellen, ob das erzielte Produkt seiner Spezifikation entspricht (Verifikation: Bauen wir das System richtig?). Zum anderen ist bei der Nutzung des Softwaresystems festzustellen, ob das erzielte Produkt für die vorgesehene Aufgabe geeignet ist (Validation: Bauen wir das richtige System?).

Konstruktive und analytische Tätigkeiten werden zueinander in Beziehung gesetzt (vgl. Abbildung II-4):

- Im linken Teil werden diejenigen Tätigkeiten repräsentiert, die zu einer schrittweisen Konkretisierung des Anwendungssystems in Teilsysteme führen.
- Der rechte Teil repräsentiert diejenigen Tätigkeiten, die zu einer schrittweisen Integration des Anwendungssystems aus Komponenten führen.

Die Wirksamkeit von Qualitätssicherungsmaßnahmen ist abhängig davon, wie ausbalanciert das Modell ist.

---

11 Dieses Modell hat seinen Ursprung in der von Boehm ([Boe79]) entwickelten V&V (Verification & Validation)-Variante. Einen ähnlichen Aufbau hat auch die in [Hes81] angegebene Software-Entwicklungslandschaft.

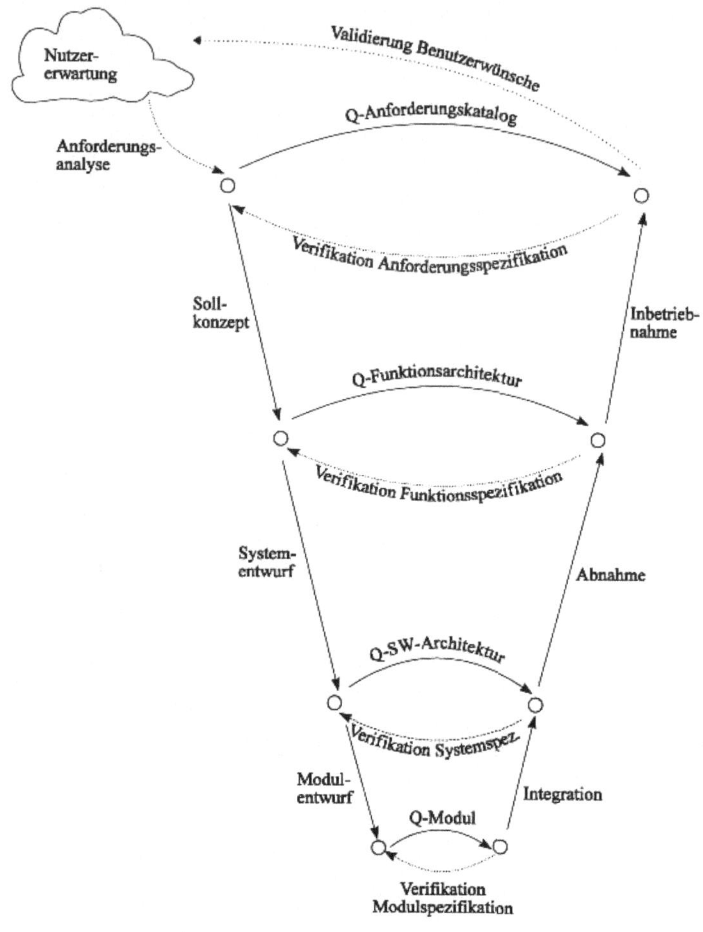

Abbildung II-4: U-Modell

3.3 Spiralmodell [Boe88]

Ansatz:

Software-Entwicklung wird als risikogetriebener Prozeß betrachtet, verbunden mit der dynamischen Reaktion auf neue Erkenntnisse im Projekt.

Vorgehen:

Es wird davon ausgegangen, daß Weiterentwicklung und Änderungen eines Softwaresystems natürliche Bestandteile der Anwendungsentwicklung sind, wobei diese als das Durchlaufen einer Spirale aufgefaßt wird (siehe Abbildung II-5).

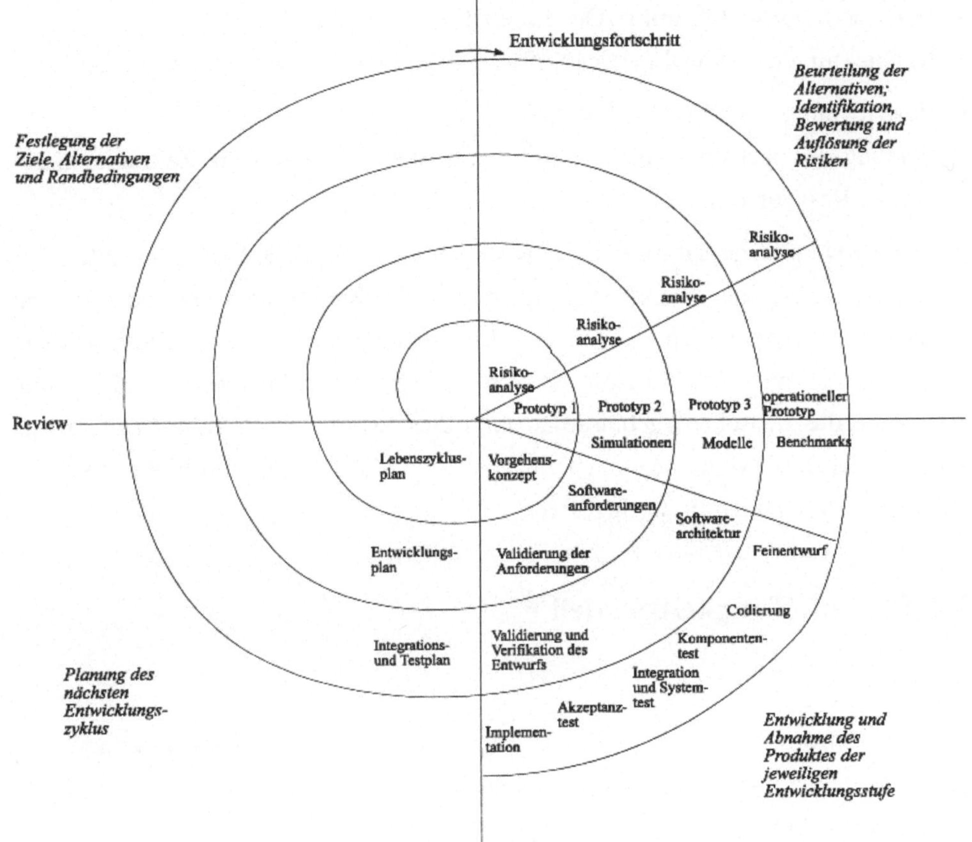

Abbildung II-5: Spiralmodell

Bei jedem Zyklus der Spirale werden folgende Entwicklungsdomänen durchlaufen:

- Entwicklungsdeterminanten (Quadrant I)
  Identifikation der Ziele (u.a. Einsatzbereich, Funktionalität, Modifizierbarkeit); Festlegung von Alternativen (u.a. Lösungsvarianten, Wiederverwendung, Zukauf); Bestimmung der Einschränkungen (u.a. Kosten, Termine, Schnittstellen);
- Entwicklungsrisiken (Quadrant II)
  Bewertung von Alternativen; Aufdeckung von Risikoquellen (Produktrisiko: Aufgabenstellung, Zulieferungen, Produktionsmittel; Prozeßrisiko: Mitarbeiter,

Auftraggeber, Organisation) sowie Beherrschung der Risiken (u.a. in Form von Benutzerbefragung, Simulation, Prototyping);

- Entwicklungsdurchführung (Quadrant III)
  Entwicklung und Abnahme des Softwaresystems auf der jeweiligen Stufe;
- Entwicklungsplanung (Quadrant IV)
  Planung der nächsten Stufe des Softwaresystems (u.a. Kosten, Zeitrahmen, benötigte Ressourcen).

In jedem Zyklus kann aufgrund einer Risikoabschätzung (z.B. bzgl. schlechter Performance, inadäquater Benutzerschnittstelle, inflexibler Systemschnittstellen) mit gesicherten Informationen der weitere Entwicklungsverlauf abgesichert werden. Dieser schließt mit einem Review, an dem die betroffenen Anwender beteiligt sind. Erst wenn die Zwischenergebnisse abgenommen worden sind, kann mit dem geplanten nächsten Zyklus begonnen werden. Sind alle Risiken eliminiert, wird das Softwaresystem endgültig fertiggestellt.

3.4 Phasen-/Tätigkeitsmodell[12]

Ansatz:

Software-Entwicklung wird als Prozeß betrachtet, bei dem die Tätigkeiten im Vordergrund stehen und die Phasen nur als grobes Raster des Entwicklungsfortschritts dienen (siehe Abbildung II-6).

Vorgehen:

Es wird davon ausgegangen, daß in einem Software-Projekt zu unterschiedlichen Zeitpunkten jeweils andere Tätigkeiten dominieren (z.B. wird zunächst das Softwaresystem hauptsächlich spezifiziert, dann überwiegt das Entwerfen der Software-Architektur etc.).

---

12 Dieses Modell wurde in [Met73] aus der Sicht der Strukturierung der Projektabwicklung eingeführt.

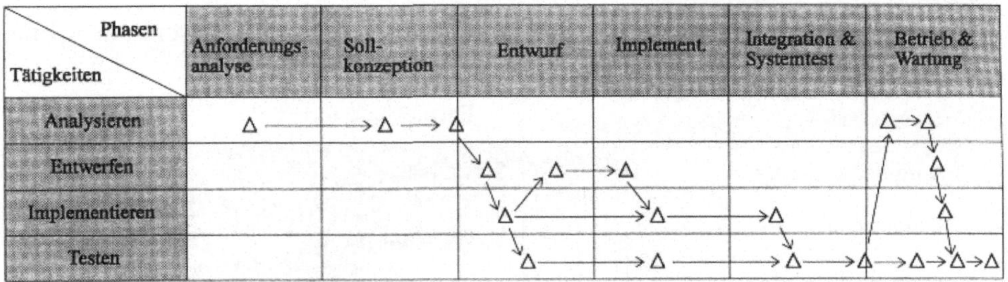

Abbildung II-6: Phasen-/Tätigkeitsmodell

Hierbei bezeichnet eine Phase die in einem bestimmten Zeitraum dominierende Tätigkeit. In jeder Phase werden mehrere Tätigkeiten ausgeführt, die beim Phasenabschluß noch nicht alle beendet sein müssen.

Die Anwendungsentwicklung bildet für die Projektleitung ein "aufgespanntes" Netzwerk von Meilensteinen, in dem die Bildung sinnvoller Ergebnisse entscheidend ist, deren Erreichung (Meilenstein dargestellt als Dreieck) nachvollzogen werden kann.

Für den Beginn einer Tätigkeit reicht es aus, wenn alle dafür relevanten Ergebnisse in Form von Dokumenten vorliegen.

3.5 Komponentenmodell[13]

Ansatz:

Software-Entwicklung wird als Prozeß betrachtet, bei dem eine Trennung zwischen zeitlicher (Wann ist etwas auszuführen?) und aufgabenspezifischer (Wie ist etwas auszuführen?) Unterscheidung vorgenommen wird.

Vorgehen:

Es wird davon ausgegangen, daß ein Großteil der Aufgaben in der Anwendungs-

---

13 Dieses Modell wurde in [Mül79] aus der Sicht der Strukturierung des Modellierungsprozesses für Probleme im Rahmen des Operations Research eingeführt und auf die Anwendungsentwicklung ([Mül83]) übertragen.

entwicklung notwendigerweise verzahnt ausgeführt werden müssen, um einen Entwicklungsfortschritt zu garantieren (siehe Abbildung II-7).

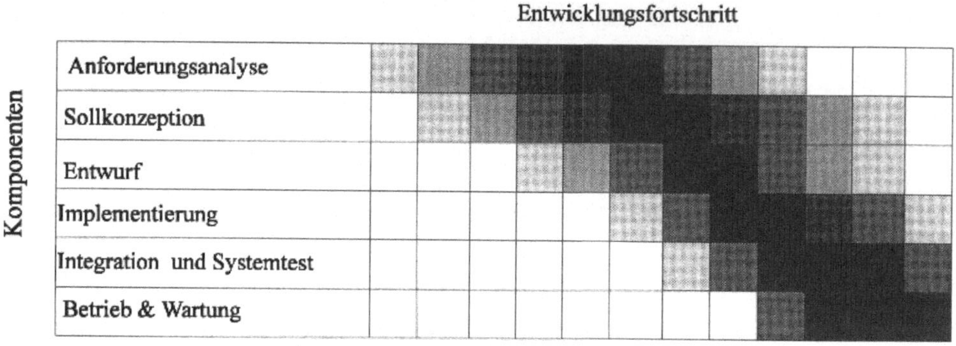

Abbildung II-7: Komponentenmodell

Hierzu werden gleichartige Tätigkeiten zu Komponenten (z.B. Aufwandschätzung, Sollkonzeption, Architekturentwurf) gebündelt. Als Komponente wird hier nicht das Teilsystem einer DV-Anwendung verstanden, sondern ein (zusammengehöriger) Bereich oder eine Domäne der Anwendungsentwicklung.

Der Entwicklungsfortschritt ist durch unterschiedliche Arbeitsintensitäten zu den Komponenten gekennzeichnet, wodurch diese je nach Entwicklungsfortschritt teilweise parallel ablaufen und so ihre zeitlichen Abhängigkeiten zueinander der veränderten Entwicklungssituation anpassen (sich überlappen) können (z.B. kann schon mit der Implementierung begonnen werden, bevor die Sollkonzeption abgeschlossen ist). Hierdurch wird eine gegenseitige Befruchtung relevanter Tätigkeiten unterstützt.

3.6 Modell des sukzessiven Auslieferns[14]

Ansatz:

Software-Entwicklung wird als nutzengetriebener Prozeß betrachtet, wobei nicht

---

[14] Dieses Modell ([Gil85, Gil88]) orientiert sich am Zyklus der ständigen Verbesserung nach Deming [Dem86].

das gesamte Modell des Softwaresystems ablauffähig gemacht wird, sondern relevante Teilsysteme ausgeliefert werden (vgl. Abbildung II-8).

Vorgehen:

Ein Softwaresystem wird ganzheitlich geplant. In Form von kleineren Projekten werden aber schon Teilsysteme erstellt, die bereits für den Anwender nützlich sind. Hierbei macht man sich das Prinzip zunutze, daß das Teilsystem zur frühesten Realisierung ausgewählt wird, welches das größte

(Anwender-)Nutzen/(Entwicklungs-)Kosten-Verhältnis

hat (kritisches Erfolgsziel).

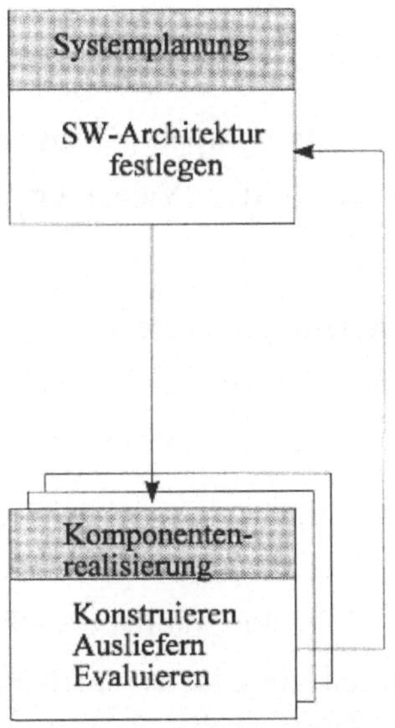

Abbildung II-8: Modell des sukzessiven Ausliefern

Bei jeder zyklischen Auslieferung ist wie folgt vorzugehen:

- Liefere etwas an die System-Anwender;
- Messe den dadurch dem Anwender entstandenen Nutzenzuwachs in allen kritischen Dimensionen;

- Justiere Zielsetzungen und Entwurf anhand der beobachteten Realität.

Mit den hierbei gesammelten Erfahrungen wird der weitere Entwicklungsfortschritt gesteuert.

3.7 Clustermodell[15]

Ansatz:

Software-Entwicklung wird als kontinuierlicher Prozeß betrachtet, wobei die Entwicklungsabschnitte der parallel zu erstellenden Software-Komponenten gemäß dem organischen Wachstum des Anwendungssystems fließend ineinander übergehen (siehe Abbildung II-9).

Vorgehen:

Es wird davon ausgegangen, daß Baugruppen (Subsysteme, Cluster, Subjekte, Kategorien) unter dem Gesichtspunkt der Wiederverwendung die Architektur des Softwaresystems prägen.

Nach einer Machbarkeitsstudie wird eine Einteilung in Baugruppen vorgenommen. Jede Baugruppe umfaßt mehrere Klassen, die zur Erledigung einer (Teil-) Aufgabe (z.B. Gestaltung der Benutzeroberfläche) notwendig sind.

Im Rahmen einer bottom-up-Vorgehensweise werden zunächst die allgemeinen Cluster unter Verwendung vorhandener Software-Bausteine realisiert. Anschließend werden die Cluster des Anwendungskerns erstellt. Mit zunehmendem Wissen über das Softwaresystem werden die Cluster durch Hinzufügen neuer Funktionalitäten nahtlos erweitert und veredelt. Die Entwicklungsabschnitte eines Clusters wachsen solange, bis dieses vollendet ist (Kontinuum von Entwicklungsabschnitten).

Der eigentliche Software-Lebenszyklus kommt zustande, wenn beim Betrieb des Systems neue Anforderungen auftreten, die zu einer erneuten Analyse der betrof-

---

15 Dieses Modell ([Mey89]) orientiert sich am Concurrent Engineering ([Mey96a]).

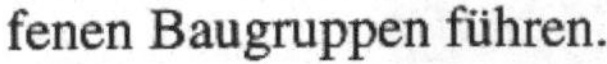
fenen Baugruppen führen.

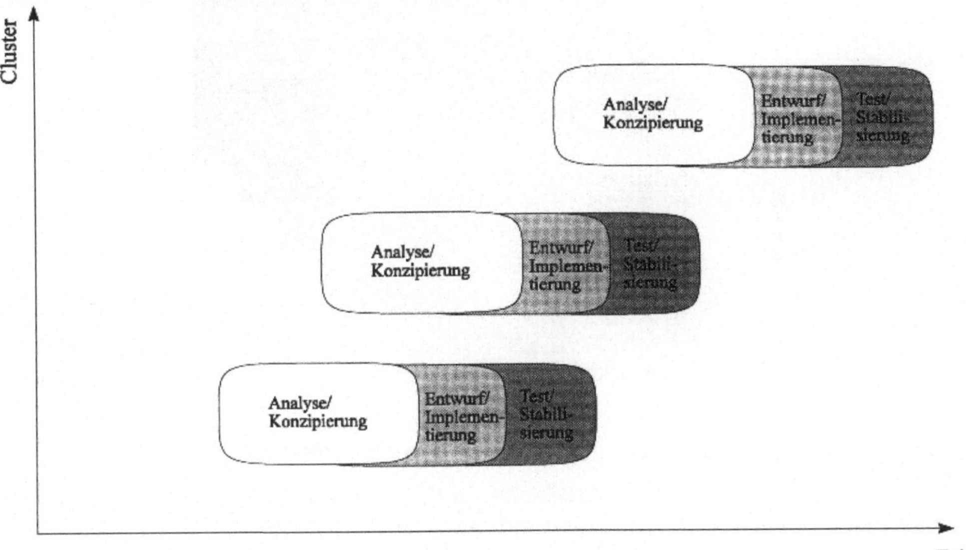

Abbildung II-9: Clustermodell

3.8 Aspekte-/Sichtenmodell[16]

Ansatz:

Software-Entwicklung wird als Prozeß betrachtet, in dem die Beteiligten (z.B. Projektleiter, Entwickler, Anwender, Benutzer) mit ihren konkurrierenden Interessen und Vorstellungen berücksichtigt werden.

Vorgehen:

Das Softwaresystem wird als Bezugsobjekt einer sozio-technischen Umgebung aufgefaßt (Erkenntnisobjekt der Anwendungsentwicklung), das durch Aspekte und Sichten geprägt ist (Abbildung II-10).

---

16 Dieses Modell ([KeF81, HaZ82]) orientiert sich am Systemeering (soziotechnischer Ansatz der Systementwicklung nach [Ker80]).

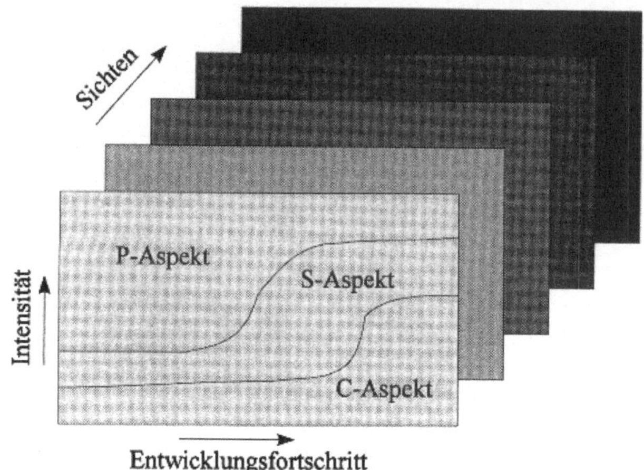

Abbildung II-10: Aspekte-/Sichtenmodell

Aspekte sind objektspezifische Fragestellungen an das System:

- pragmatischer (P-)Aspekt ("Warum")

  Das Softwaresystem wird in seiner Wechselwirkung mit seiner Umgebung betrachtet, wobei die Chancen der Entwicklung sowie Nutzen-/Kostenabwägungen eine Rolle spielen.

- semantischer (S-)Aspekt ("Was")

  Die Fähigkeiten des Softwaresystems werden inhaltlich aufgrund der Benutzeranforderungen festgelegt.

- konstruktiver (C-)Aspekt ("Wie")

  Die Realisierung des Softwaresystems erfolgt aufgrund von Entwurfsentscheidungen über die Systemarchitektur.

Sichten sind subjektspezifische Interpretationen des Systems:

- Sachbearbeiter als Benutzer des Systems; Anwender als Fachvertreter der Anwendungsabteilung;
- Programmierer als Entwickler des Systems; Projektleiter und Qualitätssicherer der Entwicklungsabteilung.

In jedem Stadium der Anwendungsentwicklung wird das relevante Modell des zukünftigen Anwendungssystems unter Berücksichtigung der Aspekte und Sichten weiterbearbeitet.

Die Systementwicklung gilt als abgeschlossen, wenn alle Modelle und das ablauffähige System zur Zufriedenheit der Beteiligten ausgearbeitet sind.

3.9 Versionen- und Referenzlinienmodell[17]

Ansatz:

Software-Entwicklung wird als Prozeß betrachtet, der aus einer Folge von Entwicklungszyklen besteht, wodurch das Softwaresystem in Richtung auf eine vereinbarte Zielvorstellung "wachsen" gelassen wird.

Vorgehen:

Es wird davon ausgegangen, daß durch die (kontinuierliche) Kommunikation und enge Kooperation zwischen Entwicklern und Anwendern die sich während des Lebenszyklus des Softwaresystems wandelnden Anforderungen besser aufgefangen werden. Hierzu werden aufeinanderfolgende Versionen hergestellt, erprobt und weiterentwickelt (vgl. Abbildung II-11). Erst im Einsatz – in unmittelbarer Interaktion mit dem Bezugsobjekt – zeigt sich, ob dieses vom Benutzer akzeptiert wird.

---

17 Versionen- ([Flo81, FlK84]) und Referenzlinienmodell ([And90, ReS88, Rei89]) entstanden im Rahmen von STEPS an der TU Berlin zur soziotechnischen Systementwicklung. Das Versionenkonzept orientiert sich am Evolutionsansatz der Software-Entwicklung nach [Leh80], wonach die Lebensdauer von Softwaresystemen einer Folge von ausgelieferten Systemversionen entspricht. Das Konzept der Referenzlinien orientiert sich am Entwicklungsansatz des dänischen MARS-Projekts ([And90]).

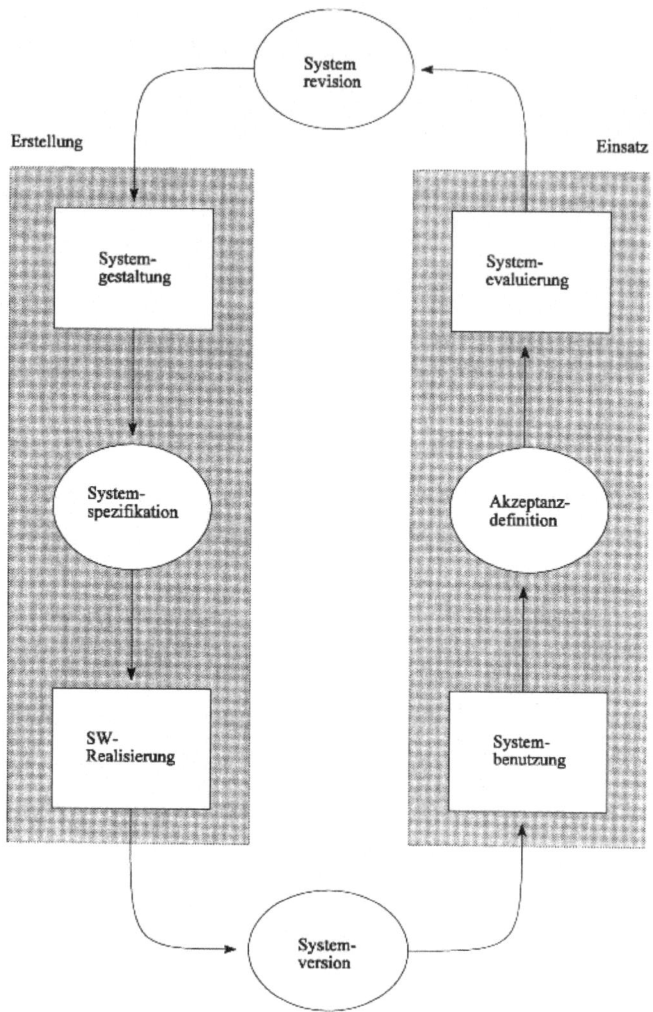

Abbildung II-11: Versionenmodell

Aktivitäten der versionenorientierten Systementwicklung:

- gemeinsame Gestaltung des Softwaresystems, wobei Entwickler und Benutzer kooperieren;
- Realisierung des Softwaresystems, wobei vornehmlich die Entwickler miteinander kooperieren;

- Nutzung des Softwaresystems,
  wobei die Benutzer im Anwendungsfeld miteinander kooperieren.

Bezugsobjekte der versionenorientierten Systementwicklung:

- Systemspezifikation
  Ergebnis der Gestaltung des Softwaresystems, das als Bezugsschema für die Realisierung angesehen werden kann.

- Systemversion
  Ergebnis der Realisierung des Softwaresystems, das im Anwendungsfeld zum Einsatz gelangt.

In einem Vorlauf (Projektetablierung) erstellen die Entwickler eine erste Version und die Anwender die Auswertungsgrundlage (Akzeptanzdefinition). Jede Systemversion wird von den Entwicklern im Hinblick auf funktionale Aspekte (-> Software-interne Änderungen) und von den Benutzern im Hinblick auf ihre ursprünglichen Anforderungen ausgewertet (-> revidierte Anforderungen). Sie wird schrittweise der Erfüllung unklarer Anforderungen angenähert bzw. geänderten Anforderungen angepaßt. Die gemeinsam gesammelten Erfahrungen mit dem Bezugsobjekt münden im Rahmen einer Revision in eine weitere Systemspezifikation, aus der eine weitere Systemversion erstellt wird.

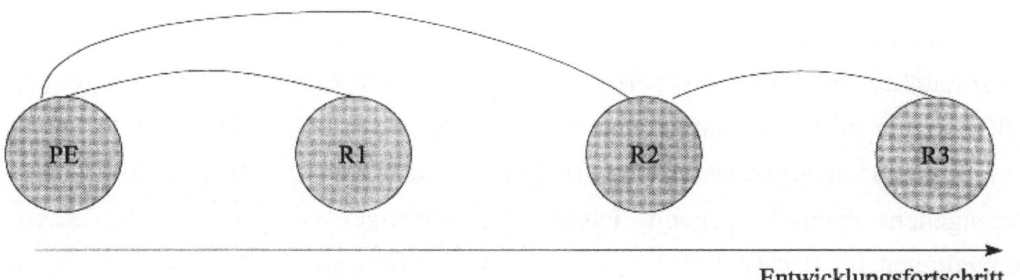

Abbildung II-12: Referenzlinienmodell

Um den sich wandelnden Anforderungen gerecht zu werden, kann die Entwicklung eines Softwaresystems nicht zu Projektbeginn vorherbestimmt, sondern muß dynamisch geplant werden. Hierzu werden aus dem Entwicklungsprozeß heraus von den Beteiligten "Zwischenstände" (sogenannte Referenzlinien) zur Koordination ihrer Aktivitäten (Synchronisation ihrer Arbeitsprozesse) ausgehandelt und der zeitliche Rahmen hierfür festgelegt.

Referenzlinien definieren situationsbezogen einen zu erreichenden Entwicklungszustand durch

- Liste von Zwischenergebnissen
  (Simulationen, Modelle, Prototypen, Ausbaustufen)
- Kriterien (Qualitätsmerkmale, Ressourcen, Qualifikationen) und Verfahren (Autor-Kritiker-Zyklus, Review, Test) zur Bewertung
- Verantwortlichkeiten

Ist ein Entwicklungszustand erreicht, muß schon die nächste Referenzlinie festgelegt sein. Die Nutzung eines Softwaresystems im Anwendungsfeld wird so zu einem wesentlichen Bestandteil der Anwendungsentwicklung.

4 Charakterisierung von Entwicklungsschemata

Bei den Entwicklungsschemata vollzog sich ein Wandel von der eher planungsorientierten (Linie der Phasenmodelle) zur kooperativen Vorgehensweise (Linie der Sichtenmodelle). Denkbar wären Entwicklungsschemata in der Linie der Tätigkeitsmodelle, welche die Vorteile der beiden o.a. Abstammungslinien vereinigen. (Dies könnte durch den tätigkeitsorientierten Ansatz nach [DaR97] zur Entwicklung brauchbarer Softwaresysteme erfolgen, wonach ein "bewußtes" evolutionäres Herangehen dadurch gekennzeichnet ist, günstige Ausgangs- bzw. Randbedingungen für den Entwicklungsprozeß zu schaffen, die maßgeblich die "Richtung" der Software-Evolution beeinflussen.)

Die Entwicklungsschemata können eingeordnet werden nach der Standardisierung des Entwicklungsprozesses, der zugrundeliegenden Vorgehensweise sowie dem Einsatzbereich.

Einordnung nach der Standardisierung des Entwicklungsprozesses[18]

Bei den meisten heute entwickelten Softwaresystemen (z.B. im administrativen Bereich) sind deren Funktionalitäten nicht von Anfang an bekannt; sie stabilisieren sich erst während der Anwendungsentwicklung.

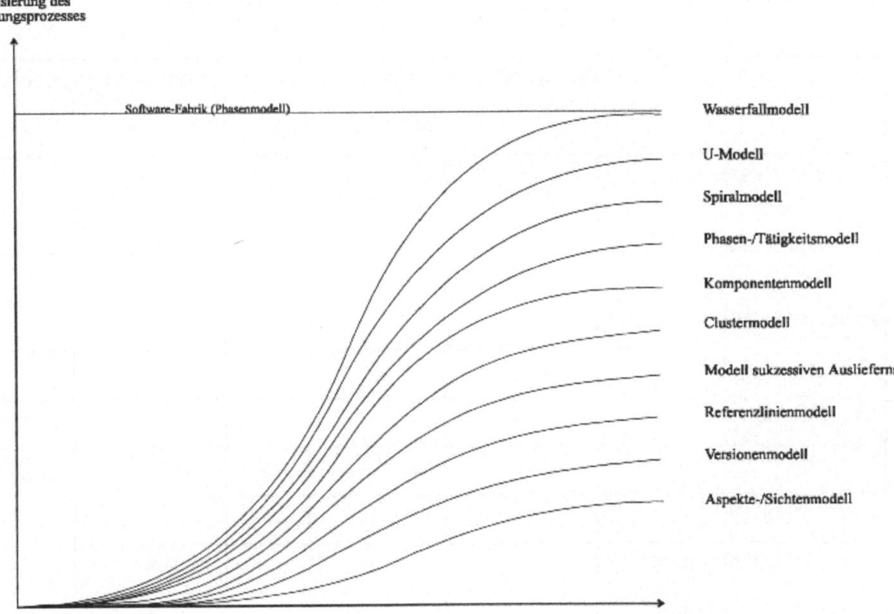

Abbildung II- 13: Einordnung nach der Prozeßstandardisierung

Auch bei noch so ausgeprägter Software-Technologie ist der Software-Entwicklungsprozeß bei unbekannten Anwendungsfeldern nicht oder nur in geringem Maße standardisierbar. Mit zunehmender Erfahrung für ähnliche Anwendungsfälle, der Zugrundelegung von Referenzmodellen (z.B. für betriebliche Anwendungen), der Annäherung an eine vereinheitlichte Software-Architektur, der Anwendung von Entwurfsmustern sowie der Wiederverwendung von Software-Bausteinen nähert sich der Entwicklungsprozeß einem höheren Standardiserungsgrad. Das Phasenmodell kann dann durchaus als Grenzfall (Softwarefabrik) angesehen werden. Der

---

18 Die Darstellung erfolgt gemäß [Wie90] S. 37.

Software-Künstler mit seiner "konzeptlosen Arbeitsweise" bildet den anderen Grenzfall, den es nicht mehr anzustreben gilt. In diesem Spektrum können die meisten bekannten Entwicklungsschemata angesiedelt werden (vgl. Abbildung II-13).

Einordnung nach der zugrunde liegenden Vorgehensweise[19]

	sequentiell	inkrementell	Iterativ	Partizipativ	Evolutionär[20]
Phasen/ Wasserfallmodell	x				
U-Modell	x				
Phasen-/Tätigkeitsmodell	x				
Komponentenmodell	x	x			
Spiralmodell	(x)	x			(x)
Modell sukz. Auslieferns		x	x		(x)
Clustermodell		x	x		(x)
Aspekte-/Sichtenmodell		x		x	
Versionen-/ Referenzlinienmodell		x	x	x	x

Die traditionellen Entwicklungsschemata sind aufgrund der vorweggenommenen Planung mehr sequentiell orientiert. Je mehr die Anwendungsentwicklung einen

---

19 Die unterschiedlichen Arten des Vorgehens (sequentiell, inkrementell, iterativ, partizipativ, evolutionär) sind in der Begriffssammlung Vorgehensmodelle unter http://www.fast.de/fg511/ erläutert.

20 Nach [Flo94] erfolgt evolutionäres Vorgehen auf der Ebene menschlicher Erkenntnis, wobei sich ein immer besseres Verständnis über die Funktionalität und die wünschenswerte Nutzung eines Softwaresystems herausbildet.

hohen Grad an Kooperation aller Beteiligten am Entwicklungsprozeß erzwingt und die Fähigkeiten des Softwaresystems nur schrittweise erkennbar werden, um so mehr ist eine partizipative und evolutionäre Vorgehensweise angebracht.

Einordnung nach dem Einsatzbereich[21]

Bei bisherigen Anwendungsfeldern und bekannten Problemen kann der Entwicklungsprozeß weitgehendst als standardisiert betrachtet werden, so daß die traditionellen Entwicklungsschemata Anwendung finden. Bei zukünftigen Anwendungsfeldern mit unbekannten Problemen kann aufgrund der hohen Dynamik bei ständigen Änderungen und Neuerungen nicht auf fundierte Erfahrungswerte zurückgegriffen werden, was zu einem experimentellen und explorativen Vorgehen führt.

	Problem bekannt	**Problem unbekannt**
altes Anwendungsfeld	Phasen-/Wasserfallmodell U-Modell Phasen-/Tätigkeitsmodell Komponentenmodell	Spiralmodell Modell sukzessiven Ausliefern Clustermodell
neues Anwendungsfeld	Spiralmodell Modell sukzessiven Auslieferns Clustermodell	Aspekte-/Sichtenmodell Versionen-/ Referenzlinienmodell

5 Zusammenfassung und Ausblick

In der Geschichte der Entwicklungsschemata hat sich ein Paradigmenwechsel[22] vollzogen:

---

21 Die Darstellung erfolgt gemäß [KnS90] S. 89.

22 Nach [Kuh76] gibt es Entwicklungsschemata (z.B. Phasenmodell), die eine Zeitlang das Denken der Entwickler stark befruchten. Dann kommt es zu einer Phase der Erschöpfung ihrer Möglich-

bisherige Vorgehensstrategie	Zukünftige Vorgehensstrategie
Software-Erstellung	Software-Evolution
Entwicklerdominant	anwenderdominant
Orientierung an Meilensteinen	Orientierung an Referenzlinien[23]
Fertigungsprozeß	sozio-technologischer Prozeß
Tätigkeitsbezogen	rollenbezogen[24]
Planungsgetrieben	kommunikationsgetrieben
statisches Vorgehen	dynamisches Vorgehen
produktorientierte Sichtweise	prozeßorientierte Sichtweise[25]

Hierbei ist ein Übergang von einer arbeitsteiligen (Tätigkeit eines Projektbeteiligten beschränkt sich nur auf einen Ausschnitt der Anwendungsentwicklung) zu einer ganzheitlichen Software-Entwicklung (Tätigkeit eines Projektbeteiligten besitzt ein breiteres Spektrum von der Systemanalyse bis zum Systemeinsatz) unter Einbeziehung der Anwender absehbar. Dies geht mit einem Wechsel der Perspektive auf den Anwendungsprozeß einher, um mehr Erkenntnisse über ihn zu erhalten.

Die bisher bekanntesten Vorgehensmodelle stellen Rahmenbedingungen für unterschiedliche Vorgehensstrategien dar. Sie können auf bestimmte Entwicklungssche-

---

keiten, weil das bisherige Schema nicht mehr "paßt", und das hat das Entstehen eines neuen Paradigmas (z.B. Prozeßorientierung in der Anwendungsentwicklung) zur Folge.

23 Nach [ReS88] entspricht jeder Meilenstein einer Referenzlinie, aber nicht jede Referenzlinie ist ein Meilenstein.

24 Nach [NyH81] wird eine Rolle als Gruppe zusammenhängender Aufgaben aufgefaßt, die von einer Person bei Entwicklung und Einsatz eines Softwaresystems ausgeführt wird.

25 Nach [Flo81] wurde die prozeßorientierte Sichtweise auf den Entwicklungsprozeß als grundlegendes Paradigma für das Softare Engineering anstelle der herkömmlichen produktorientierten Sichtweise gesetzt.

mata zurückgeführt werden:

- U-Modell -> V-Modell (IABG)
- Wasserfallmodell, Modell sukzessiven Auslieferns -> ISOTEC (Ploenzke)
- Phasen-/Tätigkeitsmodell -> SE/T/EC (Softlab)

Entwicklungsschemata für die Anwendungsentwicklung sind selbst einem stetigen Wandel unterworfen. Aus diesem Grunde werden sie in Richtung weiterer neuerer Ansätze (z.B. Schemata für den Prozeß des Requirements Engineering, für die objektorientierte Software-Entwicklung, sowie zur Modellierung von Geschäftsprozessen im Hinblick auf das zukünftige Softwaresystem) fortgeschrieben.

III Vorgehensmodelle und ihre Formalisierung

Martin Verlage

Zusammenfassung

Die Entwicklung von Vorgehensmodellen sollte einfach sein und die Modelle sollen in sich konsistent sein. Üblicherweise werden Vorgehensmodelle jedoch in natürlicher Sprache erstellt. Dies verlangsamt die Entwicklung und erfordert sorgfältige Prüfungen. Spezielle Sprachen, mit denen Vorgehensmodelle beschrieben und getestet werden können, unterstützen die Autoren der Vorgehensmodelle. Dieser Bericht beschreibt Erfahrungen mit dem Einsatz einer speziellen Sprache, MVP-L, für die Formalisierung von vier Vorgehensmodellen. Es wird diskutiert, welche Verbesserungen an den Modellen bei einer formalen Entwicklung hätten erzielt werden können.

1 Einleitung

Nahezu alle Beschreibungen von Vorgehensmodellen erfolgen heute in einer strukturierten Form unter Verwendung natürlicher Sprache. Kapitel IV "Modellierungssprachen für Vorgehensmodelle" in diesem Buch beschreibt eine Alternative, nämlich den Einsatz formaler, spezieller Sprachen, der Softwareprozeßmodellierungssprachen (engl. *software process modeling languages*). Mit ihnen kann ein Vorgehensmodell so beschrieben werden, daß es Werkzeugen zugänglich gemacht wird. Somit kann man statische und dynamische Eigenschaften der Modelle analysieren sowie Vorgehensmodelle ausführen.

Neben den Vorteilen, die eine maschinenverständliche Form der Vorgehensmodelle bringt, kann die Formalisierung selbst dem Entwickler dieser Modelle helfen, ihre Qualität zu steigern. Die Verwendung einer Sprache lenkt den Entwickler beim Schreiben und führt so zu einer systematischen Begutachtung des Vorgehensmodells. Jede Softwareprozeßmodellierungssprache definiert, welche Informationsbausteine und Beziehungen zwischen diesen als wichtig erachtet werden. Entdeckt der Autor, daß diese Informationen und Beziehungen in seinem Vorgehensmodell nicht oder nur unzureichend berücksichtigt sind, beziehungsweise sich nur schwer identifizieren lassen, so scheint die Darstellung oder das Vorgehensmodell selbst verbesserungswürdig.

Der Faktor Effizienz ist besonders wichtig beim Erstellen betrieblicher, d.h. hauseigener, Vorgehensmodelle. Hier stehen in der Regel nicht so viele Ressourcen bereit wie beim Entwickeln von Vorgehensmodellen, die als Standards verwendet werden (z.B. ISO 12207).

Die Formalisierung von Vorgehensmodellen ist ein Ansatz, der für die Autoren der Modelle gedacht ist. Dem Benutzer eines Vorgehensmodells sollte die Formalisierung verborgen bleiben, er erhält nach wie vor eine natürlich-sprachliche Version des Vorgehensmodells.

In diesem Bericht wird die Formalisierung mehrerer Vorgehensmodelle beschrieben. Es wird kurz dargelegt, wie die Formalisierung erfolgte. Aus den Erfahrungen lassen sich Beobachtungen über die einzelnen Vorgehensmodelle ableiten. Abschließend werden einige Hinweise für die Gestaltung von Vorgehensmodellen aufgrund der gemachten Erfahrungen mit den betrachteten Beispielen gegeben.

Für die Formalisierung der Vorgehensmodelle wurde die Sprache MVP-L (multiview process modeling language) eingesetzt [BLR95]. Es ist nicht Ziel dieses Beitrags, über die Sprache selbst oder Erfahrungen bei ihrem Einsatz zu berichten (siehe dazu [Ver96]). Für das Verständnis der nachfolgenden Diskussion ist es ausreichend zu wissen, daß MVP-L über Konzepte zur Beschreibung von Prozessen, Produkten und Ressourcen verfügt. Der Kontrollfluß wird durch Regeln als Vor- und Nachbedingungen ausgedrückt. Attribute von Prozessen und Produkten geben meßbare Eigenschaften dieser Objekte an und können in den Regeln verwendet werden. Die wesentlichen Beziehungen zwischen Objekten sind der Produktfluß, Aggregation von Produkten und Prozessen sowie die Berechnung abstrakter Attribute auf der Basis von Objektattributen der nächst feineren Aggregationsstufe.

2 Die Formalisierung von Vorgehensmodellen

Die Übersetzung natürlich-sprachlicher Vorgehensmodelle in formale Prozeßmodelle mittels geeigneter Sprachen kann aufgrund ihrer vorhandenen Strukturierung systematisiert werden. Hierzu bieten sich drei Verfahren an:

- Beim phasenbasierten Vorgehen werden die Aktivitäten eines Vorgehensmodells in ihrer zeitlichen Reihenfolge formalisiert.
- Beim ebenenbasierten Vorgehen werden die Aktivitäten eines Vorgehensmodells entsprechend ihres Abstraktionsgrads von einer abstrakten Ebene hin zu einer konkreten Ebene modelliert. Dies entspricht einer Top-down-Strategie.
- Beim konzeptbasierten Vorgehen werden die Informationen eines Vorgehensmodells schrittweise so formalisiert, daß man mit einfachen Konzepten (z.B. Produkten) beginnt und komplexere Konzepte (z.B. Verhalten des Prozesses aufgrund von Produktzuständen) später einsetzt.

Aufgrund der bisher gemachten Erfahrungen mit der Sprache MVP-L (siehe auch Kapitel IV in diesem Buch) hat sich das konzeptbasierte Verfahren als vorteilhaft gegenüber den beiden anderen Verfahren herausgestellt. Das phasenbasierte Vorgehen hat im wesentlichen den Nachteil, daß erhebliche Modifikationen an bereits transformierten Teilen des Vorgehensmodells durchgeführt werden müssen, wenn Rückkopplungen (engl. *Feedback*) im Vorgehensmodell beschrieben sind (z.B. ändern sich Produktflußschnittstellen von bereits formalisierten Prozessen, wenn später Feedbackdokumente berücksichtigt werden sollen). Das ebenenbasierte Verfahren hat dann Nachteile, wenn Beziehungen zwischen Teilen des Vorgehensmodells auf abstrakten Ebenen nicht beschrieben sind (z.B. der Fluß eines für unwichtig erachteten Produkts wird nur auf unteren Verfeinerungsebenen beschrieben). Das konzeptbasierte Vorgehen besitzt den Vorteil, daß aufgrund der anfänglich verwendeten einfachen Konstrukte eine Stabilität erreicht wird, die das weitere Vorgehen unterstützt.

Aus dem Formalisieren eines Vorgehensmodells erhält man Beschreibungen von Softwareentwicklungsaktivitäten, die Programmen ähnlich sehen. Das folgende

Beispiel beschreibt die Formalisierung des Produktflusses einer Aktivität aus dem Vorgehensmodell des Bundesministeriums des Inneren (siehe auch Abschnitt 3.3).

Die nachfolgende Tabelle aus dem Originaldokument beschreibt, welche Produkte (mittlere Spalte) zur Aktivität *Feinentwurf* hin (linke Spalte) beziehungsweise von ihr weg fließen (rechte Spalte) [BrD93]. Es werden Anforderungen an die Eigenschaften der Produkte gestellt (z.B. Zustand *akzeptiert*).

SWE 5 Feinentwurf

Produktfluß

von			nach	
Aktivität	**Zustand**	**Produkt**	**Aktivität**	**Zustand**
SWE 2	akzeptiert	DV-Architektur	—	—
SWE 3	akzeptiert	SW-Anforderungen	—	—
SWE 4	akzeptiert	SW-Architektur	—	—
SWE 4	akzeptiert	Schnittstellenentwurf	—	—
KM 2	in Bearb.	Datenkatalog	KM 2 oder SWE 6	in Bearb. oder vorgelegt
—	—	SW-Entwurf	SWE 6	vorgelegt
SWE 4	in Bearb.	Handbuchinformationen	SWE 8	in Bearb.

Abbildung III-1: Produktflußtabelle

Der nachfolgende Auszug aus dem entsprechenden MVP-L-Prozeßmodell entspricht der mittleren Spalte (consume, produce und consume_produce) und den Zustandsabfragen (local_entry_criteria bzw. local_exit_criteria). Die Angabe der Datenquelle – also dem Prozeß, der das Produkt liefert – in der Tabelle wird nicht im MVP-L-Prozeßmodell *Feinentwurf* beschrieben, sondern findet sich an anderer Stelle im übergeordneten Prozeßmodell *Softwareentwicklung*.

```
process_model Feinentwurf() is
    product_flow
      consume
        sw-architektur: SW-Architektur;
        dv-architektur: DV-Architektur;
        sw-anforderungen: SW-Anforderungen;
        schnittstellenentwurf: Schnittstellenentwurf;
      produce
        sw-entwurf: SW-Entwurf;
      consume_produce
        datenkatalog: Datenkatalog;
        handbuchinformationen: Handbuchinformationen;
      local_entry_criteria
        sw-architektur.status='akzeptiert'
          and dv-architektur.status='akzeptiert'
          and sw-anforderungen.status='akzeptiert'
          and schnittstellenentwurf.status='akzeptiert'
          and datenkatalog.status='in_Bearbeitung'
          and handbuchinformationen.status='in_Bearbeitung';
      local_exit_criteria
        sw-entwurf.status='vorgelegt'
          and (datenkatalog.status='in_Bearbeitung' or datenkatalog.status='vorgelegt')
          and handbuchinformationen.status='in_Bearbeitung';
```

Abbildung III-2: Auszug aus dem MVP-L-Prozeßmodell *Feinentwurf*

3 Vier Beispiele der Formalisierung von Vorgehensmodellen

Wie andere Kapitel in diesem Buch zeigen, existieren eine Reihe unterschiedlicher Vorgehensmodelle. Im folgenden wird die Formalisierung einiger dieser Vorgehensmodelle beschrieben. Die Auswahl der Vorgehensmodelle geschah unter keinen hier relevanten Gesichtspunkten, die Modelle sind jedoch so verschieden, daß unterschiedliche Aspekte der Formalisierung beleuchtet werden. Bei den Vorgehensmodellen handelt es sich um einen institutionellen Standard (IEEE 1074-1991 [IEE92]), die Dokumentation eines innovativen Entwicklungsprozesses (STARS Cleanroom Process Documentation [IBM91]), einen nationalen Standard (das V-Modell [BrD93]) und ein Buch (Engineering Real-Time Systems [BrH93]). Der Grund für die Formalisierung war die Erforschung der Eigenschaften großer Prozeßmodelle und ihr Verhalten beim Modellieren, Anpassen (engl. *Tailoring*) und Modifizieren [VeM97].

3.1 IEEE Standard 1074-1991[1]

Der *IEEE Standard for Developing Software Life Cycle Models* 1074 wurde von einer US-amerikanischen Berufsvereinigung verabschiedet. Er besitzt jedoch internationale Bedeutung. Der Standard soll der Formulierung von Vorgehensmodellen für eine Organisation dienen. Er soll für alle denkbaren Arten von Softwareentwicklungsprojekten anwendbar sein. Der IEEE 1074 enthält auf 110 Seiten die Beschreibung von Aktivitäten in sechs Hauptgruppen (Projektmanagement, Softwareentwicklung, Verifikation, Validation, Dokumentation und Konfigurationsmanagement). Eine Hauptgruppe enthält ein bis vier Prozesse. Jeder Prozeß ist in mehrere Teilprozesse (als *Activities* bezeichnet) verfeinert. Für jede Aktivität gibt eine Tabelle den Produktfluß zu anderen Aktivitäten an. Die Produkte selbst besitzen keine Struktur, d.h. jedes Produkt ist atomar, es gibt keine Teilprodukte. Der Kontrollfluß zwischen Prozessen ist, wenn überhaupt, durch Ereignisse (engl. *Events*) beschrieben. Die Kontrolle fließt immer von Entwicklungsprozessen hin zur Verifikation, Validation, Dokumentation und Konfigurationsmanagement. Die Aktivitäten selbst sind in natürlicher Sprache beschrieben, wobei die Länge zwischen 4 und ca. 20 Zeilen beträgt. Die Beschreibung eines Prozesses umfaßt ungefähr 10 Zeilen und eine Liste der Aktivitäten. Der IEEE 1074 enthält einen Verweis auf andere IEEE-Standards, die weitere Informationen für einzelne Aktivitäten umfassen.

Die Formalisierung des IEEE 1074 in MVP-L dauerte 2 Arbeitstage.[2] Das resultierende MVP-L-Modell umfaßt 85 Prozeßmodelle, 57 Produktmodelle und 11 Attribute auf ca. 6000 Zeilen.

---

1 Die hier beschriebene Version des IEEE 1074 stammt aus dem Jahr 1991. Inzwischen existiert eine neuere Version (IEEE 1074-1993), die jedoch nicht vom Autor dieses Berichts berücksichtigt wurde.

2 Die hier und später angegebenen Werte für den Aufwand sind Schätzungen. Es muß dabei berücksichtigt werden, daß dem Autor die Vorgehensmodelle bereits vorher bekannt waren und es sich um fertige Versionen von Vorgehensmodellen handelte, bei denen keine wesentlichen Inkonsistenzen vorhanden waren, die sich hinderlich hätten auswirken können.

Bei der Formalisierung des IEEE 1074 wurden folgende Beobachtungen gemacht:

- Eine Inkonsistenz konnte im Dokument aufgezeigt werden (der Prozeß *Select or Develop Algorithms* war einmal als notwendig (engl. *mandatory*) und einmal als optional (engl. *if applicable*) gekennzeichnet).
- Alternative Vorgehen sind schwer verständlich ausgedrückt. Die Prozesse werden als optional oder notwendig gekennzeichnet. Es fehlen Bedingungen zur Auswahl einer Menge von Alternativen (z.B. es wird eine Datenbank im Projekt realisiert oder nicht). Dadurch wird nicht klar, wann ein bestimmtes Vorgehen anzuwenden ist und wie verschiedene Alternativen in Beziehung zueinander stehen. Im IEEE 1074 leidet somit die Verständlichkeit des Dokuments. Bei der Formalisierung muß ein solcher bedingter Ausdruck aus den Texten extrahiert werden. Der Ausdruck muß weit oben in der Prozeßhierarchie ausgedrückt werden, da er im Vorgehen entfernte Teilprozesse betrifft (z.B. es muß eine Datenbank entworfen, realisiert und getestet werden; diese Entscheidung wird in der Wurzel der Prozeßhierarchie beschrieben).
- In den natürlich-sprachlichen Beschreibungen einzelner Prozesse werden Annahmen über Teilschritte gemacht, die unter der im IEEE 1074 modellierten Ebene liegen (z.B. bei der Beschreibung des Prozesses Design Data Base wird angenommen, daß es jeweils ein konzeptuelles, logisches und physikalisches Design gibt). Hier stellt sich die Frage, warum die Autoren die von ihnen implizit verwendete Ebene nicht auch mit in den Standard aufgenommen haben.
- Die angegebenen Produktflüsse sind abstrakt und zum Teil unvollständig. Dies wirkt sich nachteilig aus, wenn man Prozesse mit Techniken ausfüllen möchte. Zum Beispiel wird bei der Beschreibung des Prozesses Generate Object Code das Debuggen der Software impliziert; es fehlen jedoch Produktflüsse mit für diese spezielle Aufgabe hilfreichen Dokumenten (z.B. Anforderungsdokument, Entwurf oder Datenbank).

3.2 STARS Cleanroom Process Documentation

Ein speziell für kleinere und mittelgroße Systeme entwickeltes Vorgehensmodell ist der sogenannte *Cleanroom*-Prozeß. Die Zielsetzung dieses von Harlan D. Mills vorgeschlagenen Prozesses ist die Entwicklung von Software mit einer vorhersagbaren Qualität. Experimente und industrielle Anwendungen haben den Nutzen des Cleanroom-Prozesses nicht nur im Hinblick auf die Zuverlässigkeit der entwickelten Produkte gezeigt, sondern es wurden darüber hinaus auch sehr gute Ergebnisse für die Aspekte Produktivität, Nacharbeit (engl. *Rework*) und Korrektheit erzielt. Die wesentlichen Ansätze des Cleanroom-Prozesses sind die Verwendung formaler Methoden und Prinzipien des Software Engineering über alle Phasen der Entwicklung hinweg sowie die Verwendung statistischer Qualitätskontrolle zur Steuerung der Prozesse. Neben den technischen Aspekten versteht man unter Cleanroom auch organisatorische und Managementprinzipien wie inkrementelle Entwicklung oder Zertifizierung der Zuverlässigkeit des entwickelten Produkts.

Die hier beschriebene Formalisierung bezieht sich auf eine Studie für das *US Department of Defense*. Im Rahmen des STARS-Projekts wurde der Cleanroom-Prozeß aus der Perspektive von IBM beschrieben, einer Organisation, die sehr umfangreiche Erfahrung in der Anwendung des Prozesses besitzt. In dem Dokument werden 26 Hauptprozesse auf ca. 250 Seiten beschrieben.[3] Alle Prozesse werden nach demselben Muster beschrieben. Die Dokumentation umfaßt etwa fünf bis zehn Zeilen informelle Beschreibung, eine Liste der Zugriffe auf Produkte, ein Diagramm des Kontrollflusses zwischen Teilprozessen, eine Liste mit Ressourcen, den im Kontrollfluß vorhergehenden Prozeß, eine Eingangsbedingung, im Kontrollfluß nachfolgende Prozesse, eine Liste mit Ereignissen (diese starten den Prozeß oder werden bei Ende des Prozesses ausgelöst), eine Liste von Aktionen, Benutzung der Produkte, eine Liste von Terminierungskriterien und Referenzen auf Schlüsselwörter. Neben diesen Prozeßbeschreibungen enthält das Dokument noch eine Anzahl von Techniken, die in einzelnen Schritten des Cleanroom-Prozesses angewendet werden.

Das Modellieren des Cleanroom-Dokuments dauerte wegen komplexer Kontroll-

---

3 Eine erweiterte Beschreibung eines Cleanroom-Prozesses, die zum Teil die Informationen aus der hier diskutierten Studie enthält, ist als elektronische Kopie über die URL *http://www.asset.com/WSRD/abstracts/ABSTRACT_322.html* erhältlich.

flüsse ca. 4 Arbeitstage. Das resultierende MVP-L-Modell umfaßt 26 Prozeßmodelle, 59 Produktmodelle, 9 Ressourcenmodelle und 7 Attribute auf ca. 5800 Zeilen.

Bei der Formalisierung des Cleanroom-Prozeßmodells konnten u.a. folgende Beobachtungen gemacht werden:

- Der Aspekt der Dynamik wird im Dokument stark betont, da dies wesentlich bei einem inkrementellen, Feedback-orientierten Prozeß ist. Das Formalisieren der Dynamik mittels der Konstrukte von MVP-L (Vor- und Nachbedingungen über Attributen von Prozessen und Produkten) erwies sich als sehr aufwendig und fehleranfällig. Es ist jedoch zu vermuten, daß auch ein Umsetzen mit prozeduralen Konstrukten nicht effizienter gewesen wäre, da viele Fallunterscheidungen zu berücksichtigen sind.
- Prozesse werden in einem Fall nicht als eine Hierarchie aufgefaßt, was der gängigen Semantik bei Prozeßmodellierungssprachen widerspricht. So wird der Prozeß E21 Increase Understanding als Teilprozeß zweier Prozesse (E16 Increment Development und E17 Increment Certification aufgefaßt). Der Grund hierfür kann darin liegen, daß die Autoren des Berichts mehr die Aufgabe als den Prozeß an sich betrachteten.
- Der iterative Cleanroom-Prozeß würde eigentlich eine besondere Behandlung des ersten Zyklus notwendig machen. Im Dokument wird jedoch nicht zwischen einem produzierenden und einem modifizierenden Zugriff unterschieden, so daß nicht klar ist, welcher Prozeß denn nun tatsächlich die erste Version eines Produktes erzeugt.

3.3 Das V-Modell[4]

Das V-Modell ist ein nationaler Standard herausgegeben vom Bundesminister des

---

4 Im folgenden wird die erste Version des V-Modells beschrieben. Die neue Version des V-Modells (Vmo97) wurde für diesen Bericht nicht betrachtet. Die Aussagen sind jedoch im wesentlichen auch für die neue Version gültig.

Inneren. Das V-Modell beinhaltet drei Teile, Module genannt, die die Prozesse (aufgeteilt in vier Submodule für Projektmanagement, Softwareentwicklung, Qualitätsmanagement und Konfigurationsmanagement), Methoden der Entwicklung (z.B. *Structured Design*) und funktionale Anforderungen an Werkzeuge beschreiben. Die generelle Anwendbarkeit des V-Modells ist durch Tailoring-Regeln gewährleistet, mit deren Hilfe man den Standard an verschiedene Projektcharakteristika anpassen kann.

Aus Gründen der Vergleichbarkeit mit den anderen hier diskutierten Vorgehensmodellen beschränkt sich die Beschreibung der Formalisierung auf das Submodul Softwareentwicklung. Das Submodul Softwareentwicklung enthält neun Hauptaktivitäten, die in insgesamt 42 Subaktivitäten verfeinert sind und auf ca. 70 Seiten beschrieben werden. Diagramme stellen den Produktfluß zwischen den Hauptaktivitäten und die Verfeinerung jeder Hauptaktivität dar. Jede Aktivität ist nach demselben Muster beschrieben: eine Tabelle beschreibt den Produktfluß von und zur Aktivität und spezifiziert auch den Zustand der Produkte, danach folgt eine informelle Beschreibung über 5 bis 50 Zeilen. Im allgemeinen sind diese Informationen umfangreicher und detaillierter als die entsprechende Dokumentation im IEEE 1074. Die Produkte des V-Modells sind verfeinert und werden separat durch ca. 5-10 Zeilen und eine Liste ihrer Teilprodukte beschrieben. Das V-Modell beinhaltet auch Rollendefinitionen und ihre Abbildung auf Aktivitäten, indem ihre Beziehung spezifiziert ist (beratend, verantwortlich und abwickelnd).

Die Formalisierung des V-Modells dauerte ca. 2 Arbeitstage. Das resultierende MVP-L-Modell umfaßt 81 Prozeßmodelle, 91 Produktmodelle, 15 Ressourcenmodelle und 11 Attribute auf ca. 8600 Zeilen.

Bei der Formalisierung des V-Modells konnten folgende Beobachtungen gemacht werden:

- Die Formalisierung wurde durch das getrennte Tailoring wesentlich erleichtert, da Generizität im Modell selbst nicht stark erforderlich ist (vgl. Abschnitt 3.1).
- Die Konsistenz verschiedener Attributwerte auf verschiedenen Verfeinerungsebenen ist im V-Modell nicht gewährleistet. MVP-L verlangt eine explizite Ab-

bildung von Attributen auf verschiedenen Abstraktionsebenen. Es ist zum Beispiel nicht beschrieben, wie sich der Zustand eines komplexen Produkts zu den Zuständen seiner Teilprodukte verhält. Hierdurch wird das Modellieren des Kontrollflusses erschwert und der natürlich-sprachliche Text muß interpretiert werden, wodurch Fehler entstehen können.

- Der Kontrollfluß ist zum Teil mehrdeutig beschrieben. Das V-Modell schreibt etwa bestimmte Zustände eines Produkts für den Start eines Prozesses vor. Falls ein Produkt beim Start eines Prozesses aber nicht den entsprechenden Zustand hat, sind zwei Möglichkeiten denkbar: 1) Der Prozeß darf nicht gestartet werden, oder 2) Das Produkt ist optional und wird nicht bearbeitet. Manchmal klärt die Beschreibung des Prozesses, welcher der beiden Fälle gemeint ist.
- Die Anzahl der Instanziierungen eines Prozeßtyps ist unklar. Es wird auch nichts darüber gesagt, wieviele Instanzen eines Produkttyps ein Prozeß bearbeiten kann. Dies führt zu Fragestellungen wie der folgenden: Produziert der Prozeß SWD 1 für jedes System oder Subsystem ein Anforderungsdokument oder wird SWD 1 für jedes Subsystem einmal instanziiert und produziert genau ein Dokument?

3.4 Engineering Real-Time Systems

Die drei vorherigen Dokumente waren explizite Beschreibungen von Vorgehensmodellen. Das vierte Beispiel für die Formalisierung von Vorgehensmodellen ist ein Buch, das eine spezielle Technik beschreibt (die Formalisierung ist genauer in [BHM97] beschrieben). *Engineering Real Time Systems* von Rolv Bræk und Oystein Haugen beschreibt die in der Telekommunikationsindustrie verbreitete *Specification and Description Language* (SDL). Diese Sprache wird häufig für den funktionalen Entwurf eingebetteter Echtzeitsysteme verwendet. In diesem Buch sind eine Reihe von Informationen angegeben, wie die Schritte eines Softwareentwicklungsprozesses, in denen SDL eingesetzt werden kann, durchgeführt werden. Somit kann dieses Buch als eine spezielle, da technikbetonte, Variante eines Vorgehensmodells angesehen werden.

Das Buch behandelt die Entwicklungsschritte Spezifikation, Erstellung eines SDL-Modells, Entwurf und Implementierung. Die Formalisierung der ersten beiden Schritte war relativ einfach, wogegen sich die Formalisierung der anderen beiden Schritte als problematisch erwies. Der wesentliche Grund hierfür liegt in der Tatsache, daß das Buch eine Einführung in SDL mit der Entwicklung von Echtzeitsystemen als Beispiel ist und nicht umgekehrt. Die Autoren konzentrierten sich auf die Schritte, in denen SDL vornehmlich eingesetzt wird. Entwurf und Implementierung können unter Umständen auf Basis des SDL-Modells automatisiert werden. Dies führt zum Beispiel dazu, daß in den ersten Abschnitten Produkte auf einer Ebene definiert werden, die später nicht benutzt wird.

Das Formalisieren des Buches von Bræk und Haugen in MVP-L wurde nicht gemessen, es dürfte bei einem erfahrenen Modellierer aber ca. 7 Arbeitstage dauern, da die Informationen nicht strukturiert vorliegen, sondern über das Buch verteilt sind. Das MVP-L-Prozeßmodell beinhaltet 21 Prozeßmodelle, 25 Produktmodelle, 0 Ressourcenmodelle und 1 Attributmodell.

Im einzelnen konnten bei der Formalisierung der Prozeßinformationen aus dem Buch *Engineering Real Time Systems* folgende Schwächen identifiziert werden:

- Produkte werden zum Teil wesentlich feiner beschrieben als Prozesse, die auf sie zugreifen. Zum Beispiel hat das Spezifikationsdokument drei Verfeinerungsebenen, die entsprechenden Prozesse besitzen aber nur zwei Ebenen. Hierdurch entstehen Verständnisprobleme (Wer erzeugt das Dokument? Wo wird es benötigt?)
- Produkte werden zwar im Laufe des Prozesses produziert, werden aber von keinen anderen Prozessen genutzt (z.B. es wird nichts darüber ausgesagt, wann und wie das Produkt test cases genutzt wird). Der Sinn eines Produkts ist somit nicht immer klar erkennbar.
- Produkte werden benutzt, deren Entstehung nicht erläutert wird. Die Verständlichkeit bezüglich des Inhalts wird dadurch erschwert.
- Prozeßschritte werden vage und allgemein beschrieben (z.B. Reviews können auf verschiedenen Ebenen auf unterschiedliche Art durchgeführt werden).

4 Werkzeugeinsatz

Beim Formalisieren der Vorgehensmodelle wurde die Prozeßmodellierungsumgebung MVP-E eingesetzt. Bei MVP-E handelt es sich um einen Forschungsprototypen, der an der Universität Kaiserslautern entwickelt wurde. Erfahrungen aus dem ersten Modellieren (IEEE 1074 und Cleanroom) haben zu funktionalen Erweiterungen der Modellierungsumgebung geführt [BHM97].

Zentrale Komponente der Umgebung MVP-E ist ein Schema zur Ablage der Prozeßmodelle, welches aus der Prozeßmodellierungssprache MVP-L abgeleitet wurde (siehe Kapitel IV in diesem Buch). MVP-E wurde schrittweise erweitert. Die zusätzlichen Anforderungen an die Modellierungsumgebung entstammen zahlreichen Einsätzen von MVP-L bzw. MVP-E in industriellen Projekten, die die Einrichtung von Verbesserungsprogrammen zum Ziele hatten.

Aufbauend auf dem Schema sind Konsistenz- und Analysefunktionen definiert, die erwünschte und unerwünschte Eigenschaften formaler Vorgehensmodelle überprüfen (z.B.: Ist der Produktfluß einer Prozeßverfeinerung konsistent mit der Produktflußschnittstelle des Prozesses? Wird jedes Produkt auch tatsächlich einmal erzeugt?). Eine nähere Beschreibung von MVP-E findet sich in [BHM97] und [BeV97].

Die zahlreichen Erweiterungen von MVP-E machten eine größere Überarbeitung notwendig. An der Fraunhofer-Einrichtung IESE wurde deshalb der Entschluß gefaßt, MVP-E als einen Prototypen für einen neuen Typ von Modellierungsumgebung zu verwenden. Kennzeichen der neuen Modellierungsumgebung SPEARMINT (Software Process Elicitation, Analysis, Review and Model Integration Tool) ist die Möglichkeit, rollenspezifische Sichten auf die Prozesse getrennt zu behandeln (getrenntes Modellieren, Integration, Verwaltung persönlicher Layouts von Sichten) [BeW97].

5 Hinweise zur Gestaltung von Vorgehensmodellen

Aus den betrachteten Beispielen lassen sich einige Hinweise für das Verfassen von

Vorgehensmodellen ableiten:

- Die Struktur einer Beschreibung eines Vorgehensmodells sollte nach den Prozessen ausgerichtet werden. Da die betrachteten Vorgehensmodelle zwei bis drei Abstraktionsebenen umfassen, kann phasenorieniert ("depth-first") beschrieben werden.[5] Die Beschreibung der Prozesse sollte auch den Aspekt Produktfluß beinhalten. Enthält das Vorgehensmodell auch komplexere Produkte, so sollten diese zuerst in einem getrennten Kapitel beschrieben werden. Dynamische Aspekte der Modelle sollten ebenfalls gesondert betrachtet werden (im Gegensatz zur Cleanroom-Beschreibung).
- Die beabsichtigte breite Gültigkeit eines Vorgehensmodells erfordert die Behandlung der Generizität bei unterschiedlichen Fällen. Hierbei kann man verschiedene Techniken anwenden: Konzentration auf Spezialfälle (siehe Cleanroom-Beispiel), Verwendung generischer Konstrukte zur Formulierung des Vorgehensmodells (z.B. "if applicable" beim IEEE 1074) oder das Zuschneidern eines allgemeinen Modells in einem zusätzlichen Schritt (siehe V-Modell). Aus der Erfahrung des Autors ist die Verfahrensweise des V-Modells die am besten geeignete für abstrakte Modelle.
- Die Vorgehensmodelle sollten unterschiedliche Adressatenkreise durch rollenorientierte Beschreibungen unterstützen. Das V-Modell verweist zwar darauf, welche Prozesse von welchen Rollen abzuwickeln sind, aber der Standard an sich wird dieser Unterscheidung nur bedingt gerecht.
- Die Verfasser eines Vorgehensmodells sollten um die Konsistenz des Modells bemüht sein. Gerade beim Buch von Bræk und Haugen wird deutlich, daß ein Mangel an Konsistenz das Verständnis der beschriebenen Prozesse erschwert. Nach Möglichkeit sollten diese Regeln in einem Anhang beschrieben werden. Beispiele für solche Regeln finden sich in [BeV97].
- Besondere Beachtung muß der Unterscheidung zwischen den Aspekten Kon-

---

5 Bei mehr als drei Abstraktionsebenen wäre zuerst eine abstrakte Beschreibung der Prozesse angebracht, um danach die Details zu diskutieren ("breadth-first").

trollfluß (Wann wird ein Prozeß gestartet?) und Produktfluß (Von wo nach wo fließen die Produkte?) geschenkt werden. Gerade weil zwischen beiden Aspekten starke Zusammenhänge bestehen (z.B. ein Prozeß kann nur starten, wenn die für seine Abwicklung erforderlichen Produkte vorliegen) werden sie häufig vermischt oder der eine Aspekt wird zu Ungunsten des anderen überbetont (siehe etwa das Cleanroom-Beispiel).

6 Schlußbemerkung

Die Formalisierung von Vorgehensmodellen kann für die Autoren eine wichtige Unterstützung sein. Die Formalisierung existierender, typischer Vorgehensmodelle hat gezeigt, daß der Aufwand der Formalisierung durch den Nutzen der Analysen und des strukturierten Vorgehens sich auszahlt. Die bei der Formalisierung eingesetzten Werkzeuge waren durch ihre auf Vorgehensmodelle ausgerichteten Funktionen eine wertvolle Hilfe. Üblicherweise ist eine solche Unterstützung jedoch nicht bei jedem Werkzeug vorhanden, das heute für die Erstellung von Vorgehensmodellen eingesetzt wird. Die spezialisierten Werkzeuge sind durch ihre mangelhafte Benutzerfreundlichkeit nur einem eingeschränkten Personenkreis verfügbar.

Will man die Vorteile einer Formalisierung von Vorgehensmodellen nutzen, so müßte man sich entweder umfangreich in die Thematik der Prozeßmodellierung einarbeiten oder auf vorhandenes Fachwissen zurückgreifen. Hierbei kann die Formalisierung sehr gut im Rahmen eines Reviews durch Externe stattfinden; die Kosten belaufen sich auf wenige Tagessätze.

Die Formalisierung der vier Beispiele hat gezeigt, daß diese weitestgehend konsistent, vollständig und eindeutig sind. Dies ist jedoch nicht allzu verwunderlich, wenn man betrachtet, wieviel Aufwand für die Entwicklung der entsprechenden Dokumente verwandt wurde. Es ist sicherlich eine interessante Frage, inwiefern der Einsatz von Prozeßmodellierungswerkzeugen, so wie hier gezeigt, eine einfachere Erstellung der Dokumente erlauben würde. Die bisher vom Autor gemachten Erfahrungen sind sehr vielversprechend, jedoch auf eine einzelne Technik (MVP-L) und bereits veröffentlichte Versionen von Vorgehensmodellen beschränkt.

Jedes der vier Vorgehensmodelle könnte im Hinblick auf Verständlichkeit verbessert werden. Auffallend ist, daß für die Dokumentation der Vorgehensmodelle keine einheitliche Struktur vorhanden ist, obwohl dies eine Vereinfachung für den Leser bedeuten würde. Es muß kritisiert werden, daß die Verfasser von Vorgehensmodellen eigene Schemata wählen, ohne auf ein existierendes Schema zurückzugreifen, das unter Umständen für spezielle Zwecke erweitert wird.

Die hier geschilderten allgemeinen Erfahrungen bei der Formalisierung von Vorgehensmodellen decken sich im wesentlichen mit den Ergebnissen zweier anderer Studien ([ADH94] und [BRB95]), bei denen ebenfalls formale Prozeßmodellierungssprachen zum Einsatz kamen.

Die Schnittstellen zwischen den einzelnen Vorgehensmodellen könnten verbessert werden. Gerade bei den IEEE-Standards fällt auf, daß die einzelnen Standards, die schwerpunktmäßig Teilprozesse detailliert diskutieren, bezüglich Terminologie - aber auch Inhalt - voneinander abweichen. Für firmeninterne Standards, vergleichbar mit [IBM91], sollte angegeben werden, inwiefern dieser auf verbreitete Vorgehensmodelle, etwa [IEE92], abgebildet werden kann.

Insgesamt bleibt festzustellen, daß heutige Vorgehensmodelle für sich allein betrachtet gute Dokumentationen von Prozessen darstellen, die Gesamtheit aller Vorgehensmodelle und Modelle für einzelne Techniken und Methoden aber besser aufeinander abgestimmt werden muß. Dies würde in einem Projekt die Verwendung verschiedener Vorgehensmodelle erleichtern (man denke z.B. an die gleichzeitige Verwendung des V-Modells und des Buchs von Bræk und Haugen) sowie den Wechsel zu anderen Vorgehensmodellen vereinfachen (wenn z.B. durch den Auftraggeber gefordert).

Danksagung

Ich möchte mich bei Herrn Dirk Hamann und den Herausgebern dieses Buches für die konstruktiven Kommentare bedanken, die zur Verbesserung dieses Beitrags beigetragen haben.

IV Modellierungssprachen für Vorgehensmodelle

Martin Verlage

Zusammenfassung

Vorgehensmodelle können formal beschrieben werden. In den letzten zehn Jahren hat sich im Software Engineering der Bereich Softwareprozeßmodellierung herausgebildet. Gegenstand ist die Definition von Softwareprozessen unter Verwendung formaler Sprachen. Formale Sprachen erlauben die Prüfung der Prozeßmodelle in bezug auf Vollständigkeit sowie Konsistenz und ermöglichen die Durchführung statischer und dynamischer Analysen. Die formalen Sprachen werden Software-Prozeßmodellierungssprachen genannt. Es existieren zwei Gruppen dieser Sprachen: Sprachen für die Integration von Werkzeugen definieren die Aktivierungsreihenfolge von Werkzeugen; diese Sprachen sind Bestandteil Prozeß-sensitiver Softwareentwicklungsumgebungen. Sprachen für den Einsatz in Verbesserungsprogrammen hingegen dienen der abstrakten Repräsentation realer Softwareentwicklungsprozesse; der Grad der Formalität in dieser Gruppe schwankt sehr stark. Die Vielfältigkeit der heute existierenden Sprachen zur Beschreibung von Vorgehensmodellen wird in diesem Beitrag anhand der Charakterisierung einer Auswahl illustriert.

1 Softwareprozeßmodellierung

Im Software Engineering hat sich in den vergangenen zehn Jahren das Gebiet der Softwareprozeßmodellierung herausgebildet. Der Begriff wurde durch Osterweils Artikel *Software processes are software, too* [Ost87] im Jahre 1987 geprägt. Ziel der Forschungen auf diesem Gebiet ist die Untersuchung der Prozesse, die Software entwickeln und betreuen. Ein genaueres Verständnis der Softwareprozesse verspricht eine verbesserte Produktqualität und eine automatisierte Unterstützung der Entwickler in einem Projekt.

Eine wesentliche These der Softwareprozeßmodellierung ist, daß für die Beschreibung der Softwareprozesse dieselben oder ähnliche Ansätze verwendet werden können wie für die Beschreibung von Software. Ein Softwareentwicklungsprozeß sei also analog zu einem Betriebssystemprozeß zu sehen. Die Formalismen, die für die Beschreibung der Softwareprozesse eingesetzt werden, werden als *Softwareprozeßmodellierungssprachen* (software process modeling languages, kurz SPML) bezeichnet. Ein in einer SPML beschriebener Softwareprozeß wird als *formales Softwareprozeßmodell* (oder kurz *Prozeßmodell*) bezeichnet. Vorgehensmodelle stellen eine besondere Art von informellen Softwareprozeßmodellen dar.

Der Einsatz von SPMLs bei der Definition von Vorgehensmodellen ist in zweierlei Hinsicht interessant. Erstens erlauben SPMLs die Bereitstellung wesentlich mächtigerer Werkzeug als Texteditoren und Grafikanwendungen (z.B. Generierung unterschiedlicher Darstellungen auf Basis eines einzigen Prozeßmodells). Zweitens können die SPMLs dem Autor eines Vorgehensmodells durch ihre Analysefähigkeit helfen, schneller konsistente Vorgehensmodelle zu erstellen; die möglichen Analysen hängen dabei stark von den Eigenschaften der eingesetzten SPML ab. Drittens sind formale Vorgehensmodelle die Grundlage für eine automatisierte Unterstützung der beschriebenen Softwareentwicklungsprozesse, zum Beispiel durch Workflow-Managementsysteme [RoV95].

In diesem Beitrag soll eine Übersicht über existierende SPMLs gegeben werden. Ausgehend von einer generellen Klassifikation von SPMLs werden beispielhaft einige der existierenden Sprachen vorgestellt. Das Spektrum der diskutierten SPMLs soll die Möglichkeiten heutiger Ansätze für die Entwicklung und Verwendung von Vorgehensmodellen illustrieren.

2 Softwareprozeßmodellierungssprachen

Analog zur Beschreibung von Produkten kann bei SPMLs zwischen mehreren Ebenen unterschieden werden. Im wesentlichen existieren zwei Ebenen:

- Prozeßentwurfssprachen dienen der abstrakten Beschreibung von Softwareprozessen. Ziel ihres Einsatzes ist es, ein Verständnis über existierende Softwareprozesse zu erlangen oder eine für die Autoren von Vorgehensmodellen leicht wartbare Darstellung des Softwareprozesses zu erhalten. Der Grad der Formalität bei Prozeßentwurfssprachen schwankt stark.
- Prozeßimplementierungssprachen dienen der feingranularen Beschreibung von Softwareprozessen. Ziel ihres Einsatzes ist es, die Softwareprozeßmodelle für Maschinen interpretierbar zu gestalten. Hierbei stehen sog. Prozeß-sensitive Softwareentwicklungsumgebungen (vergleichbar mit Workflow-Managementsystemen) und dynamische Analysen (z.B. Simulation) im Vordergrund.

Bei Prozeßentwurfssprachen steht die Lesbarkeit der Prozeßmodelle im Vordergrund. Hier können neben den unten diskutierten formalen Sprachen auch Prosa und semiformale Darstellungen (z.B. Tabellen verwendet werden).

Prozeßimplementierungssprachen dienen dem deterministischen Ausdruck von Prozessen und sind nur für speziell geschulte Personen verständlich. Grafische Symbole können die kryptische Erscheinung der Prozeßmodelle reduzieren (siehe z.B. EPKs (Ereignisgesteuerte Prozeßketten in ARIS [Sch95]).

In der Vergangenheit konzentrierte man sich in erster Linie auf Prozeßimplementierungssprachen, da man sich hier durch die Automatisierung des Softwareprozesses erhebliche Vorteile versprach. Diese Ansicht mußte in den letzten Jahren zum Teil revidiert werden, da die Automatisierung erheblich mehr Probleme als erwartet aufweist (z.B. bei der Umplanung von Prozessen oder beim Erfassen von Ergebnissen aus Teamarbeit). Softwareentwicklungsumgebungen, die als Teil eine Maschine zur Ausführung der Prozeßmodelle beinhalten, werden in Kapitel XI "Werkzeugunterstützung beim Einsatz von Vorgehensmodellen" in diesem Buch behandelt. Das Gebiet der Prozeßentwurfssprachen ist bisher deutlich weniger behandelt worden als die Prozeßimplementierungssprachen. Hier existiert noch viel Potential gerade in bezug auf die Unterstützung der Entwickler von Vorgehensmodellen.

Die SPMLs werden häufig nach drei Gesichtspunkten untersucht [CKO92]:

- Funktionalität: Die Beschreibung des Softwareprozesses wird in einzelne Aufgaben zergliedert (z.B. Entwurf, Implementierung, Test), die weiter verfeinert werden können.
- Verhalten: Die Reaktion des Softwareprozesses auf verschiedene Ereignisse oder die Abfolge von Prozeßzuständen wird definiert.
- Organisation: Es wird beschrieben, welche organisatorischen Einheiten welche Softwareprozesse abwickeln (vgl. Kapitel XII in diesem Buch). Hierzu kann das Konzept der Rolle, d.h. einer Menge von Tätigkeiten, verwendet werden, um Verantwortlichkeiten und Ziele zu gruppieren (z.B. Projektmanager, Tester).

Bei existierenden Vorgehensmodellen stehen vor allem die Aspekte der Funktionalität und der Organisation im Vordergrund. Das Verhalten der Softwareprozesse ist jedoch für ihre Implementierung wichtig.

3 Eigenschaften von Softwareprozeßmodellierungssprachen

So, wie es keine beste Programmiersprache gibt, kann es keine beste Softwareprozeßmodellierungssprache geben. Da die Anforderungen zu unterschiedlich sind, macht es keinen Sinn, die Sprachen miteinander bewertend zu vergleichen. Man kann lediglich Unterschiede aufzeigen und es dem Nutzer in einer konkreten Situation überlassen, aus den existierenden Sprachen die Geeignetste zu wählen.

Im folgenden wird eine Auswahl existierender SPMLs anhand eines Schemas verglichen. Das verwendete Schema stellt eine Erweiterung von Schemata aus bereits durchgeführten Studien ([ABG92] und [CKO92]) dar. Im wesentlichen wird bei dem hier vorgestellten Schema darauf geachtet, daß die Ziele der Entwicklung der Sprachen deutlich werden und die Charakteristika der Unterstützung des Benutzers der Sprachen herausgearbeitet werden. Technische Konzepte, die in den jeweiligen Sprachen realisiert sind, stehen im Gegensatz zu den bisherigen Vergleichen nicht im Vordergrund.

Das Schema charakterisiert die SPMLs folgendermaßen:

- Prozeßentwurf versus Prozeßimplementierung
  Diese Eigenschaft der SPMLs wurde bereits in Abschnitt 2 beschrieben.
- Maschinenorientiert versus menschorientiert
  Der Nutzer eines Prozeßmodells kann entweder eine Maschine sein, in diesem Fall muß die Interpretation genau vorgegeben sein, oder ein Mensch. Im letzteren Fall soll das Prozeßmodell für den Leser, der üblicherweise ein Projektmitarbeiter ohne spezielle Prozeßmodellierungskenntnisse sein wird, einfach zu verstehen sein.
- Algorithmische versus eingrenzende Modelle
  Wird das Verhaltens von Softwareprozessen algorithmisch beschrieben, so resultiert dies in Determinismus. Dies ist für bestimmte Zwecke (z.B. Analysen) wünschenswert, wird jedoch oft als zu restriktiv angesehen. Eingrenzende Modelle spezifizieren das Verhalten der Prozesse durch Grenzen gültiger Prozeßzustände, als stochastische Verteilung oder gar nicht.
- Ein-Personen-Modelle versus Mehr-Personen-Modelle
  Die Sprachen beinhalten Annahmen über die Interaktion der Benutzer mit dem Modell. Sind lediglich Mechanismen vorgesehen, die einzelne Entwickler unterstützen (z.B. eine persönliche Agenda), so wird von Ein-Personen-Modellen gesprochen, auch wenn verschiedene Teile des Modells Softwareprozesse unterschiedliche Rollen repräsentieren. Mehr-Personen-Modelle umfassen auch kooperierende Softwareprozesse, die ein gemeinsames Ziel verfolgen.

Neben diesen binären Charakteristika existieren Anforderungen an SPMLs, bei denen man den Grad der Erfüllung angeben kann. Wesentliche Eigenschaften von Prozeßmodellen sind [RoV95]:

- Natürliche Modelle
  Die Personen, die die modellierten Prozesse abwickeln, sollten die Modelle überprüfen. Deshalb sollte die eingesetzte SPML die Denkmuster der Personen in einer natürlichen (d.h. leicht identifizierbaren) Art und Weise unterstützen. Eine direkte Abbildung zwischen Konzepten realer Prozesse und Elementen des Prozeßmodells muß möglich sein.

- Meßunterstützende Modelle
  Messen und Bewerten stellt eine wichtige Aufgabe in Softwareprozessen dar. Prozeßmodelle können zur Formulierung von sogenannten Meßplänen dienen. Dazu muß die SPML die explizite Repräsentation meßbarer Charakteristika von Softwareprozessen und Produkten erlauben.
- Zuschneidbare Modelle
  Prozeßmodelle sollten sowohl für eine Familie von Softwareprozessen gültig sein (Was gilt im allgemeinen?) als auch einzelne Softwareprozesse repräsentieren können (Was gilt im besonderen?). SPMLs können Mechanismen besitzen, die es ermöglichen, generische Teile von Prozeßmodellen auf konkrete Situationen anzupassen.
- Formale Modelle
  Ein gewisser Formalitätsgrad der Prozeßmodelle ist nicht nur für die Interpretation durch Maschinen notwendig. Die Kommunikation zwischen Menschen kann ebenfalls von einer eindeutigen Formulierung profitieren. Gerade wenn zwischen Autor und Leser der Modelle keine Möglichkeit einer direkten Nachfrage besteht (so wie bei der Nutzung von Vorgehensmodellen üblich), müssen Eigenschaften der Prozeßmodelle eindeutig definiert sein.
- Verständliche Darstellung der Modelle
  Die Adressaten von Vorgehensmodellen sind Entwickler sowie unterstützende Rollen in einem Projekt. Obwohl sie keine Spezialisten im Umgang mit der verwendeten SPML sind, müssen sie die Information im Prozeßmodell einfach aufnehmen können. Im Gegensatz zu den Eigenschaften "natürliche Modelle" und "formale Modelle" bezieht sich der Aspekt der Verständlichkeit auf die Repräsentationsform der Modelle.
- Ausführbare Modelle
  Die Interpretation durch sog. Prozeßmaschinen bedarf spezieller Mechanismen. Diese beinhalten die Möglichkeit, Betriebssystemobjekte (z.B. Dateien, Werkzeuge) anzusprechen sowie Primitive für die Spezifikation des Kontrollflusses und Datenflusses.
- Flexible Modelle

Werden Softwareprozesse von Menschen abgewickelt, so sind die Prozesse durch Kreativität und Nichtdeterminismus gekennzeichnet. Deshalb sollten SPMLs Mechanismen bereitstellen, mit denen Entscheidungen der Abwickler dokumentiert werden können. Solche Entscheidungen beeinflussen den Kontrollfluß und den Prozeßzustand.

- Verfolgbarkeit innerhalb der Modelle
  Die Prozeßmodelle unterstützen die Interpretation von Projektzuständen. Explizite Repräsentationen von Beziehungen zwischen Elementen der Modelle sind notwendig. Muß zum Beispiel ein Modul revidiert werden, sollten die Autoren leicht identifizierbar sein.

4 Beispiele von Softwareprozeßmodellierungssprachen

In den letzten zehn Jahren wurde eine Vielzahl verschiedener SPMLs entwickelt. In diesem Abschnitt sollen einige dieser Sprachen vorgestellt werden.

4.1 Appl/A

Die Sprache Appl/A (Ada Process Programming Language with Aspen) wurde für die Prozeßimplementierung innerhalb des Arcadia-Projekts entwickelt [TBC88]. Das Arcadia-Projekt kann als wegweisend für die erste Generation von Prozeß-sensitiven Softwareentwicklungsumgebungen betrachtet werden.

Es bestand die Absicht, die Prozesse der Softwarentwicklung zum höchstmöglichen Grad zu automatisieren, damit die Entwickler sich auf die kreativen Aspekte ihrer Arbeit konzentrieren können.

Appl/A erweitert die Programmiersprache Ada um Relationen zur persistenten Datenhaltung, *trigger* zur Beobachtung von Zustandsänderungen, Prädikate zur Definition von gültigen Projektzuständen, und Transaktionen. Diese Erweiterungen stellen rein technische Erweiterungen dar. Es wurde keine spezielle Semantik von

Softwareentwicklungsprozessen hinzugefügt. Zur Illustration wird hier ein kleines Beispiel eines Appl/A-Prozeßprogramms gegeben.

```
package Change_Engineering_Tasks is
subtype engineering task_enum is change_task range
            Modify_Design, Review_Design, Modify_Code,
            Modify_Test_Plans, Modify_Unit_Test, Test_Unit;
task type Modify_Design is
entry start_up(design_end_id, manager_id:
                  in emp_id_type; requirement_id: in req_id_type);
entry completed;
entry deactivate;
end Modify_Design;
type modify_design_a is access modify_design;
```

Appl/A wurde für die Prozeßimplementierung entwickelt. Für die Analyse und Ausführung werden Appl/A-Programme nach Ada übersetzt. Softwareentwicklungsaktivitäten werden als Ada *tasks* modelliert. Die Stärken liegen in der Modellierung von werkzeugintensiven Aktivitäten, die von einer einzelnen Person ausgeführt werden. Benutzerinteraktion wird auf der Basis von Anfragen des Systems (engl. *Queries*) gestaltet, wenn im Algorithmus keine weiteren Schritte mehr vorgesehen sind [SHO95].

Appl/A hat die Möglichkeiten und Grenzen, gerade im Bereich der Benutzerinteraktion, von Prozeß-sensitiven Softwareentwicklungsumgebungen aufgezeigt. Die Modellierung gestaltet sich aufgrund der fehlenden Spezialkonstrukte aufwendig. Appl/A hat aber demonstriert, daß die Analogie zwischen Programmiersprachen und SPMLs gezogen werden kann.

Appl/A ist ein typisches Beispiel für die Verwendung existierender Programmiersprachen zur Definition von Vorgehensmodellen. Die Nachteile, die sich durch den geringen Abstraktionsgrad und fehlende Semantik ergeben, können nicht aufgewogen werden.

4.2 MSL

Die Marvel Strategy Language (MSL) wurde ursprünglich an der University of Columbia, New York zur theoretischen Erforschung von dynamischen Prozeßeigenschaften entwickelt, in neueren Version wurde sie jedoch auch bei der Telekommunikationsgesellschaft AT&T zur Begutachtung vorhandener firmeninterner Vorgehensmodelle erfolgreich eingesetzt [BRB95].

In MSL wird der Kontrollfluß eines Prozesses durch Vor- und Nachbedingungen ausgedrückt. Vorbedingungen geben an, wann eine Aktivität begonnen werden darf. Nachbedingungen spezifizieren, unter welchen Bedingungen eine Aktivität beendet werden darf. Von einem konkreten Zustand ausgehend erlauben es diese Bedingungen zu überprüfen, welche Aktivitäten begonnen oder beendet werden können. Dieser Test kann auch transitiv gestaltet werden, d.h. durch sog. *Forward-chaining* wird erkennbar, welche Kette von Aktivitäten der Start einer Aktivität auslöst und durch sog. *Backward-chaining* wird ermittelt, welche Aktivitäten erst durchgeführt werden müssen, um eine bestimmte Aktivität starten zu können [BSK95]. Zur Illustration wird hier ein kleines Beispiel eines MSL Prozeßprogramms gegeben.

```
edit[?f:DOCFILE]:
    # if the file has been reserved, you can go ahead and edit it
    :
    (f.reservation_status = Checked_out)
    [ EDITOR edit ?f ]
    (and (?f.reformat_doc = Yes) (?f.timestamp = CurrentTime));
```

Da die Aktivierungsreihenfolge flacher Regelstrukturen nur zustandsabhängig ausgewertet werden kann (d.h. es ist im allgemeinen nicht möglich, aufgrund einer Analyse der Regeln generelle Aussagen über den Kontrollfluß zu machen), ist der Kontrollfluß und der Datenfluß schwer zu verstehen. Die Regeln müssen immer wieder ausgeführt werden, um ihr Verhalten zu testen.

Das Marvel-System wurde später zu einem Mehrbenutzersystem ausgebaut [BSK95]. Es wurden aber keine Konstrukte zu MSL hinzugefügt. Statt dessen beschreiben Koordinationsregeln, wie Konflikte zwischen Benutzeraktionen entdeckt und behoben werden können.

MSL wird für die Prozeßimplementierung eingesetzt. Dies schließt auch die in [BRB95] beschriebenen Fallstudien der Modellierung realer Softwareentwicklungsprozesse mit ein. Spezialisten haben hier die natürlich-sprachliche Dokumentation interpretiert und in MSL formuliert.

MSL ist ein gutes Beispiel einer maschinenorientierten Sprache zur Definition eingrenzender Modelle. Der Benutzer soll die Modelle nicht lesen, sondern er soll dynamisch einen jeweilig gültigen Kontext verstehen und bearbeiten.

4.3 MVP-L

Bei der Durchführung von Meßprogrammen zur Prozeßverbesserung ist die exakte Beschreibung des Softwareentwicklungsprozesses für die Definition sogenannter Meßpläne notwendig. Meßpläne geben an, wer wann welche Daten über welches Produkt oder welche Aktivität erfassen soll. Die Ursprünge von MVP-L (multiview process modeling language) liegen in den Verbesserungsprogrammen des NASA Goddard Space Flight Center in den USA. Seit dem Jahr 1992 wird die Sprache an der Universität Kaiserslautern weiterentwickelt [BLR95].

MVP-L wurde durch den Einsatz in zahlreichen Industrieprojekten schrittweise an die Bedürfnisse der deskriptiven Prozeßmodellierung (d.h. abbildend, im Gegensatz zu Vorgehensmodellen, die vorschreibend, also präskriptiv eingesetzt werden) angepaßt. Die wesentlichen Konzepte sind Prozesse, Produkte und Ressourcen (Personen und Werkzeuge). Bei all diesen Konzepten können Aggregationen gebildet und die Instanzen mit Attributen versehen werden. Daneben existieren als wesentliche Beziehungen der Produktfluß und die Abbildung von Attributwerten auf Attribute einer höheren Abstraktionsebene.

Für MVP-L wurden eine Reihe von Werkzeugen entwickelt, die den Prozeßmodellierer unterstützen [BeV97]. Neben Funktionen zur Erstellung und Verwaltung von Prozeßmodellen wurde vor allem Wert auf die Realisierung von Diensten zur Analyse und Konsistenzprüfung gelegt. Die Analysen identifizieren unerwünschte

Schwächen im Prozeßmodell, wie zum Beispiel Prozesse, die keine Produkte erzeugen (ist der Prozeß nutzlos?) oder nicht verfeinerte Prozesse, die auf komplexe Produkte zugreifen (ist der Prozeß nicht ausreichend spezifiziert worden?) und warnen den Prozeßmodellierer. Bei der Konsistenzprüfung werden unbedingte Eigenschaften des Prozeßmodells geprüft, wie zum Beispiel Typkompatibilitäten bei Ausdrücken oder Vollständigkeit einer Verfeinerung. Die Regeln für die Analyse und die Konsistenz wurden aufgrund der Erfahrungen aus Industrieprojekten aufgestellt. Zur Illustration wird hier ein kleines Beispiel eines MVP-L-Prozeßprogramms gegeben.

```
process_model One_step_design(eff_0: Process_effort, max_effort_0: Process_effort) is
 process_interface
  exports
   effort: Process_effort := eff_0;
   max_effort: Process_effort := max_effort_0;
  product_flow
   consume
    req_doc: Requirements_document;
   produce
    os_des_doc: One_step_design_document;
  entry_exit_criteria
   local_entry_criteria
    (req_doc.status = 'complete') and (os_des_doc.status =
       'non_existent' or os_des_doc.status = 'incomplete');
   local_invariant
    (effort <= max_effort);
...
```

Neben der deskriptiven Modellierung wurde MVP-L für die Begutachtung von Vorgehensmodellen eingesetzt. Die Erfahrungen hieraus werden in Kapitel III dieses Buches beschrieben.

MVP-L ist eines der wenigen Beispiele einer Sprache, die speziell für den Prozeßentwurf entwickelt wurde. Die drei Iterationen bei der Entwicklung haben zu einer stabilen Menge von Konzepten geführt und die verfügbaren Werkzeuge unterstützen die Erstellung von Prozeßmodellen. Hierzu gehört auch die Entwicklung einer grafischen Repräsentation von MVP-L-Prozeßmodellen. Eine solche Darstellungsmöglichkeit ist unerläßlich, wenn die Prozeßmodelle bei einer deskriptiven Modellierung den Projektbeteiligten zur Korrektur gezeigt werden müssen.

4.4 SLANG

Die Softwareentwicklungsumgebung SPADE dient der Entwicklung, Analyse und Ausführung von Prozeßmodellen in der Sprache SLANG (Spade Language) [BFG93]. Für die Prozeßimplementierung bietet SLANG Konzepte für den Zugriff auf Betriebssystemobjekte (z.B. Dateien, Werkzeuge) an. Der Entwurf von Prozeßmodellen wird durch Konzepte für die Wiederverwendung unterstützt. Es werden Petri-Netze zur Definition der Prozeßmodelle verwendet. Die Modellierung kann auch noch während der Ausführung ergänzt werden. Abbildung IV-1 gibt ein Beispiel eines Petri-Netzes in SLANG wieder (vgl. [BRB95], Seite 448).

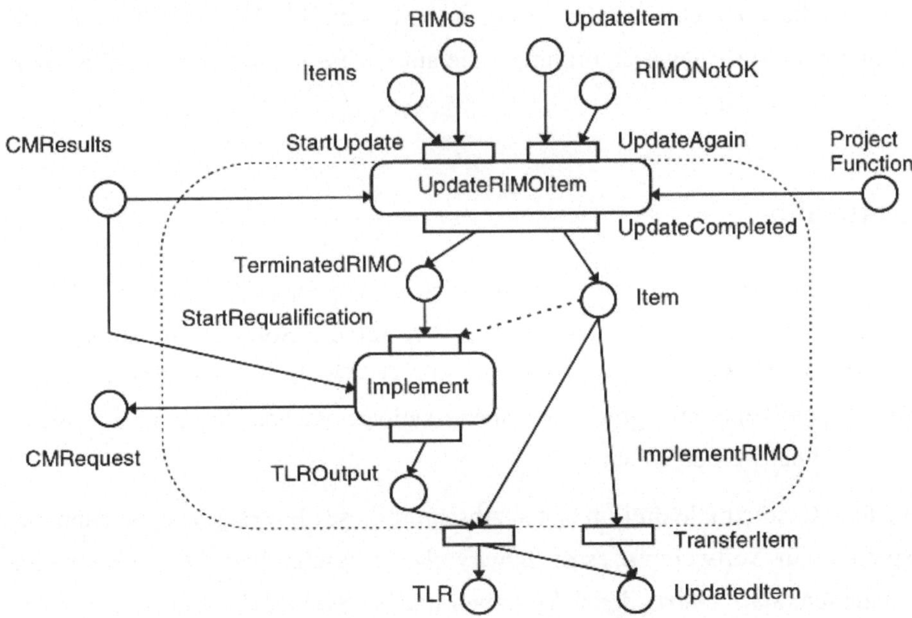

Abbildung IV-1: Beispiel eines Prozeßmodells in SLANG

In SLANG repräsentieren Marken sowohl Dokumente als auch Kontrollinformationen, die im wesentlichen Zustände nach Beendigung von Werkzeugaktivierungen beinhalten. Nicht verfeinerte Prozeßschritte sind als Transitionen dargestellt. Sogenannte *schwarze* Transitionen werden zur Aktivierung von Werkzeugen eingesetzt. Transitionen können Zeitinformationen enthalten (z.B. wann ein Prozeß starten muß). Verschiedene Typen von Kanten verbinden die Transitionen (z.B. Kopierkanten). Benutzerinteraktion wird durch einen speziellen Kantentyp dargestellt. Aktivitäten aggregieren Teilnetze und stellen eine einheitliche Schnittstelle zur Verfügung [BNF96].

Die Definition von SLANG-Aktivitäten kann sich ändern. Hiervon sind jedoch bereits instanziierte Aktivitäten nicht betroffen. SLANG ist der am weitesten entwickelte Ansatz zur dynamischen Umplanung, d.h. eine Redefinition der Aktivitäten nach Start des Projekts ist möglich.

Petri-Netze werden häufig für die Definition von Softwareprozessen eingesetzt (siehe auch Kapitel V zu FUNSOFT in diesem Buch). Die Verständlichkeit der Modelle für die Entwickler ist als gering zu bewerten. Als Vorteil gilt jedoch die Anwendbarkeit von Analysealgorithmen, die auf der Formalität der Modelle basieren.

4.5 Statemate

Das System STATEMATE wurde ursprünglich für die Spezifikation von Echtzeitsystemen entwickelt [HLN90]. Es wurde später für die Softwareprozeßmodellierung eingesetzt [HuK89]. Die Aspekte von STATEMATE, die hier diskutiert werden sollen, sind seine drei grafischen Spezifikationssprachen, die kurz als "Statemate" bezeichnet werden sollen.

Statemate unterstützt alle drei im ersten Abschnitt dieses Beitrags vorgestellten Gesichtspunkte auf Softwareprozesse: *activity charts* beschreiben die Funktionalität von Prozessen, *state charts* deren Verhalten und *module charts* dienen der Dokumentation von organisatorischen Informationen. Alle drei Teilsprachen verfügen über Mechanismen zur Abstraktion. Die drei Perspektiven können untereinander verknüpft werden. Da Statemate für die Entwicklung von Softwareprodukten entwickelt wurde, fehlen speziell auf Softwareprozesse ausgerichtete Konzepte. Ein Beispiel eines *activity charts* findet sich in Abbildung IV-2.

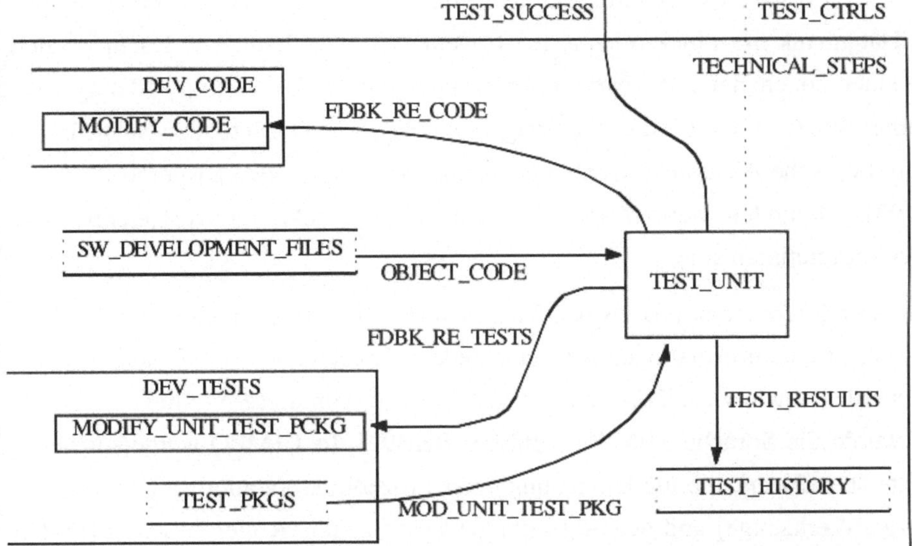

Abbildung IV-2: Ausschnitt aus einem *activity* chart in Statemate

STATEMATE verfügt neben Werkzeugen zur Modellierung über Funktionen zur Analyse der Modelle. Konsistenz, Vollständigkeit und bestimmte Aspekte der Korrektheit können überprüft werden (z.B. die Balance der Informationsflüsse auf unterschiedlichen Abstraktionsebenen, fehlende Quellen oder Senken von Daten, Erreichbarkeit oder Zyklen in Definitionen). Darüber hinaus kann STATEMATE die Modelle simulieren. Dies ist sehr nützlich, um dynamische Eigenschaften der Modelle zu validieren. Die Spuren (engl. *traces*), die während der Simulation aufgezeichnet werden, können später analysiert werden [Kel91].

Statemate ist ein Beispiel für Sprachen, die entgegen der ursprünglichen Intention für die Prozeßmodellierung eingesetzt wurden. Dies ist ein nicht ungewöhnlicher Fall. Für den Prozeßentwurf werden, sei es aus Kostengründen oder der besseren Verständlichkeit für die Projektbeteiligten, oft Sprachen aus den frühen Phasen der Softwareentwicklung entnommen (z.B. SADT - Structured Analysis Diagram Technique [MaM88]).

4.6 TEMPO

Adele ist ein erweitertes Konfigurationsmanagementsystem, das auf einer relationalen Datenbank mit objektorientierten Erweiterungen aufbaut. Die Daten werden durch einen sogenannten *Activity Manager* manipuliert. Der Activity Manager interpretiert Prozeßmodelle, die als Ereignisse, *trigger* und Methoden ausgedrückt werden. Logische Ausdrücke werden überprüft, wenn Methoden ausgeführt werden [BEM93]. Methoden werden als Programme ausgedrückt, die vergleichbar mit Appl/A-Programmen sind.

Bei Adele fehlten zuerst prozeßspezifische Konstrukte. Daher mußten bei der Modellierung Prozeßinformationen auf verschiedene Objekttypen und Relationen verstreut werden sowie viele Trigger verwendet werden. Um diese Nachteile zu beseitigen, wurde die Sprache TEMPO definiert [BeM93]. In TEMPO werden Arbeitskontexte spezifiziert, die die Umgebung einer Prozeßinterpretation (z.B. Produkte, Benutzer, Werkzeuge) und den Algorithmus spezifizieren. Rollen beschreiben den Zweck eines Objekts und dienen der Abstraktion. Zur Illustration wird hier ein kleines Beispiel eines TEMPO Prozeßprogramms gegeben.

```
TYPEPROCESS release
1 EVENT ready = ( state := ready ) ;
  ROLE USER  = PManager;
  ROLE implement = development;
  ROLE valid = validation;
  ROLE component = module ; {
    ON ready DO {
2     IF implement.to_change.%name.state == ready THEN
3        implement.to_change.%name.state := available;
...
```

In TEMPO existieren keine Mechanismen zur Kapselung von Daten. Dies erschwert das Verstehen der Prozeßmodelle. In einer Weiterentwicklung, APEL – "Abstract Process Engine Language", werden diese Nachteile durch prozeßspezifische Konstrukte und Werkzeuge zum Teil behoben [EDA97].

TEMPO erlaubt die Formulierung sowohl eingrenzender als auch algorithmischer Prozeßmodelle. Die einschränkende Formulierung verbindet dabei Abschnitte algorithmischer Prozeßmodelle [BEM93]. Damit kann das Adele-System als ein Beispiel angesehen werden, bei dem ein Wandel eines Ansatzes weg von Prozeßimplementierung hin zu Prozeßentwurf durchgeführt wird.

4.7 Charakterisierung

Die sechs vorgestellten Sprachen können als eine repräsentative Auswahl der heute existierenden SPMLs angesehen werden. Die Sprachen sollen gegenübergestellt werden, um zu diskutieren, wo die Schwerpunkte liegen. Für jede der Sprachen wird angegeben, inwiefern die Anforderungen aus Abschnitt 3 erfüllt werden. Dabei kennzeichnet ein ‚+', daß die Anforderung erfüllt ist, ein ‚0' bezeichnet eine teilweise Erfüllung und ‚-‘ bedeutet, daß diese Anforderung durch die entsprechende SPML nicht berücksichtigt wird.

Eigenschaft	Appl/A	MSL	MVP-L	SLANG	Statemate	TEMPO
Entwurf / Implementierung	Imp	Imp	Ent	Imp	Imp	Imp
Maschinenorientiert / menschorientiert	masch	masch	mensch	masch	masch	masch
Algorithmisch / einschränkend	Algo	algo/ein	ein	ein	algo	algo/ein
Einpersonen / Mehrpersonen	Mehr	ein/mehr	mehr	ein/mehr	mehr	mehr
Natürliche Repr.	-	-	+	+	-	0
Meßbare Modelle	-	-	+	-	-	-
Zuschneidbare Modelle	0	-	-	-	0	+
Formalität	0	0	0	+	0	0
Verständlichkeit	-	-	0	-	0	-
Ausführbarkeit	+	+	+	+	+	+
Flexibilität	-	+	+	+	+	+
Verfolgbarkeit	-	0	0	-	+	0

Mit Ausnahme der Sprache MVP-L sind die Ansätze alle für die Integration von Werkzeugen in Prozeß-sensitiven Softwareentwicklungsumgebungen entwickelt worden. Diese Sprachen besitzen wenige Eigenschaften, die eine Interpretation von Vorgehensmodellen durch Projektmitglieder sinnvoll erscheinen lassen. Die heutigen SPMLs sind nur für Spezialisten einsetzbar. Es muß eine Transformation in Darstellungen erfolgen, die für die Projektmitglieder verständlich ist [KNM92].

Die hier vorgestellten SPMLs sind alle ausführbar. Ausführbarkeit bedeutet dabei nicht, daß die Prozesse automatisch ablaufen. Benutzereingaben können die Ausführung des Prozesses steuern. Dies ist besonders bei eingrenzenden Prozeßmodellen ein wesentlicher Aspekt.

Die Softwareprozeßmodellierung ist vor allem mit dem Prozeß-Reengineering verwandt. Dort definierte Ansätze (z.B. IDEF0) können auch verwendet werden, es gelten aber auch hier Einschränkungen wegen der oft fehlenden Semantik bezüglich der Prozesse. Vor allem weisen die Ansätze des Prozeß-Reengineering begrenzte Möglichkeiten des Beschreibens des Verhaltens von Prozessen auf. Diese Notationen sind daher nur eine Teillösung zur Definition von Vorgehensmodellen, da sie lediglich Aspekte der Struktur und des Datenflusses erfassen. Sprachen des Prozeß-Reengineering sind am ähnlichsten zu Prozeßentwurfssprachen, werden aber nicht für rechnergestützte Analysen und Maschinenunterstützung bei der Prozeßabwicklung eingesetzt. Ihr Zweck ist die Kommunikation und das Verstehen von Prozessen. Daher wären Kopplungen zwischen beiden Arten von Sprachen wünschenswert, um von den Vorteilen beider Arten von Sprachen profitieren zu können.

5 Schlußbemerkungen

Die Entwicklung von verständlichen formalen Sprachen zur Definition von Vorgehensmodellen wurde in der Vergangenheit vernachlässigt. Insbesondere geeignete grafische oder strukturierte (z.B. durch Tabellen) Darstellungen von Vorgehensmodellen müssen gefunden werden. Dazu müssen keineswegs neue Sprachen gefunden werden. Wie die Beispiele von MVP-L und APEL zeigen, können existierende

SPMLs um verständliche Symbole erweitert werden. Im Hinblick auf eine Implementierung der Prozesse stellt sich jedoch, parallel zu den Produktsprachen, die schwierige Frage, wie die Transformation zwischen Sprachen verschiedener Granularität und Formalität durchgeführt werden kann [CKO92].

Der Aspekt der Ausführbarkeit wurde von einem technischen Standpunkt bisher adäquat untersucht. Es müssen jedoch weitere Paradigmen gefunden werden, die die dynamische Umplanung von Prozessen während der Abwicklung ermöglichen. Desweiteren sind bei existierenden Workflow-Managementsystemen die Anbindungen an Systeme für CSCW (Computer Supported Cooperative Work) nur ungenügend vorhanden. Es werden daher meist Prozesse unterstützt, die nur von einer Person durchgeführt werden. In zukünftigen Systemen sollten jedoch alle Formen kooperierender Prozesse berücksichtigt werden [RoV95].

Prozeßmodellierungssprachen und dazugehörige Werkzeuge sind Instrumente für Spezialisten. Sie verlangen Kenntnisse über die Eigenschaften von Prozessen im allgemeinen. Die heute verfügbaren Techniken sind im allgemeinen für Softwareentwickler oder Manager ungeeignet [Ver96]. Wichtig ist, daß die Prozeßmodelle von Projektmitgliedern genutzt werden können. Hierbei muß der Autor eines Prozeßmodells darauf achten, daß er zwar intern eine für seine Zwecke geeignete formale Sprache benutzt, aber in der Kommunikation mit den Lesern der Prozeßmodelle eine Darstellung benutzt, die von diesen verstanden werden kann. Hierbei hat sich eine kombinierte Darstellung aus Text und Grafik als vorteilhaft erwiesen.

Bei den heute verfügbaren SPMLs handelt es sich um Spezialsprachen, die eine Lösung zu einem konkreten Problem der Formalisierung von Softwareentwicklungsprozessen bereitstellen. Sie sollten während des Entwurfs von Vorgehensmodellen eingesetzt werden. Die verfügbaren SPMLs entstanden meist als Anwendungsfall von Programmiersprachenforschern oder Entwicklern von Softwareentwicklungsumgebungen und nicht als Lösung für die Entwickler von Vorgehensmodellen. Es fehlt eine umfassende Unterstützung für Autoren von Vorgehensmodellen, die ihre wesentlichen Probleme löst. Daher können die heute verfügbaren SPMLs nicht als praxistauglich bezeichnet werden. Abschließend kann festgestellt werden, daß die heute verfügbaren SPMLs einen wichtigen Beitrag zur Entwicklung und Verwendung von Vorgehensmodellen darstellen. Es bedarf aber noch einer kritischen Weiterentwicklung, um mit den Sprachen beschriebene Vorgehensmodelle einem breiteren Publikum zugänglich zu machen.

Danksagung

Ich möchte mich bei Ulrike Becker-Kornstaedt und den Herausgebern dieses Buches für die konstruktiven Kommentare bedanken, die zur Verbesserung dieses Beitrags beigetragen haben.

V Beschreibung von Vorgehensmodellen mit FUNSOFT-Netzen

Volker Gruhn, Ursula Wellen

Zusammenfassung

Dieses Kapitel beleuchtet schwerpunktmäßig die Darstellung von Vorgehensmodellen für die betriebliche Anwendungsentwicklung mit Hilfe von FUNSOFT-Netzen an dem konkreten Beispiel eines Software-Unternehmens. Dazu werden zunächst die Vorgehensweise bei der Entwicklung eines solchen Modells sowie seine methodischen Grundlagen betrachtet und in einen Gesamtzusammenhang gebracht, wodurch ein zweiter Schwerpunkt entsteht. Dieser ist aus dem Bedürfnis heraus entstanden, ein FUNSOFT-Vorgehensmodell nicht nur in seiner graphischen Darstellung zu betrachten, sondern auch die Semantik eines solchen Modells nutzbringend diskutieren zu können.

1 Einleitung / Motivation

Für die Anwendungsentwicklung kommerziell genutzter Software stehen zu Beginn eines jeden neuen Projektes meist zunächst die bekannten Fragen nach dem Nutzen und dem zeitlichen und finanziellen Aufwand. Die Frage nach dem geeigneten Weg zum Ziel und nach Unterstützung durch Verfahrensanweisungen und Vorgehensmodelle tritt jedoch oft erst dann auf, wenn die ersten Probleme zu Verzögerungen im Projektplan führen.

So kann man zwar bei Schwierigkeiten während des Projektes endlos viele Gründe und Ursachen anführen, ab einem bestimmten Zeitpunkt im Projektverlauf wird es aber immer schwieriger, realistische und handhabbare Lösungen für diese Schwierigkeiten zu finden. Die Orientierung an einem Leitfaden schon in der Projektplanungsphase würde dagegen gewährleisten, daß nicht für jedes neue Entwicklungsprojekt individuelle Vorgehensweisen definiert würden und dadurch wesentliche Aktivitäten vergessen oder falsch bewertet werden [Chr92a].

Heute gehen immer mehr Unternehmen dazu über, die betriebliche Anwendungsentwicklung entlang eines sogenannten Vorgehensmodells durchzuführen. Solche Vorgehensmodelle umfassen immer öfter neben Vorgaben für die eigentliche Software-Entwicklung auch Richtlinien für die Einführung und Inbetriebnahme von Software. Trotz dieser einheitlichen Tendenz unterscheiden sich diese Vorgehensmodelle jedoch oft sehr in ihren Schwerpunkten und Detaillierungsgraden. Ein Grund hierfür liegt wohl in den verschiedenen Ausgangsblickwinkeln bei ihrer Entstehung, ein weiterer in ihren Einsatzgebieten.

Ein anderes Unterscheidungsmerkmal solcher Vorgehensmodelle betrifft die Frage, wie konkret Vorgehensmodelle sind. Abstrakte Vorgehensmodelle geben lediglich vor, welche Aktivitäten in welcher Reihenfolge durchzuführen sind. Man könnte sie daher auch als Ablaufrahmen für konkrete Vorgehensmodelle bezeichnen. Konkrete Vorgehensmodelle machen detaillierte Vorgaben, welche Werkzeuge und Programme in einzelnen Aktivitäten einzusetzen sind. Sie entsprechen damit Software-Prozeßmodellen [Lon93, Mon96]. Die zunehmende Konkretisierung von Vorgehensmodellen einerseits und der Ansatz, Software-Prozeßmodelle auf verschiedenen Abstraktionsebenen zu beschreiben andererseits bedeuten, daß die Trennlinie zwischen den allgemeinen Vorgehensmodellen und den konkreten Software-Prozeßmodellen nicht mehr eindeutig gezogen werden.

Im folgenden sollen zunächst einige Entwicklungsansätze für Vorgehensmodelle betrachtet werden (Abschnitt 2). Anschließend wird die Einbettung in ein methodisches Rahmenkonzept diskutiert (Abschnitt 3). Ein solches Rahmenkonzept wird zunächst losgelöst von einem konkreten Anwendungsfall diskutiert, da es je nach Unternehmen und Software-Produkt unterschiedlichen Anforderungen gerecht werden muß, die bei einer Beschränkung auf diesen Anwendungsfall nicht erwähnt würden.

Ein Schwerpunkt wird dabei die Darstellung eines Vorgehensmodells mit Hilfe von

FUNSOFT-Netzen sein [Gru97], die eine transparente, übersichtliche und auch simulierbare Version liefern, was erfahrungsgemäß die Akzeptanz solcher Modelle stark erhöht. FUNSOFT-Netze sind eine Modellierungssprache, die im Kontext der Software-Prozeßmodellierung und des Geschäftsprozeß-Manage-ments angewendet werden. Sie erlauben eine fachlich ausgerichtete Modellierung und dienen als Grundlage der Realisierung.

Am Beispiel eines Software-Unternehmens in der Versicherungsbranche wird dazu ein konkretes Vorgehensmodell vorgestellt, in welchem verschiedene Entwicklungsansätze geeignet miteinander kombiniert und mit einem methodischen Leitfaden versehen wurden (Abschnitt 4). Ein Schwerpunkt wird dabei die Darstellung dieses Vorgehensmodells mit Hilfe von FUNSOFT-Netzen sein [Gru97], die eine transparente, übersichtliche und auch simulierbare Version liefern, was erfahrungsgemäß die Akzeptanz solcher Modelle stark erhöht. Abschließend wird als Ausblick erörtert, wie ausgehend von diesem Vorgehensmodell ein ausführbares Prozeßmodell abgeleitet werden kann (Kapitel 5).

2 Entwicklung eines handhabbaren Vorgehensmodells

Bei der Definition und Strukturierung eines Vorgehensmodells für die betriebliche Anwendungsentwicklung muß zunächst der Ausgangspunkt näher betrachtet werden, von dem aus ein geeignetes Modell entwickelt werden soll.

Ein wichtiger Ansatzpunkt ist sicherlich der technologische Hintergrund, denn z.B. bei Erweiterungen von monolithischen Altanwendungen müssen andere Aspekte berücksichtigt werden als bei einer Neuentwicklung, die objektorientiert realisiert werden soll oder die die Integration heterogener Technologien und Plattformen erfordert.

Jede Unternehmensbranche stellt ebenfalls ihre individuellen Anforderungen an betriebliche Anwendungen und damit an deren Entwicklung. Daher ist auch die Art der Software ein wichtiger Einflußfaktor für ein Vorgehensmodell.

Der Komplexitätsgrad einer zu erstellenden Software hat ebenfalls wesentliche

Auswirkungen auf ihren Entwicklungsprozeß. Dieser ist sowohl von ihrer Mächtigkeit als auch von der Anzahl ihrer Schnittstellen abhängig. Ein weiterer Aspekt bei der Betrachtung des Komplexitätsgrades ist die Menge der am Projekt beteiligten Personen (siehe auch Abschnitt 3.2). Je mehr Prozeßbeteiligte es gibt, um so größeres Augenmerk muß auf eine reibungslose Kommunikation zwischen ihnen gelegt werden.

Schließlich existieren verschiedene abstrakte Lebenszyklusmodelle, die ein Vorgehensmodell aufgrund ihrer Struktur und im Zusammenspiel mit der ausgewählten Programmiersprache, dem technologischen und branchenspezifischen Hintergrund und dem Komplexitätsgrad eines Projektes prägen. Unter einem Lebenszyklusmodell verstehen wir dabei die grundlegenden Festlegungen der Reihenfolgen der wesentlichen Aktivitäten der Software-Entwicklung (ohne nähere Beschreibung der Ausgestaltung dieser Aktivitäten). Das zugrundeliegende Lebenszyklusmodell definiert sozusagen den Rahmen des Vorgehensmodells. Die konkrete Ausgestaltung (oft im Sinne einer Verfeinerung der Aktivitäten, die im Lebenszyklusmodell identifiziert sind) führt zu einem Vorgehensmodell. Eine weitere Konkretisierung durch die Definition der zu verwendenden Werkzeuge und durch die Festlegung prozeßspezifischer Rollen führt zu einem Software-Prozeßmodell, das sich dadurch auszeichnet, daß es unmittelbar zur Steuerung des Software-Prozesses benutzt werden kann.

3 Einbettung des Vorgehensmodells in ein Rahmenkonzept

Wenn unter Berücksichtigung der im vorangegangenen Abschnitt diskutierten Aspekte ein geeignetes Vorgehensmodell entworfen worden ist, dann stellt sich die Frage nach der Umsetzung in einer konkreten Software-Entwicklung. Eine solche Umsetzung erfordert ein Rahmenkonzept, das neben der reinen Software-Entwicklung auch Vorgaben für die Software-Einführung umfaßt. Ohne ein solch umfassendes Vorgehensmodell kann selbst eine korrekt und stabil funktionierende Software, die allen Anforderungen des Kunden genügt, zu großen Akzeptanzproblemen führen. In aller Regel werden aber noch während der Einführungsphase einige Mängel der Software aufgedeckt, zusätzlich formuliert der Anwender oft weitere Anforderungen, die er als unbedingt notwendig erachtet. Für diese Fälle müssen von Anfang an geeignete Maßnahmen in Form von

- Einführungsstrategien,
- Kontrollfunktionen, Eskalationsstufen,
- Berücksichtigung der im Projekt vorhandenen Rollenstruktur, etc.

entwickelt werden. Im folgenden werden einige ausgewählte Aspekte eines Rahmenkonzepts diskutiert, nämlich eine Methodik für Einführungsprojekte komplexer Software sowie ein Rollenkonzept für Software-Entwicklungsprozesse diskutiert. Diese sind integrale Bestandteile eines umfassenden Vorgehensmodells, das Software-Entwicklung, -Einführung und -Inbetriebnahme umfaßt.

3.1 Einführungsmethodik

Ein Großteil entwickelter Anwendungs-Software ist nicht für einen speziellen Anwender, sondern für einen bestimmten Industriezweig erstellt. Das bedeutet, daß selbst große Software-Systeme mehrfach eingeführt werden. Es liegt nahe, für derartige Einführungsprojekte ein einheitliches Vorgehen zu planen, denn gerade die Befolgung eines einheitlichen Vorgehens ist von entscheidender Bedeutung für den Aufbau eines verläßlich nutzbaren Know-Hows. Andererseits ist die Methode offen für Verbesserungen und Weiterentwicklungen. Zu diesem Zweck kann die Projektkoordination die Weiterentwicklung der Methode kontrollieren und fungiert so als Sammelstelle für die Verbesserungsvorschläge der Projektleiter.

Abbildung V-1 zeigt ein Vorgehensmodell zur Einführung komplexer Softwareprodukte in Form eines FUNSOFT-Netzes, wobei die aufgeführten Tätigkeiten (ekkige Symbole, vgl. Transitionen eines Netzes) jeweils komplexe Teilprozesse darstellen. Diese beinhalten Aktivitäten, deren Ergebnisse als runde Symbole (vgl. Stellen eines Netzes) dargestellt sind. Die gerichteten Kanten skizzieren den Prozeßverlauf. Eine kopierende Kante wie z.B. von der Stelle "Projektsteckbrief" zur Transition "Planung" ist dabei so zu interpretieren, daß ein erstellter Projektsteckbrief sowohl zur Angebotserstellung als auch später (zusammen mit dem Auftrag) zur Aufstellung eines Projektplans verwendet wird. Rücksprünge und Iterationen sind auf diesem Abstraktionsniveau zunächst unberücksichtigt geblieben. Eine ausführliche Erläuterung von FUNSOFT-Netzen findet sich in [Gru96].

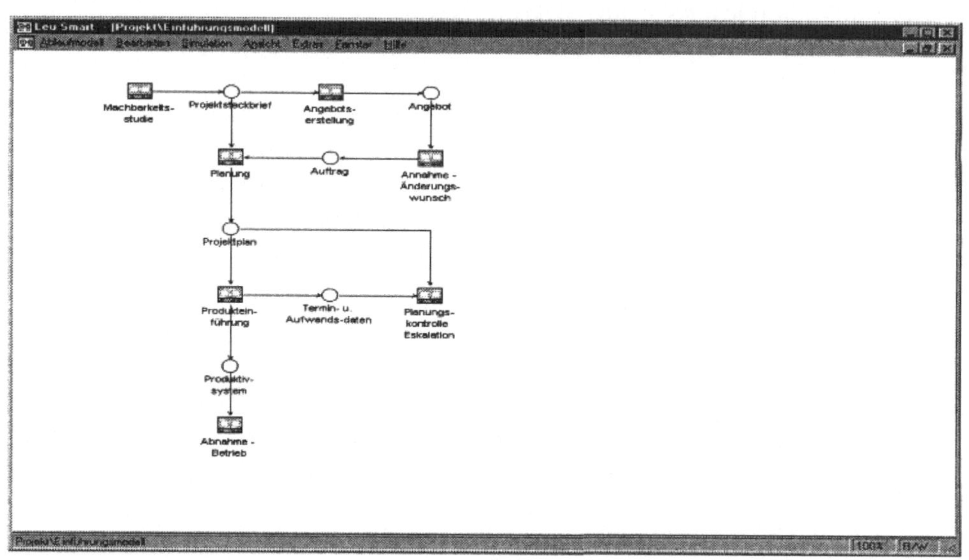

Abbildung V-1: Vorgehensmodell zur Einführung komplexer Software

Betrachtet man die Semantik des Modells, so muß zunächst vor einer vertraglichen Vereinbarung mit dem Kunden (oft in Form einer Machbarkeitsstudie) überprüft werden, ob eine Produkteinführung überhaupt sinnvoll und wirtschaftlich machbar ist. Zu diesem Zweck müssen eine Reihe von Fragen beantwortet werden, deren Antworten zu einem Projektsteckbrief führen. Auf dessen Grundlage kann entschieden werden, ob ein Angebot erstellt werden sollte. In diesem Kontext sollten unter anderem folgende Themen angesprochen sein:

- Festlegung meßbarer Ziele (wann soll welcher Einführungsteil als abgeschlossen angesehen werden) aller Beteiligten, insbes. des Kunden,
- Identifikation der wesentlichen zu unterstützenden Geschäftsvorfälle,
- Aufnahme des vorhandenen Datenbestandes,

- Festlegung von Eckterminen inkl. Eskalationsmechanismen bei deren Überschreitung,
- Festlegung der Ansprechpartner auf Kundenseite,
- Einbeziehung externer Partner (z.B. für Schulungen),
- Anforderungen an die Infrastruktur, Hardware und Softwareintegration.

Nach der erfolgreichen Diskussion der obigen Themen kann ein entsprechender Projektplan erstellt werden, der insbesondere die Aktivitäten zur Projektdurchführung und -kontrolle definiert und die jeweiligen Aufwendungen (Zeit und Ressourcen) abschätzt. Dabei spielen Prüfaktivitäten zur Messung definierter Ziele eine besonders wichtige Rolle. Dieser konkrete Projektplan stellt eine Instantiierung des allgemeinen Vorgehensmodells dar.

Anhand des von allen Seiten akzeptierten Projektplans kann nun mit der eigentlichen Produkteinführung inkl. der parallel laufenden Planungskontrolle und der eventuellen Initialisierung von Eskalationsplänen begonnen werden. Das Ergebnis wird als Produktivsystem bezeichnet, welches vor der Inbetriebnahme vom Kunden abgenommen werden muß.

3.2 Rollenkonzept

Die Komplexität von Software-Prozessen wird nicht nur von der Komplexität der zu entwickelnden Software bestimmt, sondern maßgeblich auch von der Menge der an der Software-Entwicklung beteiligten Personen und deren Interaktionen.

Der Ansatz der rollenbasierten Software-Entwicklung strukturiert den Prozeß der Software-Entwicklung dadurch, daß logisch zusammengehörige Aktivitäten und Verantwortlichkeiten zu Rollen zusammengefaßt werden. Er basiert auf der Synthese von Projekttechnologie und Projektsoziologie, wobei in beiden Aspekten auf die Befriedigung der Erfordernisse der einzelnen Rollen Wert gelegt wird [DeL87].

Insbesondere durch den Aspekt der Projektsoziologie wird berücksichtigt, daß es in der Software-Entwicklung verschiedene Interessen gibt, die miteinander in Einklang gebracht werden müssen. Der Anwender muß Software bekommen, die den von ihm erwarteten Zweck erfüllt, und der Software-Entwickler muß die Gelegenheit haben, das Problem des Kunden erst zu verstehen und dann zu lösen. In ähnlicher Weise sind die Interessen anderer an der Software-Entwicklung direkt oder indirekt beteiligter Personen und Personengruppen zu berücksichtigen.

Abbildung V-2 zeigt einige wichtige Rollen innerhalb eines Software-Entwicklungsprozesses sowie die wesentlichen (aus Gründen der Übersichtlichkeit aber nicht vollständig dargestellten) Beziehungen zwischen diesen. Eine Rolle kann dabei von mehreren Personen eingenommen werden, umgekehrt kann eine Person aber auch mehrere Rollen einnehmen. Die tatsächlichen Verhältnisse sind projektspezifisch und müssen für jeden Software-Entwicklungsprozeß individuell definiert werden. Der Zusammenhang zwischen dem Rollenkonzept und einem Software-Prozeßmodell wird dadurch hergestellt, daß den interaktiven Aktivitäten eine oder mehrere Rollen zugeordnet werden und daß diese Aktivitäten genau denjenigen Personen angeboten werden, die mindestens eine der zugeordneten Rollen innehaben. Details zu dieser Verknüpfung sind in [Dei93] beschrieben.

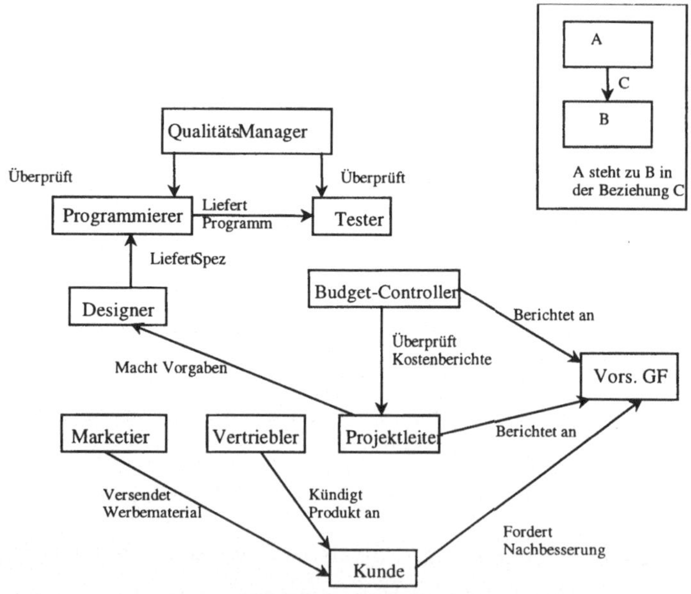

Abbildung V-2: Rollen innerhalb eines Software-Entwicklungsprozesses

4 Praxisbeispiel einer geeigneten Kombination obiger Sichtweisen

Nachdem in den beiden vorangegangenen Kapiteln wichtige Aspekte bei der Entwicklung eines Vorgehensmodells für die betriebliche Anwendungsentwicklung erläutert wurden, soll nun am Beispiel eines Unternehmens, welches für die Versicherungsbranche Software entwickelt, das Zusammenspiel dieser Aspekte für ein geeignetes Vorgehensmodell dargestellt werden. Das dort verwendete Vorgehensmodell wird als FUNSOFT-Netz präsentiert und erörtert.

Zunächst soll der Entwicklungshintergrund des Vorgehensmodells in seinem Gesamtkontext näher erläutert werden: Das Unternehmen hat sich auf die Entwicklung von Software für die Versicherungsbranche spezialisiert und arbeitet zur Zeit an der Neukonzeption und -Realisierung einer komplexen Abrechnungssoftware. Es orientiert sich aus technologischer Sicht an der objektorientierten Software-Entwicklung. Für das Projekt ist das iterativ vorgehende Spiralmodell gewählt worden, in dem die Prinzipien der objektorientierten Software-Entwicklung mit Verfahrensanweisungen für die verschiedenen Arbeitspakete, Richtlinien für die Programmierung, Style-Guide etc. und einer geeigneten Einführungsmethodik miteinander verknüpft und an die individuelle Projektsituation angepaßt wurden.

So können z.B. im Rahmen der objektorientierten Software-Entwicklung verschiedene Rollen identifiziert werden, die grundlegend für eine Vielzahl von Projekten sind, die sich jedoch für das konkrete Projekt im wesentlichen aus der vorhandenen Unternehmensstruktur definieren. Für dieses Projekt wurden neben der Geschäftsleitung, dem Kundenbetreuer, dem Projektleiter, einem Lenkungsausschuß, einem Qualitätssicherungsbeauftragten und selbstverständlich dem Kunden zusätzlich die folgenden Rollen festgelegt:

- Analysespezialist,
- Dialogoberflächen-Spezialist,
- EDV-Spezialist,
- Fachspezialist,

- Wiederverwendungsspezialist,
- System-Designer.

Der Verlauf des objektorientierten Software-Entwicklungsprozesses erstreckt sich über sechs iterativ durchlaufbare Phasen, die in der obersten Ebene des in Abbildung V-3 gezeigten FUNSOFT-Netzes als verfeinerte Instanzen dargestellt sind. Folgende Phasen lassen sich innerhalb des Vorgehensmodells identifizieren:

- Anforderungsdefinition,
- objekt-orientierte Analyse (OOA),
- objekt-orientierter Entwurf (OOE),
- objekt-orientierte Programmierung und Test,
- Integrationstest,
- Produktionsphase.

In diesen Phasen gibt es stets eine verantwortliche Rolle, was aber nicht gleichbedeutend damit ist, daß diese Rollen auch alle in der zugehörigen Phase abzuarbeitenden Einzelaufgaben selber erledigen. Die genaue Verantwortlichkeit bei der Erstellung von Dokumenten und der Durchführung von Aktivitäten wird durch die einzelnen Verfahrensanweisungen geregelt.

Der Weg durch die verschiedenen Phasen des Vorgehensmodells startet mit der Projektinitialisierung durch den Vertrieb, der einen Kundenauftrag produziert. Dieser dient vor allem als Startdokument für die Tätigkeiten des Kundenbetreuers, die bei der Erstellung einer Anforderungsdefinition und einer Abstimmung mit dem Kunden anfallen. Ein weiteres Startdokument ist der Projektordner, der bei Projektbeginn zunächst nur mit dem Projektplan gefüllt ist. Alle weiteren Dokumente, die während des Projektverlaufs erstellt werden (bis auf Prüfungsprotokolle und fachliche Dokumentationen), sollen in diesem Ordner abgelegt werden.

Zur Erstellung der Anforderungsdefinition stellt die Qualitätssicherung ein entsprechendes Verfahren zur Verfügung. Der Kundenbetreuer arbeitet dabei mit dem Projektleiter, einem EDV-Spezialisten und einem Fachspezialisten zusammen.

Nach der Fertigstellung der Anforderungsdefinition muß diese von der Qualitätssicherung einem Review unterzogen werden. Dazu werden neben der Verfahrensanweisung auch die protokollierten Kundengespräche zu Hilfe genommen. Anhand eines Prüfungsprotokolls wird anschließend im Lenkungsausschuß über die Freigabe der Anforderungsdefinition entschieden. Bei einer Ablehnung muß diese Anforderungsdefinition überarbeitet und erneut geprüft werden. Bei einer Zustimmung kann der Projektleiter mit der OO-Analyse beginnen.

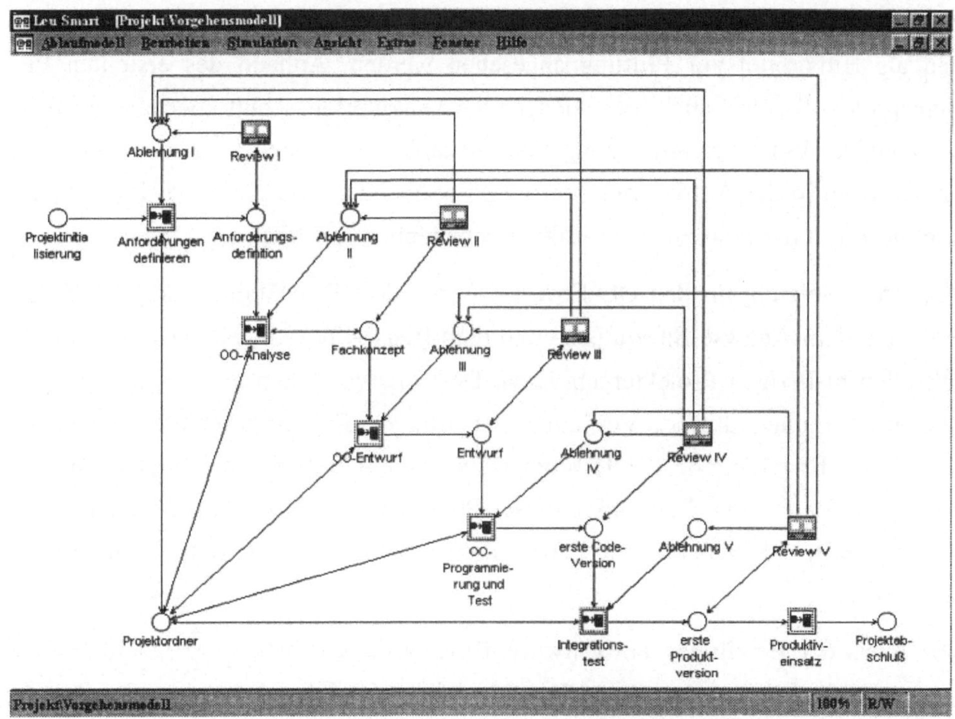

Abbildung V-3: Vorgehensmodell auf oberster Ebene

Die OO-Analyse wird unter der Verantwortung des Projektleiters und unter Verwendung von Verfahren für die Erstellung des OOA-Modells und des Dialogentwurfs durchgeführt. Außerdem werden die bisherigen Dokumente innerhalb des Projektordners sowie ein von der Qualitätssicherung bereitgestellter Style-Guide verwendet. Ergebnisdokumente sind ein Dialogmuster, das OOA-Modell, fachliche

Dokumentationen und einige Anwendungsfälle. Mitbeteiligt an dieser Analysephase sind der Kundenbetreuer, ein Reuse-Spezialist, ein Analyse-Spezialist und ein EDV-Spezialist.

Nach Beendigung der OO-Analyse werden die Ergebnisdokumente, wie nach Ablauf einer jeden Phase, wieder von der Qualitätssicherung einem Fachkonzept-Review unterzogen. Mitbeteiligt ist neben den Rollen aus der OO-Analyse noch ein Fachspezialist. Die zu prüfenden Ergebnisdokumente werden dem Projektordner entnommen. Die oben erwähnten Verfahren, der Style-Guide und der QS-Plan können als Hilfsmittel zur Prüfung angesehen werden. Anhand des erstellten Prüfungsprotokolls wird auch hier wieder vom Lenkungsausschuß über eine Freigabe entschieden. Bei einer Ablehnung muß zusätzlich entschieden werden, ob Nachbesserungen in der Anforderungsdefinition notwendig sind. Bei einer Zustimmung kann jetzt mit der Phase des OO-Entwurfs begonnen werden.

Als Voraussetzung für den OO-Entwurf dienen dem Projektleiter, dem EDV-Spezialisten, dem Analyse-Spezialisten und dem Reuse-Spezialisten der Projektordner mit allen bisherigen Projektergebnissen. Desweiteren stehen auch in dieser Phase wieder zwei unterstützende Verfahrensanweisungen, für den groben Systementwurf und für die Erstellung des OOD-Modells, der Style-Guide und ein Implementation-Guide zur Verfügung. Ergebnisse dieser Phase stellen die Dokumente zum OOD-Modell, zum DB-Schema, zu Funktionsspezifikationen und zur Komponentenstruktur dar.

Der Kreis der Beteiligten am Entwurfs-Review besteht neben der Qualitätssicherung aus dem Projektleiter, dem EDV-Spezialisten und dem Reuse-Spezialisten. Ihr Prüfungsprotokoll dient dem Lenkungsausschuß als Grundlage für eine Freigabeentscheidung. Bei einer Zustimmung kann jetzt mit der OO-Programmierung begonnen werden. Andernfalls vergrößert sich der Rückfluß-Zyklus, den die erstellten Dokumente durchlaufen können, denn es muß jeweils entschieden werden, ob Nachbesserung im Fachentwurf und/oder auch in der Anforderungsdefinition erforderlich sind.

In der Phase "OO-Programmierung und Test" werden dem Projektordner der ausführbare Code, Testberichte und technische Dokumentationen hinzugefügt. Als Hilfsmittel stehen der Implementation-Guide, die Programmierrichtlinien und ein Verfahren für diverse Klassentests zur Verfügung.

Die Entscheidung über eine Freigabe nach einem Review obliegt ab jetzt der Qualitätssicherung, da der Lenkungsausschuß mit den technischen Details überfordert wäre. Vor der Freigabe zum Integrationstest kann es zu mehreren Verfeinerungsiterationen und Nachbesserungen im DV-Entwurf bis hin zu Nachbesserungen in der Anforderungsdefinition kommen.

In der vorletzten Phase des Vorgehensmodells, dem Integrationstest, wird ausführlich getestet und dokumentiert. Verantwortlich ist der Kundenbetreuer, dem als Mitarbeiter der Projektleiter, der EDV-Spezialist, der Reuse-Spezialist und ein Mitarbeiter der Qualitätssicherung zur Verfügung stehen. Für das Review des Integrationstests zeichnet die Qualitätssicherung verantwortlich. Ihrer Zustimmung einer Freigabe folgt eine Prüfung über einen Alpha-Test vom und beim Kunden. Ist auch diese Prüfung positiv und hat die Qualitätssicherung eine Einsatzentscheidung positiv beschlossen, beginnt die letzte Phase des Vorgehensmodells, der Beta-Test und die anschließende Produktionsphase. Für diese Phase ist der Kunde hauptverantwortlich. Ihm steht jedoch ein Kundenbetreuer beratend zur Seite. Dem Ende dieser letzten Entwicklungsphase folgt der Wartungsbeginn.

Am Beispiel der Phase "OO-Analyse" soll nun beispielhaft eine Verfeinerungsebene des Vorgehensmodells diskutiert werden. Abbildung V-4 ist jedoch auf die konstruktiven Tätigkeiten "Erstellung OOA-Modell" und "Dialogentwurf" reduziert. Auf die Darstellung von qualitätssichernden Maßnahmen wie z.B. Prüfungen, Verfahrensanweisungen etc. wurde hier verzichtet.

Die OO-Analyse wird, wie bereits oben erwähnt, hauptverantwortlich vom Projektleiter durchgeführt. Zunächst wird anhand der Anforderungsdefinition, dem Style-Guide und weiteren Dokumenten aus dem Projektordner ein OOA-Modell erstellt. Konkret bedeutet dies die Entwicklung des Basismodells, des statischen Modells und des dynamischen Modells. Aber auch reale Anwendungsfälle und deren Abhängigkeiten werden in dieser Phase textuell (als sogenannte Szenarien) beschrieben und zusätzlich in Form eines Zustandsdiagramms abgebildet. Diese Ergebnisdokumente werden zu einem Fachkonzept zusammengetragen.

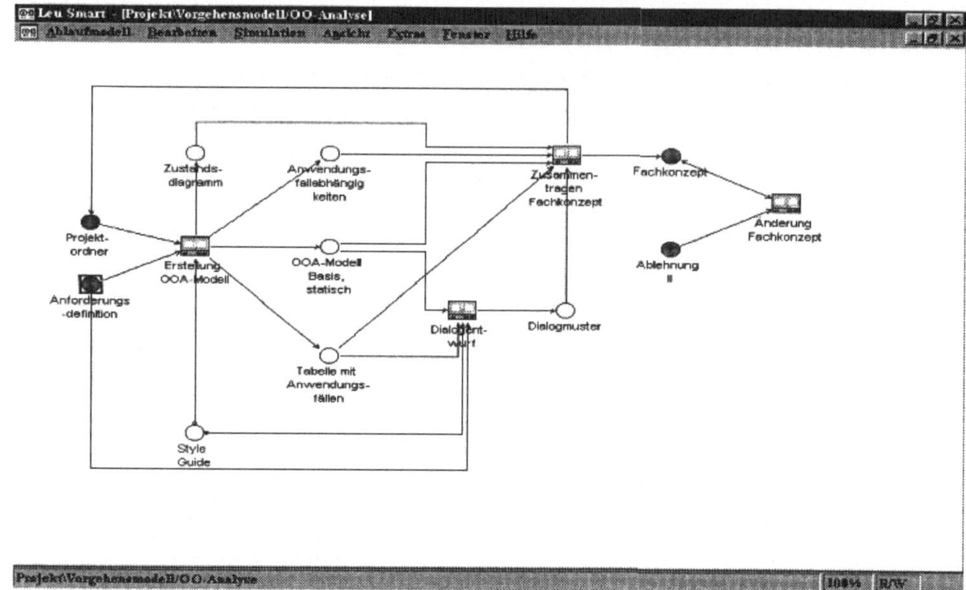

Abbildung V-4: Verfeinerung des Vorgehensmodells am Beispiel der Phase "OO-Analyse"

Anforderungsdefinition, Style-Guide, das OOA-Modell (Basis, statisch) und die beschriebenen Szenarien dienen als Grundlage für eine weitere wichtige Tätigkeit innerhalb der Phase "OO-Analyse", den Dialogentwurf. Die einzelnen Dialogmuster werden dabei unter der Einbeziehung des spezifischen Objektmodells entworfen und anschließend, ebenfalls unter Zuhilfenahme der Szenarien, zueinander in Beziehung gesetzt.

Die in der Graphik abgebildete Tätigkeit "Änderung Fachkonzept" wird immer dann aktiviert, wenn das Fachkonzept vom Lenkungsausschuß nicht freigegeben wurde (vgl. Abbildung V-3, "Review II").

5 Ausblick: Vom FUNSOFT-Vorgehensmodell zum FUNSOFT-Prozeßmodell

Eine Beschreibung eines Vorgehensmodells mit Hilfe einer Software-Prozeßmodellierungssprache wie beispielsweise FUNSOFT-Netzen bietet die Chance, schrittweise von Vorgehensmodellen zu ausführbaren Software-Prozeßmodellen zu kommen. Da der Aufwand zur Vereinbarung eines Software-Prozeßmodells und die Integration der benötigten Programme und Werkzeuge erheblich ist, bietet es sich an, eine Konsolidierung des Vorgehensmodells zunächst abzuwarten. Ist diese erfolgt und werden weitere grundlegende (insbesondere strukturelle Änderungen) nicht erwartet, so können die nächsten Verfeinerungsschritte dazu beitragen, eine Beschreibungsebene zu erreichen, auf der die identifizierten Aktivitäten detailliert beschrieben werden und möglichst sogar durch konkrete Werkzeuge und Programme unterstützt werden. Ein Beispiel für eine solchermaßen konkrete Tätigkeit ist die Aktivität "Erstellung eines objektorientierten Analysemodells". Für eine solche Aktivität kann beispielsweise vereinbart werden, daß ein konkreter UML-Editor verwendet werden soll. Hierdurch wird nicht nur festgelegt, daß UML die zu verwendende Spezifikationssprache ist [Bur97, FoS97], sondern auch, daß bei Auswahl der entsprechenden Aktivität ein bestimmter Editor verwendet werden soll. Durch solche Verfeinerungen bis hin zur Durchführungsebene gelangt man sukzessive zu einem vollständig instrumentalisierten Prozeßmodell. Auf der Grundlage eines solchen Prozeßmodells können konkrete Prozesse vorangetrieben und überwacht werden (im Sinne des Workflow-Managements [Jab95]). Zusätzlich ist es möglich, Software-Prozesse während ihrer Laufzeit zu protokollieren und diese Protokolle mit den Modellen abzugleichen. Auf diese Weise lassen sich weitere Erkenntnisse darüber gewinnen, an welchen Stellen Prozeßmodelle weiter verbessert werden können. Solche Änderungen sind in den allermeisten Fällen eher lokaler Art, und sie betreffen nicht die Struktur des zugrundeliegenden Vorgehensmodells. Dennoch sind diese lokalen und kontinuierlichen Verbesserungen wichtig, um ein Prozeßmodell dauerhaft mit den sich ändernden Rahmenbedingungen in Einklang zu bringen.

Diese kontinuierlichen Verbesserungen entsprechen den Verbesserungsansätzen, wie sie durch das Capability Maturity Model [PWC94] oder durch den SPICE-Ansatz [PaK94] definiert werden.

VI Vorgehensmodelle für objektorientierte Software-Entwicklung

Wolfgang Hesse

Zusammenfassung

Das Aufkommen der objektorientierten (OO-) Entwicklungsmethoden und -werkzeuge hat einen Umbruch in der Software-Entwicklung bewirkt, von dem auch die Vorgehensmodelle und Management-Verfahren betroffen sind. Ein Vergleich einiger bekannter OO-Analyse- und Entwurfsmethoden zeigt, daß sie sich zwar strukturell und terminologisch von älteren Methoden absetzen, daß die zugehörigen Vorgehensmodelle jedoch noch mehr oder weniger stark in der Tradition des sogenannten Wasserfall-Ansatzes stehen. Damit sind sie den neuen Entwicklungszielen und -verfahren nicht mehr angemessen.

Im zweiten Teil dieses Beitrags wird ein vom Autor entwickeltes Modell (*EOS*, für: *Evolutionäre objektorientierte Software-Entwicklung*) vorgestellt und in den Vergleich einbezogen. Es knüpft Entwicklungszyklen und -tätigkeiten in systematischer Weise an die Bausteine der Software-Entwicklung (System, Komponenten, Klassen, Subsysteme). Management-Verfahren, die auf diesem Schema aufsetzen, erlauben eine besser angepaßte, flexiblere und differenzierte Projektplanung und -steuerung.

1 Einleitung

Im Laufe der fast 30-jährigen Geschichte der Softwaretechnik ist eine Vielzahl von *Vorgehens-, Phasen oder Prozeßmodellen* entwickelt worden, die den Software-Entwicklungsprozeß idealtypisch beschreiben und die als Leitfaden für die Abwicklung konkreter Projekte gedacht sind. In der industriellen Praxis dominieren heute noch die sogenannten *Wasserfallmodelle*, die Ende der 70-er Jahre aufkamen und durch die Arbeiten von B. Boehm weithin bekannt wurden. Dies hat eine von uns zusammen mit Arbeitspsychologen und Soziologen durchgeführte empirische Studie bestätigt (vgl. Berichte über das IPAS-Projekt, u.a. [WeO92, HeW94, BHS95]).

Das wasserfallartige Vorgehen ist u.a. durch die folgenden Eigenschaften gekennzeichnet:

- Software-Projekte werden in "Phasen" unterteilt, die vorwiegend sequentiell von einzelnen Mitarbeitern oder Teams abgearbeitet werden.
- Jede Phase beginnt mit einer Menge von Anforderungen oder Spezifikationen, die in der/den vorangegangenen Phase(n) erarbeitet wurden. Ihr Ziel besteht darin, eine festgelegte Menge von Resultaten (oft auch als "Produkte" bezeichnet) zu erbringen, die entweder Bestandteil des Endresultats werden oder als Spezifikationen für Folgephasen verwendet werden.
- Während der mittleren Phasen werden große Systeme hierarchisch in kleinere Bausteine (bezeichnet z.B. als Subsysteme, Komponenten oder Module) unterteilt, diese werden separat entwickelt, getestet und (re-) integriert. Das integrierte System wird in der Zielumgebung installiert und nach einem Akzeptanztest zur Benutzung freigegeben.

Dieses Vorgehensschema hat in der Vergangenheit vielfältige Kritik erfahren - unter anderem deswegen, weil es bürokratische Tendenzen unterstützt, nicht flexibel genug ist, um mit instabilen und sich ändernden Anforderungen umgehen zu können und weil es zwischen den einzelnen Phasen leicht zu methodischen und terminologischen Brüchen führt.

Um diese Nachteile zu vermeiden, wurden immer wieder Modifikationen und Alternativen zum Wasserfall-Modell vorgeschlagen und erprobt. Zu den bekanntesten alternativen Vorgehensweisen gehören das *prototyping* sowie die *inkrementellen Modelle* und die *Spiralmodelle* (vgl. [HMF92]). Fast allen diesen Ansätzen ist die Betonung des zyklischen, iterierenden Vorgehens (gegenüber der traditionellen linearen Vorgehensweise) gemeinsam. Damit trägt man u.a. dem oben genannten

Problem der nicht hinreichend bekannten oder instabilen Anforderungen an eine Software-Entwicklung Rechnung.

Beispiele für Vorgehensmodelle, die nicht nur eine iterierende (schleifen-förmige) Entwicklung vorsehen, sondern Entwicklungszyklen im Sinne einer *evolutionären Software-Entwicklung* (vgl. [Leh80]) zur Grundlage des gesamten Software-Prozesses machen, sind das STEPS-Modell von Ch. Floyd et al. [FRS89] und das in Abschnitt 4 behandelte EOS-Modell (vgl. [Hes95, Hes96].

Gemeinsam mit der Sprache *Smalltalk*, d.h. vor nunmehr fast 20 Jahren, wurde der Begriff der *objektorientierten Programmierung (OOP)* geprägt und verbreitet. Mit der Erweiterung dieses Ansatzes zum *objektorientierten Entwurf (OOD)* und zur *objektorientierten Analyse (OOA)* wurde Ende der 80-er Jahre der Grundstein gelegt zu einem durchgängigen Vorgehen in der Software-Entwicklung, das erstmalig auf einem einheitlichen Strukturprinzip beruht. Damit lassen sich Strukturbrüche zwischen den einzelnen Entwicklungsphasen vermeiden oder mindestens abmildern. Inzwischen haben zahlreiche Autoren neue Entwicklungsmethoden veröffentlicht, die auf dem objektorientierten Ansatz aufbauen. Stellvertretend für viele andere seien hier die Methoden (und Bücher) OOSA von Shlaer und Mellor [ShM89, ShM91], OOA/OOD von Coad und Yourdon [CoY90, CoY91], OOAD von G. Booch [Boo91, Boo94], OMT von J. Rumbaugh et al. [RBP91] und OOSE von I. Jacobson et al. [Jac93] genannt.

Aus den speziellen Zielsetzungen und Leitlinien der OO-Methoden ergeben sich einige besondere Anforderungen für das Vorgehen, die teilweise von den traditionell gegebenen Anforderungen abweichen:

- Durch die veränderte Betrachtungsweise erhalten die "Objekte" der Software-Entwicklung (z.B. die einzelnen Klassen, aber womöglich auch Komponenten oder Subsysteme) ein höheres Gewicht und eine größere Eigenständigkeit. Entwicklungsprozesse sollten nicht nur auf Systemebene, sondern für Bausteine jeder Größenordnung betrachtet und geplant werden.
- Läßt man eigenständigere Bausteine zu und entkoppelt deren Entwicklung auch zeitlich, so verwischen sich die Phasengrenzen. Die Projektplanung muß sich

dann mehr an der Software-Architektur und den an einzelnen Bausteinen auszuführenden Aktivitäten als an systemweit definierten Projektphasen orientieren.

- Mit Hilfe von OO-Methoden erstellte Software-Systeme sollen langlebig und an veränderte Bedürfnisse anpaßbar sein. Dazu muß man echte System-"Zyklen" betrachten, die nicht nach der (erstmaligen) Installation des Systems beim Auftraggeber enden, sondern Pflege- und Revisions-Tätigkeiten sowie ein mehrmaliges Durchlaufen wichtiger Phasen wie z.B. Analyse und Entwurf einbeziehen.
- Mit Hilfe von OO-Methoden erstellte Software-Bausteine sollen wiederverwendbar sein. Dafür sind Anpassungen, Erweiterungen und Weiterentwicklungen notwendig, die auch auf der Ebene der Bausteine eher ein zyklisches als ein sequentielles Vorgehen erfordern.

Mit dem Aufkommen der OO-Entwicklungsmethoden hat sich die Frage nach den dazu passenden Vorgehensmodellen neu gestellt. Von den meisten der oben genannten Methoden wird nicht nur eine neue Terminologie und Notation angeboten, sondern auch ein eigenes Vorgehensmodell, d.h. eine verallgemeinerte, idealisierte Anleitung für die Steuerung und Abwicklung von Projekten im OO-Umfeld. Diese Vorgehensmodelle sollen im folgenden näher betrachtet werden.

In einer kürzlich fertiggestellten Studie (vgl. [Hes97a]) habe ich einige OO-Methoden daraufhin untersucht, inwieweit die dort vorgeschlagenen Vorgehensmodelle Anforderungen wie die oben genannten unterstützen. Die folgenden beiden Abschnitte enthalten eine verkürzte Darstellung der Ergebnisse. Im 4. Abschnitt wird das oben genannte EOS-Modell den betrachteten Vorgehensmodellen gegenübergestellt. Im abschließenden 5. Abschnitt werden Schlußfolgerungen im Hinblick auf das Projekt-Management gezogen.

2 Dimensionen des Software-Entwicklungsprozesses und Vergleichskriterien

In diesem Abschnitt werden unter dem Stichwort *"Dimensionen"* einige wichtige Gesichtspunkte zusammengestellt, unter denen sich der Software-Entwicklungsprozeß betrachten läßt. Sie bilden u.a. die Grundlage für die Kriterien, an denen sich der Methodenvergleich orientieren soll.

Vier Dimensionen für die Betrachtung von Vorgehensmodellen:

Die meisten bekannten Vorgehensmodellen sind hauptsächlich unter dem *zeitlichen* Aspekt strukturiert - d.h. der Software-Prozeß wird in Phasen oder Tätigkeitsschritte unterteilt, die sequentiell (in manchen Fällen auch teilweise parallel) zu durchlaufen sind. Ein Beispiel dafür ist das oben angeführte Wasserfallmodell.

Zu einer differenzierteren Betrachtung gelangt man, wenn man weitere Dimensionen hinzunimmt. Ledgard and Marcotty haben schon früh vorgeschlagen, eine Dimension *Raum* zu betrachten und dabei einen *Problem-Raum* und einen *Lösungs-Raum* zu unterscheiden (vgl. dazu [HeE90]). In seinem V-förmigen Modell grenzt B. Boehm durch die sogenannte Anforderungs-Linie (*requirements baseline)* einen *Anwendungs-Raum* vom *Entwicklungs-Raum* ab [Boe79]. In meiner eigenen "Software-Technologie-Landschaft" (vgl. [Hes84]) habe ich mit zwei Dimensionen gearbeitet: einer Raum-Dimension (mit den Ebenen "Problem", "Modell" und "Realisierung") sowie einer Dimension für die Formalität von Beschreibungen bzw. von Überprüfungen. Für die Klassifizierung von Werkzeugen kam als dritte Dimension die Automatisierung hinzu. Henderson-Sellers and Edwards unterscheiden ebenfalls einen Problem-Raum *(problem space),* einen Modell-Raum *(solution space model)* und einen Lösungs-Raum *(solution space)* [HeE90].

Eine weitere Dimension bildet die Software-*Architektur*: Auf das Vorgehensmodell hat diese insofern Einfluß, als bestimmte Phasen oder Tätigkeiten an Elemente der Architektur, also z.B. an Bausteine wie Komponenten, Subsysteme oder Module geknüpft sein können. Vorkehrungen für die Wiederverwendung von Software setzen ebenfalls auf der Software-Architektur auf.

Die vierte Dimension betrifft die *Organisation*: An der Software-Entwicklung sind in der Regel verschiedene Gruppen beteiligt: zum Beispiel (gegenwärtige oder künftige) Benutzer, Entwickler, Manager, Qualitätssicherungs-Personal, Werkzeug-Verwalter. Einige Vorgehensmodelle wie das deutsche V-Modell enthalten separate Submodelle für solche Gruppen [Vmo97].

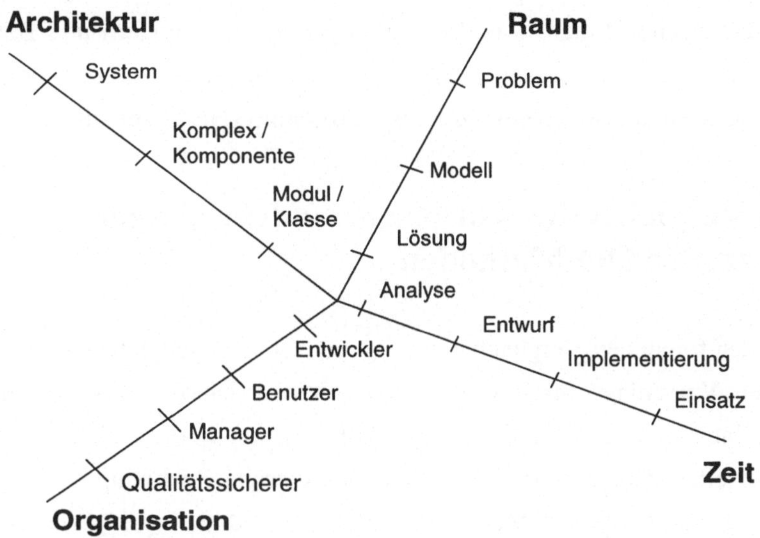

Abbildung VI-1: Dimensionen des Software-Prozesses

Vergleichskriterien

Die folgenden Fragen sollen als Leitfragen für die folgenden Abschnitte dienen:

- Wie ist das Vorgehensmodell als Ganzes aufgebaut, welche Phasen, Abschnitte, Zyklen etc. sind vorgesehen?
- Inwieweit haben die betreffenden Autoren die Forderungen nach zyklischem und inkrementellen Vorgehen oder nach Prototyping berücksichtigt?
- Hat die System-Architektur einen Einfuß auf das Vorgehensmodell, inwieweit gehen die "Objekte" der Software-Entwicklung in dieses ein?
- Hat die Forderung nach Wiederverwendbarkeit Auswirkungen auf das Vorgehensmodell?

Durch die ersten beiden Fragen sind die Dimensionen Raum und Zeit angesprochen, während bei den anderen zwei Fragen Architektur-Gesichtspunkte im Mittelpunkt stehen. Die Organisation ist nicht direkt Gegenstand einer Leitfrage. Indirekt spielen allerdings Aspekte der Organisation bei allen vier Fragen mit hinein, vor allem bei der zweiten Frage, was das Verhältnis von Entwicklern und Benutzern anbetrifft. Da das Projekt-Management im besonderem Maße von den Vorgehensmodellen betroffen ist, ist diesem ein eigener Abschnitt (Nr. 5) gewidmet.

3 Ein Vergleich der Vorgehensmodelle einiger bekannter OO-Methoden

Für alle in den folgenden Vergleich einbezogenen OO-Methoden haben die jeweiligen Autoren Vorschläge für das Vorgehen gemacht. Diese "Vorgehensmodelle" sollen im folgenden unter dem Gesichtspunkt beleuchtet werden, ob und inwieweit sie den speziellen Zielsetzungen der Objektorientierung Rechnung tragen. Dieses schließt *keinen* umfassenden Methodenvergleich ein, d.h. Aspekte wie Notation, Aufbau und Beziehungen der Grundkonzepte, Werkzeugunterstützung etc. bleiben unberücksichtigt. Für solche generellen Vergleiche sei auf die zahlreich dazu vorhandene Literatur, wie z.B. auf [MaO95] oder [Ste93] verwiesen.

Einen ausführlicheren Vergleich von OO-Vorgehensmodellen, der eine Reihe weiterer Kriterien berücksichtigt, liefert [Hes97a]. Dort wurden fünf OO-Methoden (darunter die hier angesprochenen vier) bezüglich der folgenden neun Kriterien miteinander verglichen: *Gesamt-Modellstruktur, Objektorientierte Merkmale, Evolutionäre Aspekte, Vollständigkeit, Systematik und Kohärenz, Umgang mit Komplexität, Vorkehrungen für Wiederverwendung, Diversifizierung* und *Dokumentation.* Ein weiterer Vergleich, der sich auf Fragen der evolutionären System-Entwicklung konzentriert, findet sich in [Hes97b].

3.1 Die Vorgehensmodelle und ihre Gesamtstruktur

(a) *Object Oriented Systems Analysis (OOSA)* von S. Shlaer und S. Mellor

Shlaer und Mellor haben ihre Methode in zwei Büchern ([ShM89] und [ShM91]) publiziert. Das erste Buch enthält ein sequentielles Phasenmodell mit vier Phasen:

- Problem-Analyse (kurz: AN, mit dem Ergebnis "Analysemodell"),
- Externe Spezifikation (ES, mit gleichnamigem Ergebnis),

- System-Entwurf (SD, mit gleichnamigem Ergebnis),
- Implementierung & Integration (II, mit dem Ergebnis "Akzeptiertes System").

Mit der Gliederung des Analysemodells in die drei Teilmodelle *Informationsmodell, Zustandsmodell und Prozeßmodell* nehmen die Autoren die traditionelle Einteilung in drei komplementäre, aber eigenständige Teilmodelle vor. Die zentrale Rolle des Informationsmodells entspricht der objektorientierten Denkweise. Es wird aber eher im traditionellen Sinne als Basis für den folgenden Datenstruktur-Entwurf genutzt denn als Kern für den gesamten Entwurf, der sowohl strukturelle als auch verhaltensmäßige Aspekte umfassen sollte. Daten-Abstraktion und Vererbung kommen kaum vor und die "Objekte" unterscheiden sich lediglich in ihrer Bezeichnung von den früheren "Entitäten". Dieser traditionelle Standpunkt spiegelt sich auch im Vorgehensmodell wider: Die verschiedenen Teilmodelle werden unabhängig voneinander entworfen und ein Eintritt in eine neue Phase bedeutet mehr ein neues Aufsetzen mit veränderten Zielsetzungen als ein Weiterbearbeiten bereits erbrachter Ergebnisse auf ein kontinuierlich verfolgtes Ziel hin. In ihrem zweiten Buch [ShM91] führen die Autoren eine Hierarchie von sieben Entwicklungsebenen ein, bauen aber kein neues Vorgehensmodell darauf auf.

(b) *Object-Oriented Modeling and Design* von J. Rumbaugh et al.

In diesem Buch schlagen die Autoren ein sechs-phasiges Modell mit den folgenden Phasen vor (vgl. [RBP91]):

- Problemstellung (IN),
- Analyse (AN),
- Entwurf (DS, später unterteilt in Systementwurf (SDS) und Objektentwurf (ODS)),
- Implementierung (IM),
- Test,
- Operationale Phase (einschl. Wartung und Anpassung).

Wie schon die Phaseneinteilung zeigt, steht auch dieses Vorgehensmodell in der Tradition des Wasserfallmodells. Die Phasen werden von den Autoren allerdings - verglichen mit den traditionellen Modellen - ausdrücklich als weniger wichtig eingeschätzt. Wichtig ist vielmehr die einheitliche Klassen- und Objektstruktur, die sich durch den gesamten Entwicklungsprozeß wie ein roter Faden durchzieht und die Phasenübergänge eher zweitrangig macht. Brüche (wie z.B. der Übergang zu einer anderen Notation) werden ausdrücklich vermieden.

Von den sechs Phasen sind nur die Analyse- und Entwurfsphasen ausführlich, die letzten beiden Phasen dagegen überhaupt nicht beschrieben. Ähnlich wie bei Shlaer/Mellor besteht das Analysemodell aus drei Teilmodellen, dem Objektmodell, dem Dynamischen Modell und dem Funktionalen Modell. Aspekte der Objektorientierung sind auf den zweiten Teil der Entwurfsphase *(object design)* konzentriert. Sie werden erst dann sichtbar, wenn die Phasen in Schritte und Aktivitäten zergliedert werden. Das Objektkonzept zieht sich jedoch - stärker ausgeprägt als bei Shlaer/Mellor - als führendes, einheitliches Leitkonzept durch den gesamten Entwicklungsprozeß: Ihm sind alle anderen Konzepte wie Funktionen, Beziehungen, Ereignisse, Zustände, etc. zu- und untergeordnet.

(c) *Object-Oriented Analysis and Design with Applications* von G. Booch

Booch hat seine Methode zum OO-Entwurf erstmals 1991 in einem zusammenhängenden Buch beschrieben [Boo91] und sie dann für die 2. Auflage zur Analyse- und Entwurfsmethode erweitert [Boo94]. Im Gegensatz zu den vorgenannten Autoren unterscheidet Booch zwei Entwicklungsebenen und schlägt dafür zwei Vorgehensschemata vor: den Mikro- und den Makro-Prozeß (vgl. [Boo94, S. 234 ff]). Für seine Beschreibung wählt Booch einen *bottom up*-Ansatz und beginnt mit dem *Mikro-Prozeß*. Dieser dient als Rahmen für iterative and inkrementelle Entwicklungsschritte und weist eine gewisse Ähnlichkeit zu Boehms Spiralmodell auf [Boe88]. Er besteht aus den vier Schritten:

- Identifiziere Klassen und Objekte (ID)
- Identifiziere die Semantik von Klassen und Objekten (SM),
- Identifiziere die Beziehungen zwischen Klassen und Objekten (RE),

- Implementiere Klassen und Objekte (IM).

Damit konzentriert Booch alle typisch "objektorientierten" Entwicklungstätigkeiten auf den Mikro-Prozeß. Normalerweise läuft dieser in einem Projekt mehrfach ab.

Dagegen ähnelt der Makro-Entwicklungsprozeß mit seinen fünf Phasen

- Konzeptualisierung (CO),
- Analyse (AN),
- Entwurf (DS),
- Evolution (EV),
- Wartung (MA)

den traditionellen Wasserfall-Modellen. Er bildet den steuernden Rahmen für die darin enthaltenen Mikro-Prozesse. Das bedeutet im besonderen, daß Makro-Aktivitäten wie Analyse und Entwurf einem gleichartigen (Mikro-) Schema folgen, in dem es immer wieder um das Identifizieren, Spezifizieren und Implementieren von Klassen und Objekten geht. Der Makro-Prozeß weist die folgenden Besonderheiten auf:

- Die "Konzeptualisierung" wird als als separate Phase eingeführt und damit wird ihre besondere Bedeutung für die Festlegung der Kern-Anforderungen hervorgehoben. Dazu gehört es beispielsweise, mit - möglicherweise nicht-weiterverwendbaren - Prototypen zu experimentieren.
- Anstelle der üblichen "Implementierungsphase" steht bei Booch "Evolution". Damit wird zum einen eine terminologische Überschneidung mit der "Implementierung" im Mikro-Prozeß vermieden, zum anderen wird aber auch der evolutionäre Charakter dieser Phase hervorgehoben.
- Das Ende des Makro-Zyklus bildet die "Wartungsphase". Das erinnert zwar sehr an die herkömmlichen Phasenmodelle, doch betont Booch auch hier die Evolution, die noch nach der Auslieferung der Software stattfindet ("postdelivery evolution") und erwähnt explizit mögliche Wiederholungen des Makro-Zyklus - auch nach Auslieferung des Produkts [Boo94, S. 249].

Booch gibt eine ausführliche Begründung für sein Konzept der miteinander verschränkten Makro- und Mikro-Prozesse. Sein Zwei-Ebenen-Modell soll die Tatsache verdeutlichen, daß in den zentralen Makro-Phasen (Analyse, Entwurf, Evolution) die wesentlichen Entwicklungstätigkeiten darin bestehen, immer wieder Klassen und Objekte zu identifizieren, zu spezifizieren und zu implementieren. Makro- und Mikro-Prozesse müssen miteinander verknüpft werden, um einen vollständig rationalen Entwicklungsprozeß zu erreichen. Dies ist nach Booch eine Voraussetzung für die Erreichung eines Qualitätsstandards, der etwa dem Prädikat "defined" im Capability Maturity Model (CMM) des amerikanischen Software Engineering Instituts (SEI) entspricht (vgl. [Hum89]).

(d) *Object-Oriented Software Engineering - A Use Case Driven Approach* von I. Jacobson

Ähnlich wie Booch verwendet auch Jacobson zwei Arten von Zyklen, die allerdings in einem ganz anderen Verhältnis zueinander stehen als bei Booch. Jacobson versucht, die methodischen Aspekte stärker von den Management-Aspekten zu trennen und führt deshalb nebeneinander ein sogenanntes Prozeßmodell und Projektmodell ein [Jac93].

Das *Prozeßmodell* (auch *System Life Cycle* oder *Software Engineering Life Cycle*, kurz *SLC* genannt) deckt die methodisch-technische Seite ab und besteht aus einer Vorphase und vier Hauptphasen:

- Projekt-Auswahl und -Vorbereitung (PP, Vorphase),
- Anforderungs-Modellierung (RM),
- Objekt-Modellierung (OM),
- System-Konstruktion (SC),
- System-Test (ST).

Diese Phaseneinteilung unterstreicht Jacobsons Sicht von objektorientierter Systementwicklung: Aufbauend auf dem Anforderungs-Modell, das aufgrund von Anwendungs-Fallstudien *(use cases)* erstellt wird, erfolgt die Modellierung der Software als System kooperierender Klassen bzw. Objekte, die dann in den Phasen System-Konstruktion und -Test in ein lauffähiges Gesamtsystem umgesetzt werden. Der Schwerpunkt liegt dabei mehr auf der Revision und Weiterentwicklung bestehender Systeme als auf der Neuentwicklung. Inkrementelle Entwicklung wird als Vorgehensart besonders bevorzugt: Man sollte mit einer Reihe von *use cases* mit höchster Priorität starten und dann mit Inkrementen vernünftiger Größenordnung (d.h. ca. 5-20 *use cases*) fortfahren, die sukzessive definiert, implementiert und in das Gesamtsystem integriert werden.

Dagegen konzentriert sich das *Projektmodell* (*Project model,* kurz: *PM)* auf eine Phaseneinteilung und Definition von Meilensteinen gemäß den Bedürfnissen des Management. Die Phasen sind folgendermaßen benannt:

- Vorstudie *(pre-study),*
- Machbarkeitsstudie *(feasibility study),*
- Etablierung *(establishment),*
- Ausführung *(execution),*
- Abschluß *(conclusion).*

Aus Management-Sicht läßt sich das Prozeßmodell in das Projektmodell einbetten, indem man den Abschluß bestimmter (SLC-) Teilprozesse mit PM-Meilensteinen identifiziert. Die Idee, für die Entwicklung und für das Management zwei getrennte Modelle anzugeben, ist eher unkonventionell. Einerseits lenkt sie den Blick auf die unterschiedlichen Institutionen und Tätigkeiten im Projekt, andererseits führt sie zu terminologischen Überschneidungen und einer gewissen Redundanz. Um zu einer abschließenden Bewertung zu kommen, müßte man Erfahrungen aus konkreten Projekten berücksichtigen, die Jacobsons Prozeß- und Projektmodell nebeneinander benutzt haben.

Damit können wir ein erstes Fazit ziehen:

Alle hier betrachteten Modelle folgen im Prinzip einem *hybriden* Ansatz: Objektorientierte Entwicklung findet im wesentlichen auf einer untergeordneten Klassen- und Objektebene statt und ist in einen übergeordneten, wasserfallartigen Gesamtprozeß eingebettet. In der Ausprägung und der Verteilung der Gewichte finden sich jedoch deutliche, teilweise recht erhebliche Unterschiede.

Bei der ersten Gruppe von Autoren (Shlaer/Mellor und Rumbaugh) dominiert die Wasserfall-Struktur. Spezifika der objektorientierten oder der evolutionären Entwicklung haben (abgesehen von einigen terminologischen Besonderheiten) kaum Einfluß auf die überkommene sequentielle Struktur der Vorgehensmodelle. Rumbaugh et al. konzentrieren sich auf die methodischen Aspekte der OO-Entwickung und lassen erkennen, daß sie den Vorgehens- und Management-Aspekten keine primäre Bedeutung zumessen.

Bei Booch finden wir ebenfalls den erwähnten hybriden Ansatz, zugleich aber auch den ernsthaften Versuch, die Besonderheiten der OO-Entwicklung im Vorgehensmodell zu reflektieren. Das belegt der Mikro-Prozeß, der als echter Zyklus angelegt und wiederholbar in den Makro-Prozeß eingebettet ist. Booch bringt damit den Gedanken eines hierarchisch aufgebauten Vorgehensmodells ins Spiel. Er unterstützt die "Objektorientierung im Kleinen", bleibt aber "im Großen" dem Wasserfall-Modell treu. Bei Jacobsons zwei Vorgehensmodellen handelt es sich nicht (wie bei Booch) um eine Hierarchie von Modellen, sondern diese richten sich an unterschiedliche Zielgruppen (Entwickler bzw. Management). Während Boochs Mikro-Prozeß iterativen Charakter hat, sind Jacobsons Modelle beide linear und laufen in der Regel genau einmal ab.

3.2 Unterstützung des zyklischen Vorgehens im Vorgehensmodell

Häufig wird der objektorientierte Ansatz mit der Forderung verknüpft, Software *zyklisch, inkrementell* oder als *Folge von Prototypen* zu entwickeln. Shlaer & Mellor geben in ihren ersten Buch kaum Hinweise zu zyklischen Entwicklungsformen. Das zweite Buch heißt zwar "Objekt-Lebenszyklen", befaßt sich aber eher mit Aspekten der Modellierung dynamischer Systeme als mit Entwicklungszyklen. In der jüngsten Veröffentlichung [ShM97] wird "Iteration" zwar erwähnt, soll aber ausdrücklich "kontrolliert", d.h. auf Analyse- bzw. Entwurfsschritte und dort auf einzelne Bereiche (domains) beschränkt werden.

Rumbaugh et al. heben hervor, daß der gesamte Entwicklungprozeß eher iterativ als sequentiell verläuft. Entwicklungsschritte sollen auf zunehmend verfeinerten Detaillierungsebenen wiederholbar sein. Bei der Objektmodellierung ist ausdrücklich ein Schritt zur Überarbeitung und Verfeinerung des Modells vorgesehen. Auch die darauffolgenden Phasen (Entwurf und Implementierung) sind zur Verfeinerung der Analysemodelle gedacht. Inkrementelle Entwicklung und System-Evolution werden weniger betont. Das mag damit zusammenhängen, daß sich das Buch insgesamt auf die frühen Phasen konzentriert.

Booch definiert Entwurf als einen "inkrementellen, iterativen Prozeß". Er benutzt den Begriff "round trip gestalt design", um damit auszudrücken, daß Systeme weder in reiner *top down-* noch in *bottom up*-Manier entworfen werden sondern auf inkrementelle, iterative Weise durch schrittweises Verfeinern verschiedener (logischer und physischer) Sichten auf das Gesamtsystem. Diese Sichtweise wird vor allem beim Mikro-Prozeß deutlich. Dort ist unter anderem vorgesehen, Alternativ-Entwürfe probeweise umzusetzen, aus mehreren konkurrierenden Lösungen die beste auszuwählen oder eine erfolgte Implementierung durch Erweiterungen und Änderungen fortzusetzen. Da die System-Integration durch ständiges, inkrementelles Anreichern erfolgt, erübrigt sich nach Booch eine separate Integrationsphase.

Für Jacobson ist System-Entwicklung ist ein Prozeß kontinuierlicher Veränderung. Er betont den langfristigen Entwicklungs-Prozeß wesentlich stärker als das isolierte Erzeugen eines bestimmten Produkts aufgrund festgelegter Vorgaben. Damit sind die Ideen von zyklischer und inkrementeller Entwicklung fundamental für den gesamten Ansatz. Anwendungs-Fallstudien *(use cases)* können als Ausgangspunkt für *System-Inkremente* dienen. In Jacobsons Projektmodell wird inkrementelle Entwicklung speziell empfohlen, um verschiedene *Systemversionen* schrittweise aus einem gemeinsamen Kern abzuleiten.

Um Software-Applikationen besser zu verstehen, empfiehlt Jacobson *Prototyping*. Er sieht dessen Wert hauptsächlich in den frühen Projektphasen, z.B. um bestimmte (vorgesehene) System-Eigenschaften intensiver zu beleuchten. Dazu bevorzugt er weiterverwendbare Prototypen, äußert sich aber skeptisch über das sogenannte *ra-*

pid prototyping, das er eher als ein gern genutztes Feigenblatt für *"quick and dirty programming"* ansieht.

3.3 Einfluß der System-Architektur auf das Vorgehensmodell

Die meisten phasenorientierten Vorgehensmodelle nehmen auf den Systemaufbau, die dabei definierten Bausteine und deren Zusammenbau zu lauffähigen (Sub-) Systemen keinen expliziten Bezug. Betrachten wir das Royce'sche, von B. Boehm populär gemachte Wasserfallmodell [Boe76], so finden wir dort Phasenbezeichnungen wie "Grobentwurf" und "Feinentwurf" (*preliminary and detailed design*), sowie "Test und Integration", die keine Festlegungen über eine etwaige System-Zerlegung in kleinere Bausteine, deren gesonderte Entwicklung und späteren Zusammenbau treffen. In anderen Modellen ist bisweilen von "Komponenten", "Subsystemen", von "Modul-Design" oder "Modultest" die Rede, wobei die Entstehung und der Zusammenhang solcher Bausteine aber meistens offengelassen wird. Eine weitere Detaillierung führt dazu, einzelne Tätigkeiten an die Bausteine zu binden (vgl. [Hes84]).

In einer objektorientierten Entwicklungs-Umgebung stellt sich die Situation neu dar: Die Bausteine der Software-Entwicklung bekommen ein größeres Eigengewicht. Dafür können verschiedene Gründe maßgeblich sein:

- Klassen, Objekte und andere Software-Bausteine werden als eigenständig agierende Einheiten angesehen, die physisch verteilt sein können, miteinander durch Nachrichten kommunizieren, einzeln wiederverwendet oder weiterentwickelt werden können.
- Man möchte mehrere Klassen – z.B. für eine bestimmte Anwendung – in Gruppen (sog. *Komponenten* oder *Subsystemen*, engl.: *clusters*) zusammenfassen.
- Da einzelne Software-Bausteine möglicherweise zu verschiedenen Zeitpunkten benötigt werden, läßt sich ihre Entwicklung auch zeitlich entkoppeln. Der Zwang, alle Bausteine synchron in einer systemübergreifenden "Phase" zu bearbeiten, entfällt.

Die gegenwärtige Diskussion um eine "OO-Software-Architektur" spiegelt diese Argumente wider: Man ist auf der Suche nach einem möglichst universell zu verwendenden Bauplan für OO-Software-Systeme, der es erlaubt; Bausteine unter den genannten Gesichtspunkten zu definieren, (weiter) zu entwickeln und (wieder) zu verwenden. Für ein OO-Vorgehensmodell lassen sich daraus – je nach Betrachtungsweise – unterschiedliche Konsequenzen ziehen: Entweder man betrachtet die Architekturfrage als ein dem allgemeinen Phasenschema untergeordnetes Entwurfsproblem (d.h. Fragen nach der Systemstruktur stellen sich erst beim Entwurf) oder man erhebt die Systemstruktur zum zentralen Gliederungsprinzip und betrachtet die Entwicklungs-Abläufe als an die jeweiligen Software-Bausteine geknüpft.

Alle vier in den Vergleich einbezogenen Vorgehensmodelle folgen – mit unterschiedlicher Ausprägung – der ersten Alternative. Im ersten Buch von Shlaer und Mellor [ShM89] kommen "Objekte" zwar als wesentliche Elemente des Informations-, Zustands- und Prozeßmodells vor, doch haben sie auf die Struktur des Entwicklungsprozesses kaum Einfluß. Es gibt keine durchgehende, die Entwicklungsphasen überdauernde Baustein-Struktur. Aus neueren Veröffentlichungen ([ShM97]) ist allerdings ein deutlicher Trend zur einem mehr architekturgetriebenen Entwicklungsprozeß ablesbar. Dabei ist das Bemühen nach Standardisierung und Automatisierung bestimmend: So gibt es z.B. vorgefertigte Rahmen-Bauteile ("structures"), die mit Elementen aus dem Anwendungsbereich auszufüllen sind.

Bei Rumbaugh finden wir wie bei Shlaer/Mellor ein dreigeteiltes Analysemodell, doch wird hier die zentrale Rolle des *Objektmodells* sehr viel stärker betont. Die Autoren weisen ausdrücklich auf den Vorrang der Datenstruktur vor funktionalen Aspekten hin, Funktionen, Beziehungen, Ereignisse etc. werden um die Objekte herum gruppiert. Objektorientierung bestimmt als oberstes Leitbild die Analyse- und Entwurfsphasen, hebt aber die traditionelle Phaseneinteilung nicht auf.

Booch betont ausdrücklich, daß die Objektorientierung nicht nur ein neues Paradigma für den Software- Entwurf darstellt, sondern daß sie beträchtliche Konsequenzen für den Software Engineering-Prozeß in seiner Gesamtheit hat. Das belegen u.a. die beiden miteinander verschachtelten Entwicklungszyklen. Im Prinzip schließt jede Phase des Makro-Prozesses die Definition, den Entwurf und die Implementierung von Klassen und Objekten (gemäß dem Mikro-Prozeßschema) ein. Zur Gruppierung logisch zusammengehöriger Klassen führt Booch den Begriff der Klassen-Kategorie ein. Dies geschieht jedoch lediglich auf der Darstellungsebene (in den Diagrammen), auf das Vorgehensmodell hat es keinen Einfluß.

Auch Jacobson stellt die "Objektmodellierung" in den Mittelpunkt seines Vorgehens. Das "Heraus-Destillieren" von Objekten bzw. Klassen und Subsystemen aus Anwendungsfällen ist eine der zentralen Aufgaben zur Gewinnung des Analysemodells, das die Grundlage für den weiteren Entwicklungsprozeß bildet. Speziell zur Unterstützung von wiederverwendbaren Software-Bauteilen werden sogenannte Komponenten gebildet, für deren Entwicklung und Pflege Jacobson ein eigenes Vorgehensschema angibt.

3.4 Vorkehrungen für Wiederverwendung von Systemen und Bausteinen

Die Idee der objektorientierten Software-Entwicklung ist untrennbar mit der Frage nach der Wiederverwendung von Software-Bausteinen und -Dokumenten verbunden. Obwohl die Wiederverwendung zu den Kernthemen der Objektorientierung gehört, ist die Unterstützung der einzelnen Methoden dafür recht unterschiedlich. Bei den Vorgehensmodellen reicht das Spektrum von Nichtbeachtung dieser Frage bis zur höchsten Priorität.

Shlaer & Mellor gehen in ihrem ersten Buch nur am Rande auf Fragen der Wiederverwendung ein. In ihrem Vorgehensmodell wird kein Bezug darauf genommen. Im zweiten Buch wird die Wiederverwendung von Prozessen im Kontext von Prozeßmodellen kurz diskutiert. Der Einsatz von Bibliotheken für wiederverwendbare Software wird nicht thematisiert. In der Methodendarstellung im WWW werden die *domains* als Einheiten für die Wiederverwendung ausgezeichnet. Sie bilden nach Vorstellung der Autoren weitgehend voneinander unabhängige Teilsysteme, die sich nach Belieben in unterschiedliche Systeme einbauen lassen. Auf das Vorgehensmodell hat dies keine Auswirkungen.

Rumbaugh et al. erwähnen Wiederverwendung zweimal: Einmal im Kontext der Objektmodellierung, wo Module aus früheren Entwürfen auf Wiederverwendbarkeit geprüft werden. In der Methoden-Zusammenfassung (Kap. 11) kommt dieser Schritt allerdings nicht vor. Die zweite Referenz ist ein eigenes Teilkapitel über Wiederverwendbarkeit unter der generellen Überschrift "programming style". Damit bleibt das Thema auf die Wiederverwendung von Code beschränkt. Es gibt Richtlinien und Hinweise zum Einsatz von Vererbung - aber wiederum keine Erwähnung in der Methoden-Zusammenfassung. Klassenbibliotheken werden in einem Tutorial-Kapitel über OO-Sprachen erwähnt (Kap. 15), sind aber kein OMT-Standard.

Booch behandelt die Wiederverwendung in einen eigenen Abschnitt. Jedes Stück Software kann wiederverwendet werden: Code, Entwürfe, Szenarien, Dokumentation. Bei den OO-Sprachen sind es primär Klassen, die mit Hilfe von Generalisierung und Spezialisierung wiederverwendet werden können. Auf höherem Abstraktionsniveau können das auch Muster von Klassen, Objekten und Entwürfen sein. Booch hebt hervor, daß Wiederverwendung nicht einfach von selbst stattfindet, sondern institutionalisiert werden muß. Das schlägt sich in seiner Beschreibung des Makro-Prozesses in den Aktivitäten zum "Mustersammeln" (*pattern scavenging*) nieder. Weiter sieht Booch explizit eine Basis-Klassenbibliothek (*foundation class library)* vor. Dort können wiederverwendbare Teile in Form von sogenannten *frameworks* (Zusammenfassungen von Klassen, die Dienste für einen bestimmten Anwendungsbereich anbieten) bereitgestellt werden.

Auch Jacobson widmet dem Thema "Systementwicklung und Wiederverwendung" ein eigenes einführendes Teilkapitel. Er fordert, daß Wiederverwendung zu einer Selbstverständlichkeit werden müsse. Sie findet auf der Code-Ebene statt, sollte aber auch bei der Analyse, beim Entwurf und beim Test als natürlich angesehen werden. Wiederverwendbare Einheiten sind Module und Komponenten, die in einer Bibliothek gespeichert werden. Komponenten sind vorfabrizierte Einheiten, die man als Zusatzangebot zu den Elementen der Programmiersprache oder als Standard-Bausteine bei der Entwicklung von Applikationen nutzen kann. Die Erstellung und Nutzung der Komponenten beschreibt Jacobson zwar außerhalb seines Vorgehensmodells, sie spielen aber für den Gesamtprozeß eine wichtige Rolle.

4 EOS: Ein Modell für evolutionäre, objektorientierte Software-Entwicklung

In diesem Abschnitt wird ein Modell zur evolutionären, objektorientierten Software-Entwicklung (kurz: EOS) vorgestellt. Es beruht auf den folgenden Leitgedanken (vgl. [Hes95, Hes96]):

- Objektorientierte Software-Entwicklung ist ein *hierarchischer, zyklischer Prozeß*, der sich auf unterschiedlichen Entwicklungsebenen in jeweils analoger Weise vollzieht.
- Die Systemstruktur bestimmt den Gesamtprozeß und seine Teilprozesse: Jeder System-Baustein hat seinen eigenen Entwicklungszyklus. Bausteine sind durch ihre Bezeichnung den Ebenen der System-Hierarchie zugeordnet. In EOS tragen sie die Bezeichnungen (und Kürzel) System (S.), Komponente (oder Komplex, X.), Klasse (K.) und Subsystem (SS.).
- Jeder Entwicklungsprozeß ist als Zyklus ausgelegt und nach dem gleichen Schema aufgebaut (siehe Abbildung VI-2). Dahinter steht der Gedanke, daß für jeden Baustein die vier grundlegenden Schritte bzw. Tätigkeiten Analyse (.A), Entwurf (.E), Implementierung (.I) und Operativer Einsatz (.O) relevant sind. Der letztgenannte Schritt umfaßt Einsatz, Pflege, "Wartung" und Revisionen des betreffenden Bausteins.
- Zyklen und Tätigkeiten sind orthogonal zueinander und können beliebig miteinander gekoppelt werden. Damit entsteht ein Raster für die Identifizierung und Beschreibung von zyklenbezogenen Tätigkeiten (z.B. SA für System-Analyse, SE für System-Entwurf, XE für Komponenten-Entwurf, KI für Klassen-Implementierung), das auch für administrative und Planungszwecke eingesetzt werden kann.

- Entwicklungszyklen für einzelne Systemteile und Bausteine sind nach dem Rekursionsprinzip definiert. Ihre zeitliche Abfolge wird nicht durch einen übergeordneten Phasenplan (Wasserfall) bestimmt, sondern aufgrund der jeweiligen aktuellen Projekt-Erfordernisse geplant und koordiniert (siehe Abbildung VI-3).

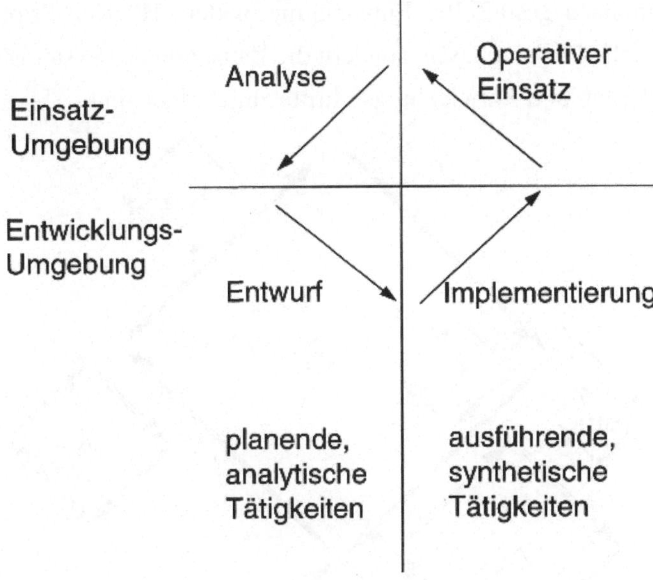

Abbildung VI-2: Struktur eines EOS-Entwicklungszyklus

- Die herkömmlichen "Meilensteine" werden durch sogenannte *Revisionspunkte* ersetzt. Diese sind mit den Referenzlinien des STEPS-Modells verwandt [FRS89]. Sie sind allerdings stärker an der Bausteinstruktur des Systems und an der generellen Struktur der Entwicklungszyklen verankert. Unsere Revisionspunkte sind vom Management zu planende und jeweils an einen bestimmten Baustein gebundene Zeitpunkte im Projekt, die den jeweils zu erreichenden Entwicklungszustand eines Bausteins festlegen. Der Gesamtstatus des Projekts ergibt sich aus der Zusammenschau der Zustände aller in Entwicklung befindlichen Bausteine.

Vergleich des EOS-Modells mit den oben genannten Modellen

Die oben betrachteten Vorgehensmodelle verfolgen einen hybriden Ansatz, bei dem objektorientierte Entwicklungsprozesse ("im Kleinen") in ein übergeordnetes Wasserfall-Modell ("im Großen") eingebettet sind. Dagegen verfolgt das EOS-Modell die Idee hierarchisch gestaffelter Entwicklungszyklen. Höchste Priorität genießen nicht irgendwelche Projektphasen, sondern die Bausteine der Systemstruktur, denen einzelne Tätigkeiten und Entwicklungsschritte zugeordnet sind.

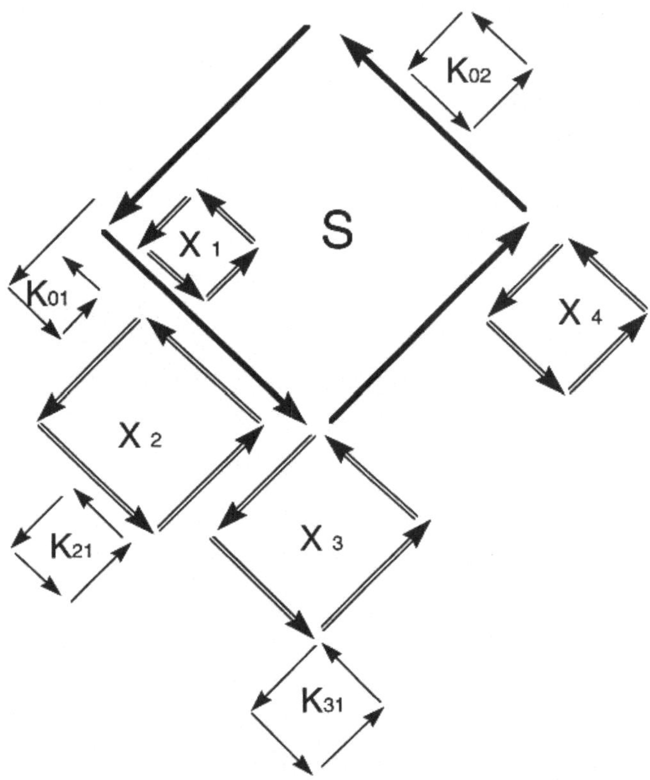

Abbildung VI-3: Zeitlich verzahnte Entwicklungszyklen

Alle Zyklen haben die gleiche Grundstruktur und werden rekursiv definiert. Damit können sie beliebig tief gestaffelt werden. Der äußerste (System-) Zyklus steht an der Stelle des klassischen Wasserfall-Modells, unterscheidet sich aber in zweierlei

Hinsicht davon: Erstens ist er selbst als echter Zyklus angelegt, d.h. *langfristige Evolution* vollzieht sich als mehrfaches Durchlaufen dieses Zyklus. Zweitens spielen die Phasengrenzen nicht die dominierende Rolle für die untergeordneten Prozesse, sondern diese laufen weitgehend unabhängig davon ab. Zeitliche Koordination der Prozesse erfolgt mit Hilfe der Revisionspunkte.

Um Komplexität zu meistern, bietet das EOS-Modell die Konzepte der *Komponenten* und *Subsysteme*. Eine *Komponente* ist eine Zusammenfassung von Klassen oder anderen (kleineren) Komponenten unter logischen (Analyse- und Entwurfs-) Gesichtspunkten. Ein *Subsystem* ist eine Zusammenfassung von Klassen, Objekten oder anderen ausführbaren Einheiten mit dem Ziel der gemeinsamen Ausführung auf einem Rechner. Damit sind Subsysteme vor allem für die Phasen Implementierung und Operativer Einsatz wichtig. Im EOS-Vorgehensmodell spielen beide Konzepte eine hervorragende Rolle als Träger der mittleren Entwicklungsebenen und der daran hängenden Tätigkeiten. Die "fraktale" Gesamtstruktur des Modells garantiert seine Anwendbarkeit auf Projekte beliebiger Größenordnungen.

Komponenten und Klassen sind die prädestinierten Einheiten für Software-Wiederverwendung. Zur Wiederverwendung ausgewählte und vorbereitete Bausteine werden in der Bausteinbibliothek (BBL) gespeichert und für anderen Nutzer zur Verfügung gestellt. Jeder Entwicklungszyklus (sei es auf System-, Komponenten- oder Klassen-Ebene) beginnt mit einer Bibliotheks-Suche nach wiederverwendbaren Bausteinen und endet mit einer Sichtung der erstellten Bausteine im Hinblick auf Aufnahme in die Bibliothek.

Komponenten, Klassen oder Subsysteme können auch als Inkremente aufgefaßt werden. Das heißt: sie werden in eigenen Zyklen entwickelt und dann im Rahmen eines übergeordneten Zyklus in die dort betrachtete Einheit (z.B. das Gesamtsystem) eingebaut. In ähnlicher Weise ordnet sich die Entwicklung von Prototypen in das EOS-Modell ein: Ein Prototyp wird (etwa als "Subsystem") in einem oder mehreren Zyklen entwickelt, wobei die Entwurfs- und Implementierungsschritte möglicherweise stark verkürzt sind. Das Resultat wird entweder in die laufende Systementwicklung eingebunden oder weggeworfen und durch eine alternative Entwicklung ersetzt.

5 Ausblick: Projekt-Management für objektorientierte Entwicklung

Vorgehensmodelle bilden die Grundlage dafür, Entwicklungstätigkeiten zu strukturieren, zu koordinieren und zu dokumentieren. Das prädestiniert sie zu einem wesentlichen Instrument für das Projekt-Management. Die Grundstruktur des Vorgehensmodells liefert dem Projektleiter bzw. -manager ein Raster für die Planung von Tätigkeiten und Personaleinsatz, von Meilensteinen, Qualitätssicherungs-Maßnahmen und Berichts-Zeiträumen. Damit üben die Vorgehensmodelle zweifellos einen deutlichen Einfluß auf die Denk- und Vorgehensweisen der Manager aus. Das haben u.a. auch die IPAS-Untersuchungen bestätigt: Die Mehrzahl der Projekte folgt – zumindest offiziell – einem explizit vom Management vorgeschriebenen Vorgehensmodell, dessen Struktur in der Regel wasserfallartig ist [HeW94].

Die Realität weicht allerdings nicht selten deutlich von dieser Vorgabe ab. Planungen lassen sich aufgrund von Verzögerungen, geänderten Anforderungen oder unerwarteten Ereignissen nicht aufrechterhalten oder werden bewußt unterlaufen. Nicht vorgesehene Entwicklungsschleifen oder Revisionen werden notwendig und machen die aufgestellten Pläne zur Makulatur. Oft gelingt es nicht oder nicht rechtzeitig, die Planung dem tatsächlichen Verlauf anzupassen und Projekte geraten in einem planlosen, schlimmstenfalls chaotischen Zustand.

Ein naheliegender scheinbarer Ausweg aus diesem Dilemma besteht darin, so grob wie möglich zu planen – dann fallen Abweichungen nicht so schnell auf. Wahrscheinlich haben die Wasserfallmodelle unter anderem dieser Eigenschaft ihre Beständigkeit zu verdanken: Durch ihr i.a. recht grobes Phasen-Raster erleichtern sie die anfängliche Planung und ein möglichst langes Festhalten an fiktiven Plangrößen. Selbstverständlich ist damit auf die Dauer nichts gewonnen, sondern der Zeitpunkt des "bösen Erwachens" wird höchstens hinausgeschoben. Die Ergebnissen des IPAS-Projekts haben diese Thesen bestätigt: Am erfolgreichsten waren nicht die Projekte mit der rigidesten Planung und Planverfolgung, sondern diejenigen, bei denen man es verstand, sich schnell und unbürokratisch auf unerwartete Ereignisse und veränderte Projektsituationen einzustellen (vgl. [WeO92, HeW94]).

Daraus leiten sich Forderungen nach einem flexiblen, *dynamischen Projekt-Management* ab. Eine Projektplanung sollte immer an veränderte Situationen und Bedingungen anpaßbar sein. Deshalb beginnt sie nicht notwendigerweise mit einem vordefinierten, formal verabschiedeten Plan, sondern dieser kann zunächst vorläufigen Charakter haben, muß aber ständig verfeinert und den aktuellen Projekterfordernissen angepaßt werden. Anstelle eines einmaligen "Absegnens" der Projektbedingungen zwischen Auftraggeber und Auftragnehmer tritt ein kontinuierlicher Kommunikationsprozeß.

Das Aufkommen der OO-Entwicklungsmethoden hat diese Situation noch verschärft. Dafür sind u.a. die veränderte System-Architektur mit sich verselbständigenden Bausteinen, die Tendenz zur Wiederverwendung und die gestiegene Bedeutung von zyklischen Vorgehensweisen verantwortlich. Wenn ein Vorgehensmodell dem Management von OO-Projekten in dieser Hinsicht Hilfestellung leisten soll, so sollte es die folgenden Punkte unterstützen:

- die voneinander unabhängige Behandlung einzelner Bausteine (Komponenten, Subsysteme, Klassen),
- die Planung und Abwicklung von Entwicklungszyklen auf verschiedenen Ebenen (nicht nur auf der Ebene des Gesamtsystems) sowie
- die Planung und Koordination von Maßnahmen zur Wiederverwendung.

Ein Blick auf die im 3. Abschnitt betrachteten Vorgehensmodelle zeigt, daß sie die genannten Anforderungen nicht oder nur zu einem gewissen Teil erfüllen. Bei den Modellen von Shlaer/Mellor und Rumbaugh liegt das in erster Linie an ihrer Wasserfall-Struktur, die eine entsprechende Differenzierung nicht zuläßt. Im neueren Modell von Shlaer/Mellor wären eigenständige Entwicklungszyklen für die *domains* denkbar, doch lassen sich die Autoren nicht näher darüber aus.

Booch liefert mit seinem zweistufigen Prozeß-Modell einen Ansatzpunkt für eine ebensolche Planung und Planverfolgung: auf der Makro-Ebene ähnelt sie dem traditionellen Wasserfall, während auf der Mikro-Ebene ein zyklisches Vorgehen und damit die Notwendigkeit zur dynamischen Planung in den Vordergrund tritt. Es bleibt allerdings offen, inwieweit die Projekt-Manager in die konkrete Planung dieser teilweise doch detaillierten Prozesse eingebunden sind bzw. in welchem Maße man sie besser der Selbstorganisation der Entwickler überläßt.

Jacobsons Ansatz, dem Entwicklungsmodell ein eigenes Management-Modell gegenüberzustellen, ist unkonventionell und wegen der Hervorhebung der Management-Tätigkeien zunächst positiv zu bewerten. Allerdings wirft er die Frage nach der Koordination beider Zyklen auf. Interessant ist auch sein Ansatz, Komponenten (= wiederverwendbare Bausteine) in eigenen Entwicklungszyklen zu behandeln, doch gibt sein Modell keine Hilfestellung bei der Koordination solcher parallel laufender Entwicklungen.

Das EOS-Modell ist bewußt im Hinblick auf die Unterstützung eines dynamischen Projekt-Managements im Umfeld von OO-Projekten entwickelt worden. Dazu sollen u.a. die folgenden Eigenschaften dienen:

- An die Stelle der Phasenstruktur tritt die komplexere, aber weit flexiblere und der Systemstruktur besser angepaßte Zyklen- und Tätigkeitstruktur. Damit ist ein Schema gegeben, das Planungschritte jeder Größenordnung vorsieht und damit in allen Stadien einer Projektplanung anwendbar ist.
- Die Arbeitsteilung orientiert sich an den Bausteinen der Systemstruktur: Für Komponenten und Subsysteme sind Entwicklungs-Teams (falls notwendig, unter Einbeziehung von Anwendern), für Klassen einzelne Entwickler zuständig. Die Bindung einzelner Teams und Entwickler an "ihre" Bausteine ist eine wesentliche Voraussetzung für deren "evolutionäre" Entwicklung.
- Durch die "Revisionspunkte" ergibt sich ein klar vorgebenes Planungsraster als Hilfestellung für das Projekt-Management. Für alle in Betracht kommenden Bausteine muß deren geplanter Entwicklungszustand gemäß der EOS-Zyklen- und Tätigkeitsstruktur definiert werden. Revisionspunkte können nicht in allen Details zu Projektbeginn festgelegt werden. Sie werden vielmehr grob vorgeplant und dann jeweils gemäß dem aktuellen Projektstand verfeinert.
- Maßnahmen zur Qualitätssicherung setzen ebenfalls an der Zyklen-und Aktivitäten-Struktur an. Wichtige Reviews werden mit den Revisionspunkten kombi-

niert. Ihre Ergebnisse bestimmen die Planung weiterer Zyklen und die inhaltliche Festlegung künftiger Revisionspunkte.

- Software-Entwicklung wird als *kontinuierlicher Prozeß* angesehen, der im allgemeinen nicht mit der Installation eines "fertigen" Produkts endet. Vielmehr gehen die Entwicklungstätigkeiten weiter - sei es als "Wartung", als Weiterentwicklung oder als Wissenstransfer zu weiteren benachbarten Projekten.

Es ist klar, daß ein so vielschichtiges Vorgehensmodell hohe Anforderungen an die Projektführung stellt. An die Stelle der traditionellen, leicht überschaubaren Phasen treten komplexe und differenzierende Zyklen- und Tätigkeitsstrukturen, die entsprechende Management-Techniken erfordern. Das Management muß also zu Projektbeginn mehr in eine differenzierte Planung (und die dazu notwendigen Recherchen), in interne Abstimmungen und Überzeugungsarbeit beim Kunden investieren.

Auf das Ganze gesehen, ist es jedoch angemessener, ehrlicher und am Ende auch genauer und kostengünstiger, von vornherein differenziert, aber flexibel zu planen, und die Notwendigkeit von Plan-Anpassungen, Entwicklungsschleifen und Revisionen bei der Planung von Anfang an zu berücksichtigen. Neue Qualitätsstandards wie das CMM des SEI (vgl. Abschnitt 2) verlangen ebenfalls solch ein flexibles Management: nur so können die höheren Stufen "managed" oder "optimising" erreicht werden.

Noch ist nicht klar, ob und wie sich der objektorientierte Ansatz langfristig auf die Vorgehensmodelle auswirken wird. Vielleicht ist hier die Geschichte der *"unified method"* symptomatisch: Das ursprüngliche, ambitionierte Vorhaben der drei Methoden-"Päpste" Rumbaugh, Booch und Jacobson, eine standardisierte "Methode" zu schaffen, wurde auf die Entwicklung einer gemeinsamen Begriffswelt und Notation - kondensiert in der "Unified Modelling Language" (vgl. [UML97]) - eingeschränkt. Das signalisiert, daß man sich auf einen "unified process", d.h. ein gemeinsames Vorgehensmodell nicht hat einigen können oder daß man zu der Erkenntnis gekommen ist, daß sich ein solcher Standard – der auch so subtile Bereiche wie Firmen-Organisation und -"kultur" berühren würde – zumindest zum gegenwärtigen Zeitpunkt nicht durchsetzen ließe.

VII Ein Vorgehensmodell für Workflow-Management-Anwendungen

Stefan Jablonski, Katrin Stein

Zusammenfassung

Viele Projekte im Bereich des Workflow-Management halten nicht das, was sie im Vorfeld versprochen haben. Dies liegt nicht zuletzt daran, daß bei Workflow-Management-Anwendungen oftmals strukturierte und kontrollierte Entwicklungsstrategien vernachlässigt werden. In diesem Beitrag wird auf der Basis von Vorgehensmodellen aus den Bereichen der Informationssystementwicklung und des Software Engineering ein phasenorientiertes Vorgehensmodell entwickelt. Für jede Phase können adäquate Vorgehensweisen bestimmt werden. Für die für das Workflow-Management charakteristischen Phasen der Geschäftsprozeß- und der Workflowmodellierung wird eine aspektorientierte Vorgehensweise vorgeschlagen, die sich bereits in mehren Projekten bewährt hat.

1 Einführung

Der Bereich Workflow-Management zeichnet sich durch eine sehr große Diskrepanz aus: Auf der einen Seite viele (ungerechtfertigte) Lorbeeren, welche Workflow-Management in die Kategorie von Allheilmitteln stellen; auf der anderen Seite eine enorm hohe Anzahl an fehlgeschlagenen Projekten in diesem Bereich. Dies ist unter anderem darauf zurückzuführen, daß in vielen Projekten auf eine systematische und kontrollierte Entwicklung der Workflow-Management-Anwendung verzichtet wird. Unter einer Workflow-Management-Anwendung ist dabei die "implementierte und eingeführte Lösung zur Steuerung von Workflows mit einem Workflow-Management-System" [JBS97] zu verstehen.

Ein Workflowschema ist die formale, ausführbare Beschreibung eines Geschäftsprozesses (z.B. Reisekostenabrechnung, Kreditbearbeitung). Es definiert eine Menge von Aufgaben, die von Mitarbeitern eines Unternehmens bearbeitet werden. Workflow-Management-Systeme befassen sich mit dem Entwurf, der Ausführung, der Verwaltung und Überwachung von Workflowschemata. Damit ein Workflowschema auch tatsächlich durch ein Workflow-Management-System ausführbar ist, muß es alle ausführungsrelevanten Aspekte des Geschäftsprozesses des Unternehmens exakt und eindeutig beschreiben. Aufgrund dieser Eigenschaft dienen diese Beschreibungen häufig auch als Basis für Reengineering-Maßnahmen innerhalb des Unternehmens.

Durch die Komplexität und die weitreichenden Konsequenzen der Einführung eines Workflow-Management-Systems innerhalb eines Unternehmens umfaßt die Entwicklung einer Workflow-Management-Anwendung so weit gestreute Bereiche wie business process reengineering, Unternehmensmodellierung, Prozeßmodellierung, Prozeßausführung, Prozeßanalyse und Prozeßdesign [JaB96], wobei diese Liste sicherlich noch nicht vollständig ist. Schon hieraus ist ersichtlich, daß ein Vorgehensmodell bei der Entwicklung von Workflow-Management-Anwendungen unabdingbar ist.

Ein Vorgehensmodell definiert die Reihenfolge der Arbeitsschritte bei der Entwicklungsarbeit. Dabei können die unterschiedlichen Arbeitsschritte in Phasen, auf Abstraktionsebenen, in Zyklen oder in Entwicklungsstufen gegliedert werden. Ein Vorgehensmodell setzt sich aus mehreren Methoden zusammen, die ihrerseits je eine Vorgehensweise und eine Sprache umfassen [JBS97]. Die Vorgehensweise legt fest, welche Arbeitsschritte mit welchen Ergebnissen innerhalb einer Phase, Ebene, usw. durchgeführt werden, die Sprache legt die Darstellung der Entwicklungsergebnisse fest.

Eine Workflow-Management-Anwendung umfaßt neben dem Workflow-Management-System, den Schema- und Instanzdaten auch die eingesetzten Akteure und Workflow-Applikationen [JBS97]. Es wird eine gesamtheitliche Betrachtung aller simultan zusammenwirkenden, unternehmensweiten betrieblichen Anwendungen unter Berücksichtigung der Aufbauorganisation angestrebt [BMR97]. Die Entwicklung einer Workflow-Management-Anwendung beschäftigt sich also nicht "nur" mit der Erstellung eines technischen Systems mit einer festen Anzahl bekannter Einflußgrößen, klaren Zusammenhängen und eindeutig definierten Randbedingungen, sondern setzt sich zusammen aus Softwareanteilen, Organisationsentwicklung und der Integration vorhandener Applikationen. Weitere Schwierigkeiten ergeben sich aus der Vielzahl unvorhersehbarer Situationen bei der Abwicklung von Geschäftsprozessen durch Einwirkungen von außen, z.B. durch den Kunden, durch soziale und politische Entscheidungen usw. Eine Workflow-Management-Anwendung muß hier flexibel reagieren können.

Eine Workflow-Management-Anwendung realisiert die Umsetzung der Geschäftsprozesse eines Unternehmens in Workflows zur Unterstützung durch ein Workflow-Management-System. Aber bereits bei der Umsetzung der in der Realität der Anwendungswelt beobachteten Geschäftsprozesse ergibt sich eine weitere Besonderheit der Entwicklung einer Workflow-Management-Anwendung. Es ist nicht immer klar zu entscheiden, was am Geschäftsprozeß den Workflow konstituiert. Hier wird oft subjektiv ducrh den jeweiligen Betrachter oder Entwickler entschieden [JBS97]. Es können also a priori keine objektiven Vorgaben für die Entwicklung von Workflows gemacht werden. Dies muß im Vorgehensmodell berücksichtigt werden.

Vorgehensmodelle für Workflow-Management-Anwendungen, wie sie derzeit in der Literatur vorgestellt werden (z.B. in [FeS95, DGS95, Sch95]), zeichnen sich vor allem dadurch aus, daß sie neben den Phasen auch bereits Vorgehensweise und Sprache der einzelnen Phasen festlegen. In [JBS97] werden verschiedene Vorgehensmodelle verglichen, und vor allem in Bezug auf die Verschränkung der einzelnen Phasen in sequentielle, integrierte und isolierte Ansätze unterschieden.

In diesem Beitrag soll ein Vorgehensmodell, das an die besonderen Anforderungen der Workflow-Management-Anwendungsentwicklung angepaßt ist, unabhängig von den Methoden der einzelnen Phasen entwickelt werden. Dabei muß sowohl die Bewältigung der aus dem unternehmensweiten Einsatz mit sehr vielen Anwendern und der ganzhietlichen Betrachtungsweise resultierenden Komplexität der Anwendung unterstützt werden, als auch die technische Umsetzung der erarbeiteten Anforderungen. In Kapitel 2 wird ausgehend von einem allgemeinen Vorgehensmodell für die Informationssystementwicklung ein Vorgehensmodell für die Entwicklung von Workflow-Management-Anwendungen abgeleitet. Kapitel 3 diskutiert die aspektorientierte Modellierung als Beispiel für eine Vorgehensweise, die sich sowohl in der Phase der Geschäftsprozeßmodellierung als auch der Workflowmodellierung, einsetzen läßt.

2 Vorgehensmodell für Workflow-Management-Anwendungen

Ausgehend von einem allgemeinen Phasenmodell der Informationssystementwicklung wird in diesem Kapitel ein Vorgehensmodell für die Entwicklung von Workflow-Management-Anwendungen abgeleitet. Der Begriff der Informationssystementwicklung (information system engineering) bedeutet hierbei die Anwendung von Techniken für das Planen, den Entwurf, die Konstruktion und die Unterhaltung von Informationssystemen in einem Unternehmen oder in einem weiten Teil des Unternehmens [Mar93]. Es handelt sich also um ein "programming in the large". Im Gegensatz hierzu steht der Begriff des Software Engineering. Software Engineering hat die Unterstützung der Entwicklung von Softwarekomponenten im Rahmen eines Projektes zum Ziel. Hier kann also von einem "programming in the small" gesprochen werden [DeK76, Wed96].

In [Som96] werden als grundlegende Typen von Vorgehensmodellen das Wasserfallmodell, die Evolutionäre Entwicklung und das Spiralmodell nach Boehm vorgestellt. Ein Wasserfallmodell unterteilt den Entwicklungsprozeß in mehrere aufeinanderfolgende Phasen, wobei das Ergebnis einer Phase als Voraussetzung für die folgende Phase benötigt wird.

Der Nachteil des Wasserfallmodells liegt in der sehr starren Unterteilung in die einzelnen Phasen und der strengen Reihenfolgebeziehung zwischen ihnen. Dies hat zur Folge, daß Probleme, die in früheren Phasen nicht gelöst wurden, sich in den folgenden Phasen fortsetzen. Es muß daher ermöglicht werden, die streng sequentielle Reihenfolge der Phasen durch einen iterativen Prozeß zu ersetzen, der es erlaubt, aufgrund von entdeckten Fehlern und Problemen in frühere Entwicklungsphasen zurückzuspringen. Dieser Problematik wird durch die Evolutionäre Entwicklung oder das Spiralmodell von Boehm entgegengewirkt. Diese beiden Typen basieren auf einer schnellen Prototyp-Entwicklung mit vielen Tests, Verbesserungsphasen und Rücksprüngen im Entwicklungsprozeß in Zusammenarbeit mit dem Benutzer. Häufig werden Prototypen ganz verworfen und eine Neuentwicklung beginnt. Gerade die Evolutionäre Entwicklung eignet sich besonders für die Entwicklung kleiner System, ist also für die Entwicklung der sehr komplexen Workflow-Managment-Anwendung nicht geeignet [Som96]. Nichtsdestotrotz ist die Aufweichung des starren Wasserfallmodells ein Schritt in die richtige Richtung. In diesem Sinne ist daher auch das im folgenden zu entwickelnde Vorgehensmodell zu verstehen: Grundlage sind die am Wasserfall-Modell orientierten Phasen, wobei es sich jedoch nur um eine Leitlinie zur Entwicklung von Workflow-Management-Anwendungen handelt, die die Reihenfolge der durchzuführenden Schritte und ihre Ergebnisse festlegt. Bei Bedarf können jedoch einzelne oder mehrere Phasen wiederholt oder auch ausgelassen werden.

2.1 Allgemeines Phasenmodell der Informationssystementwicklung

Als Ausgangspunkt für die Ableitung eines Vorgehensmodells für die Entwicklung von Workflow-Management-Anwendungen dient das in [Mar90] vorgestellte, sehr allgemeine Konzept für die Informationssystementwicklung. Die fünf Phasen und ihre Ergebnisse sind in Abbildung VII-1 dargestellt.

Das Phasenmodell umfaßt zwei anwendungsorientierte und drei systemorientierte Phasen. Die erste anwendungsorientierte Phase ist die Unternehmensplanung. Hier werden die zu erreichenden Ziele, die Geschäftsstrategien und die Geschäftsbereiche festgelegt. Diese Ergebnisse werden in der Geschäftsbereichsanalyse erneut betrachtet und verfeinert. Es entstehen Geschäftsprozesse. Prinzipielle Objekt- und Beziehungstypen werden identifiziert. Wichtig ist das Ziel der Anwendung zu verstehen. Häufig werden die Abläufe hier auch im Sinne eines business process reengineering [HaC93] überarbeitet. Die Geschäftsbereichsanalyse ist ebenfalls eine anwendungsorientierte Phase, d.h. sie ist idealerweise unabhängig von den später einzusetzenden Systemen. Das Ergebnis dieser Phase ist ein deskriptives Modell der Geschäftsprozesse.

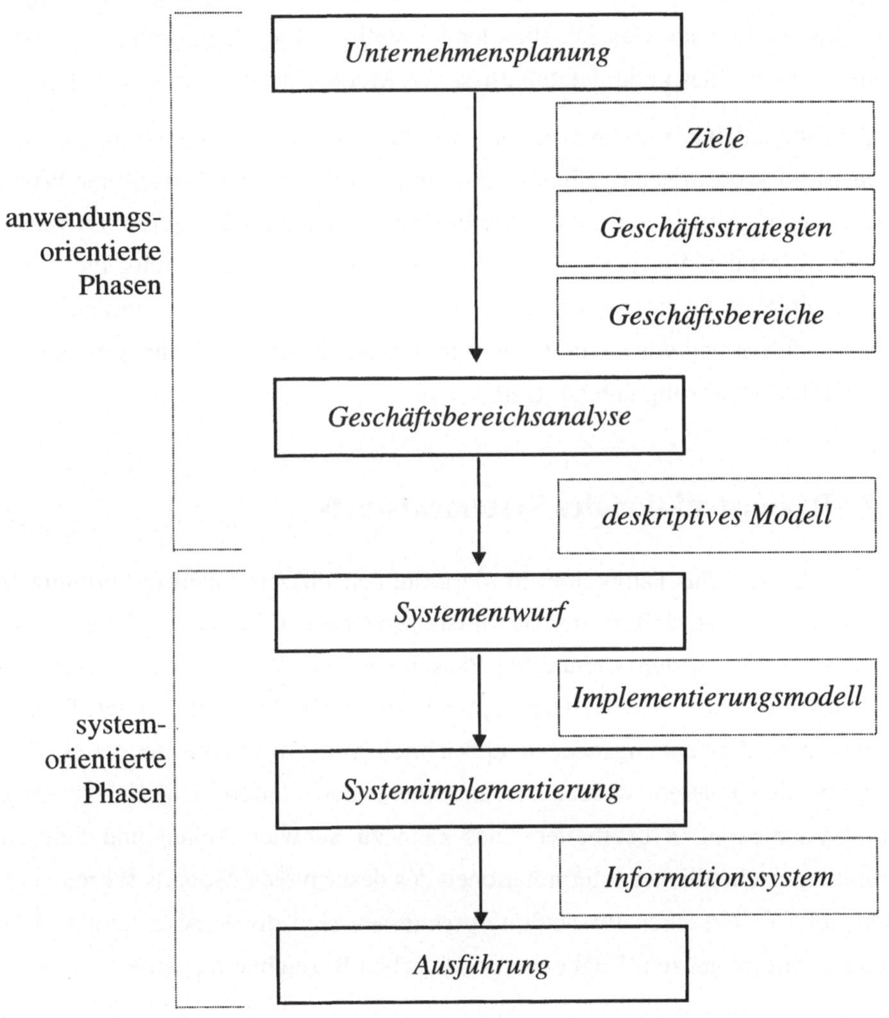

Abbildung VII-1: Phasenmodell des Information Engineering

Die in der Anwendung einzusetzenden bzw. zu entwerfenden Systeme werden erst in den nun folgenden drei systemorientierten Phasen berücksichtigt. Hauptaufgabe des Systementwurfs ist die Entwicklung eines Implementierungsmodells. Die prinzipiellen Objekt- und Beziehungstypen aus der Geschäftsbereichsanalyse werden umgesetzt, so daß sie in der Phase der Systemimplementierung direkt implementiert werden können. Das Resultat der Systemimplementierungsphase ist ein Informationssystem, das in der letzten Phase des Modells ausgeführt werden kann.

Dieses allgemeine Vorgehensmodell für die Entwicklung von Informationssystemen ist zu grob in seiner Phaseneinteilung, als daß es den Prozeß der Workflow-Management-Anwendungsentwicklung sinnvoll unterstützen würde. Es werden daher im folgenden Verfeinerungen des Phasenmodells durchgeführt, die zum einen den komplexen Übergang von anwendungsorientierten zu systemorientierten Phasen erleichtern und vor allem weniger fehleranfällig gestalten, und zum anderen die technische Umsetzung unterstützen.

2.2 Rekonstruktion des Systementwurfs

Betrachtet man die Tätigkeiten im dargestellten Phasenmodell (Abbildung VII-1), so stellt man fest, daß an der Schnittstelle zwischen den anwendungsorientierten Phasen und den systemorientierten Phasen auch ein Wechsel der schwerpunktmäßig angesprochenen Bearbeitergruppe stattfindet. Während die ersten Phasen aufgrund ihrer Anwendungsnähe hauptsächlich von Anwendungsexperten durchgeführt werden müssen, werden die anschließenden Phasen sicherlich überwiegend von Systemexperten bearbeitet. Dies kann zu Schwierigkeiten und Fehlern aufgrund unterschiedlicher Interpretationen des deskriptiven Modells führen. Typische Beispiele für Ursachen für Mißinterpretationen sind die Verwendung von Homonymen, Äquipollenzen, Vagheiten und falschen Bezeichnern [Leh96].

Aus diesem Grund ist es sinnvoll, das anwendungsbezogene deskriptive Modell durch Rekonstruktion zunächst in ein methodenneutrales Modell zu überführen [LeO96]. Methodenneutral bedeutet dabei die Unabhängigkeit von einem bestimmten Anwendungs(system)typ und damit auch die Unabhängigkeit von einer spezifischen Methode, die im Rahmen der Entwicklung von Informationssystemen eingesetzt wird, z.B. einer Diagramm-Methode. Methodenneutralität bezieht sich also insbesondere auch auf die Darstellung des Modells. Zur Rekonstruktion des deskriptiven Modells bietet sich die Verwendung einer Normsprache an. Diese setzt sich zusammen aus einer Grammatik, die den Aufbau korrekter Sätze beschreibt, und einem Lexikon, das die erlaubten Begriffe festlegt. Nach Überführung des deskriptiven Modells in ein methodenneutrales Modell, das sogenannte konstruktive Modell, kann dann in einem zweiten Schritt das Implementierungsmodell mit Bezug auf das einzusetzende Anwendungssystem erstellt werden. Abbildung VII-2 zeigt die Einführung einer zusätzlichen Phase (Rekonstruktion) zur Erstellung des konstruktiven Modells. Dieses wird dann in der Systemspezifikation in das Implementierungsmodell überführt.

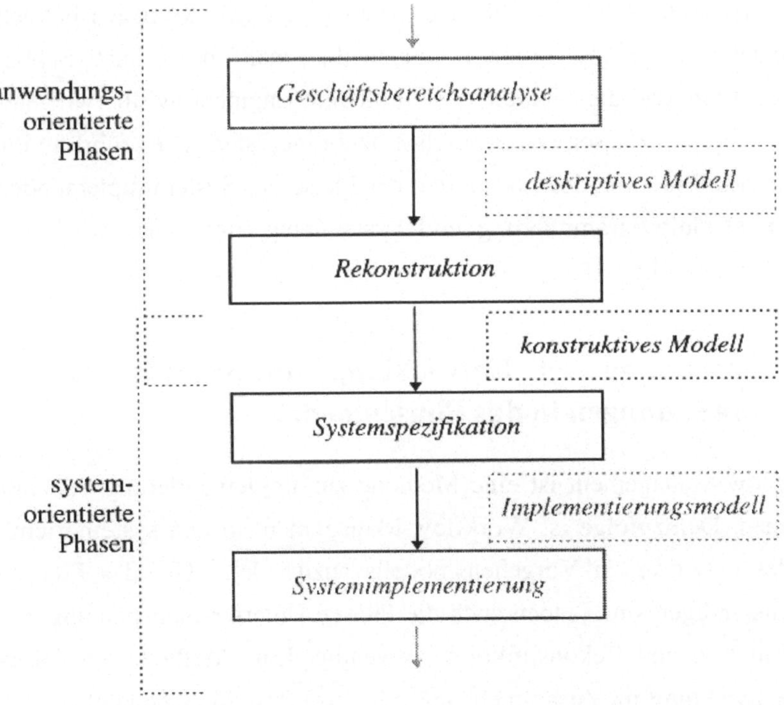

Abbildung VII-2: Rekonstruktion des Systementwurfs

Durch den Einsatz der Normsprache mit definierten Begriffen und einer Grammatik, werden die zu Mißinterpretationen führenden sprachlichen Mängel des deskriptiven Modells beseitigt. Die Rekonstruktion des deskriptiven Modells sollte gemeinsam von Anwendungs- und Systemexperten durchgeführt werden. Nur der Systemexperte kann feststellen, welche Informationen noch fehlen, um in den folgenden Phasen aus dem konstruktiven Modell ein Implementierungsmodell abzuleiten. Der Anwendungsexperte verfügt über die benötigten fachlichen Informationen.

2.3 Einordnung des Software Engineering

Zu Beginn des Kapitels wurde der Bereich des Software Engineering im Gegensatz zur Informationssystementwicklung, die als Grundlage des bisher betrachteten Phasenmodells diente, als "programming in the small" bezeichnet. Schon hierdurch wird deutlich, daß die Methoden des Software Engineering überwiegend in die systemorientierten Phasen des Modells einzuordnen sind. Dies führt zu einer Verfeinerung des Phasenmodells bezüglich der Phase der Systemimplementierung in die Phasen Modulprogrammierung und Systemintegration. Dies wird in Abbildung VII-3 verdeutlicht.

2.4 Einordnung der Entwicklung von Workflow-Management-Anwendungen in das Phasenmodell

Workflow-Management ist eine Methode zur Implementierung von Informationssystemen. Demzufolge ist Workflow-Management in den systemorientierten Phasen des entwickelten Vorgehensmodells anzusiedeln. Um das Phasenmodell zu vervollständigen sind jedoch auch die Phasen Unternehmensplanung, Geschäftsbereichsanalyse und Rekonstruktion notwendig. Eine Methode der Informationssystementwicklung im Zusammenhang mit Workflow-Management muß die prozeßorientierte Sicht des Workflow-Management berücksichtigen. Dies betrifft insbesondere auch die oberen anwendungsorientierten Phasen des Phasenmodells. Während die Unternehmensplanung nur sehr wenig durch den späteren Einsatz von

Workflow-Management-Systemen berührt wird, hat dieser jedoch bereits großen Einfluß auf die Phase der Geschäftsbereichsanalyse. Das deskriptive Modell bei der Entwicklung einer Workflow-Management-Anwendung sollte daher bereits die durchzuführende Arbeit mit all ihren Aspekten in sogenannten Geschäftsprozessen in den Mittelpunkt der Betrachtung stellen. Das deskriptive Modell bei der Entwicklung einer Workflow-Management-Anwendung wird daher im folgenden auch als Geschäftsprozeßmodell bezeichnet.

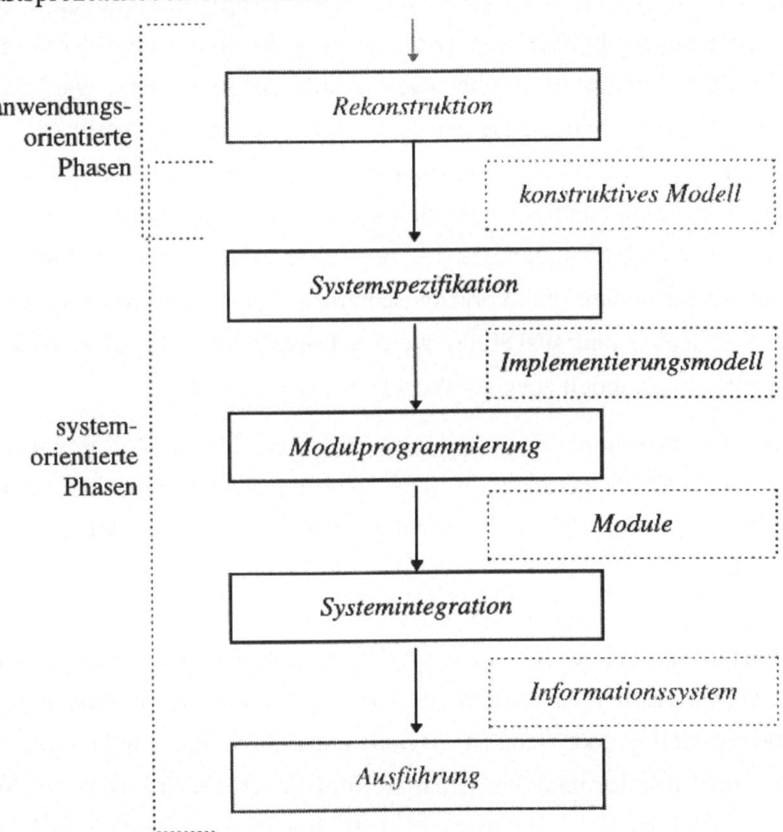

Abbildung VII-3: Einordnung des Software Engineering

Das Geschäftsprozeßmodell enthält vorwiegend illustrative Darstellungen der Prozesse. Wichtig ist hier vor allem, den logischen Ablauf des Vorgangs zu erkennen, welche Einzelschritte ausgeführt werden müssen, welche Daten benötigt werden usw. All dies wird auf einer abstrakten Ebene dargestellt ohne auf Implementierungsdetails einzugehen.

Aus den Geschäftsprozessen des deskriptiven Modells müssen nun in den folgenden Phasen ausführbare Workflows abgeleitet werden. Idealerweise nach einer Rekonstruktionsphase werden in der Phase der Systemspezifikation im Rahmen der Workflow-Management-Anwendungsentwicklung Workflowschemata (z.B. das Schema für einen Workflow "Reisekostenabrechnung"), Funktionen (z.B. zur Datenkonvertierung), Applikationen (z.B. zur Eingabe von Daten oder vom Benutzer zu treffende Entscheidungen, aber auch Standardapplikationen, wie Textverarbeitung), Agentenzuordnungsstrategien (Funktionen, die situationsabhängig entscheiden, welche Agenten einen Workflow zur Ausführung angeboten bekommen) usw. definiert. Das Implementierungsmodell enthält nach Abschluß der Systemspezifikationsphase alle Informationen, die zur Ausführung des Workflows notwendig sind, also insbesondere die Workflowschemata, die vom Workflow-Management-System verstanden und ausgeführt werden können. Im folgenden wird daher das Implementierungsmodell auch als Workflowmodell bezeichnet.

Aus diesen Überlegungen folgt, daß Geschäftsprozeß- und Workflowmodelle zwar die gleichen Abläufe beschreiben, dabei aber unterschiedliche Zielsetzungen verfolgen. Ihre Schnittmenge ist jedoch nicht leer, da in beiden Modellen sicherlich funktionale Arbeitseinheiten, Kontrollfluß oder Datenfluß, um ein paar Beispiele zu nennen, erfaßt werden. Das Abstraktionsniveau ist in diesen gemeinsamen Bereichen unterschiedlich, der Inhalt jedoch der gleiche. Als Beispiel für Informationen, die im Geschäftsprozeßmodell erfaßt werden, für die Ausführung und somit im Workflowmodell jedoch nicht von Bedeutung sind, können Unternehmensziele oder Simulationsinformationen genannt werden. Umgekehrt wird ein Workflowmodell zum Beispiel Informationen über die Rechnerumgebung enthalten, von der im Geschäftsprozeßmodell abstrahiert werden kann.

In den anschließenden Phasen der Modulimplementierung und der Systemintegration werden die benötigten Funktionen und Applikationen implementiert und im Zusammenhang mit den Workflows getestet.

3 Aspektorientierte Modellierung

Ein Vorgehensmodell setzt sich, wie oben bereits erwähnt (Abschnitt 1), aus mehreren Methoden zusammen, die ihrerseits je durch eine Vorgehensweise und eine Sprache definiert werden. In diesem Kapitel soll als Beispiel einer Methode, die sowohl in der Phase der Geschäftsbereichsanalyse, als auch in der Phase der Systemspezifikation angewendet werden kann, die aspektorientierte Modellierung unter Verwendung des *MOBILE* -Modells [JaB96] gezeigt werden. Die Darstellung beruht dabei auf Erfahrungen die in verschiedenen Projekten mit *MOBILE* gesammelt wurden [Ste97]. Auf eine Darstellung der Sprache MSL (*MOBILE* Script Language) wird hier verzichtet, da sie für das Verständnis der Vorgehensweise von geringer Bedeutung und beliebig austauschbar ist. Bevor die Vorteile einer aspektorientierten Modellierung diskutiert werden, wird zum besseren Verständnis kurz das *MOBILE* -Modell vorgestellt.

3.1 Aspektorientierte Modellierung mit dem *MOBILE*-Modell

Das Workflow-Meta-Modell *MOBILE* [JaB96] wird am Lehrstuhl für Datenbanksysteme der Universität Erlangen-Nürnberg entwickelt, wobei der Schwerpunkt beim Entwurf sowohl des Modells als auch des zugehörigen Workflow-Management-Systems auf der Modularität liegt.

Das *MOBILE* -Meta-Modell wurde zur Realisierung der Modularität und auch um eine beliebige Erweiterbarkeit des Modells zu gewährleisten in unabhängige Aspekte unterteilt, die zusammengenommen eine Gesamtsicht auf den Workflow darstellen. Dabei definiert ein Workflow-Meta-Modell eines Workflow-Management-Systems die Menge aller möglichen Workflow-Modelle (Extension). Die wichtigsten Aspekte des *MOBILE* -Meta-Modells sind:

- *Funktionsaspekt*. Der Funktionsaspekt stellt Konstrukte zur Definition von Workflow-Typen bereit. Desweiteren definiert er, daß bereits existierende Workflow-Typen als Subworkflows in anderen Workflow-Typ-Definitionen verwendet werden können. Mit diesen Konstrukten wird eine hierarchische Aufgabenzerlegung definiert.

- *Informationsaspekt.* Der Informationsaspekt ermöglicht die Definition von Parametern, lokalen Variablen und Datenflüssen innerhalb eines Workflow-Typs. Damit ist es möglich, sowohl die in einem Workflow-Typ zur Verfügung stehenden Daten zu modellieren, als auch, wie sie innerhalb des Workflow-Typs verwendet werden ("fließen").
- *Verhaltensaspekt.* Dieser Aspekt stellt Elemente zur Definition von Kontrollflußkonstrukten zur Verfügung. Diese Kontrollflußkonstrukte werden verwendet, um die Subworkflows eines Workflow-Typs in einer Ablaufreihenfolge anzuordnen.
- *Organisationsaspekt.* Mit Hilfe des Organisationsaspekts wird zum einen die Aufbauorganisation definiert, in der Workflow-Instanzen zur Laufzeit abgearbeitet werden, zum anderen werden Zuordnungsregeln spezifiziert, die festlegen, welcher Mitarbeiter welchen laufenden Workflow zugeteilt bekommt.
- *Operationsaspekt.* Der Operationsaspekt dient der Einbindung der zur Verwendung zur Verfügung stehenden Workflow-Management-System-externen Applikationsprogramme.
- *Weitere Aspekte.* Neben den oben dargestellten fünf Aspekten ist die Einführung weiterer Aspekte möglich. Denkbar wäre zum Beispiel die Einführung eines kausalen Aspekts, der die kausalen Abhängigkeiten der Workflow-Typen beschreibt oder eines Sicherheitsaspekts, wenn Security eine wichtige Voraussetzung für die Ausführung der Workflows ist. Wichtig bei der Einführung eines neuen Aspekts ist seine Unabhängigkeit von bereits existierenden Aspekten.

3.2 Vorteile der aspektorientierten Modellierung

In Abschnitt 2.4 wurde verdeutlicht, daß in einem Workflowmodell nur Sachverhalte beschrieben werden sollen und können, welche letztendlich auf einem Rechnersystem, genauer einem Workflow-Management-System, ausführbar sind. Demgegenüber stehen Beschreibungen von Geschäftsprozessen, welche alle Sachverhalte und Entitäten enthalten, die einen Unternehmensablauf charakterisieren. Insbesondere werden auch Dinge spezifiziert, welche nicht auf einem Rechnersystem realisiert werden können.

Das *MOBILE*-Modell wurde im Rahmen der Entwicklung eines Workflow-Management-Systems konzipiert. Es stellt daher alle Möglichkeiten zur Modellierung von ausführbaren Workflows zur Verfügung. Die grundsätzliche Idee der Unterteilung in unabhängige Aspekte läßt sich jedoch auch auf Geschäftsprozeßmodelle übertragen. Werden sowohl im Geschäftsprozeßmodell als auch im Workflowmodell unabhängige Aspekte modelliert, so ist eine strukturierte und sukzessive Überführung der Geschäftsprozesse in die Workflows möglich [Nee96]. Insbesondere können auch Aspekte, die nur für die Geschäftsprozeßebene, bzw. nur für die Workflowebene von Interesse sind, einfach identifiziert und behandelt werden.

Vorteile einer aspektorientierten Vorgehensweise bei der Erstellung des deskriptiven bzw. des Implementierungsmodells ergeben sich hauptsächlich aufgrund von Abstraktion und Dekomposition, aber auch durch die Unabhängigkeit der Aspekte. Dies wird im folgenden genauer erläutert.

3.2.1 Vorteile durch Abstraktion

Die Hierarchisierung des funktionalen Aspekts erlaubt die Abstraktion von Details. Zunächst kann auf einem sehr hohen Abstraktionsniveau mit der Erstellung eines Modells begonnen werden. Es werden erste grobe Arbeitsschritte definiert, wie diese genau umgesetzt werden ist zunächst nicht von Bedeutung. Es bietet sich an, ein solches erstes Modell in Zusammenarbeit mit leitenden Angestellten und Managern zu erarbeiteten, die über globales Wissen über den Geschäftsprozeß verfügen. Aufgrund dieses Modells können dann Arbeitsgruppen mit Sachbearbeitern zusammengestellt werden, um in weiteren Diskussionen deren Detailwissen in das Modell einzubringen.

Das im ersten Schritt auf sehr hohem Abstraktionsniveau erstellte Modell kann nun sukzessive verfeinert werden. Diese Vorgehensweise hat vor allem bei der Zusammenarbeit mit Mitarbeitern eines Unternehmens den Vorteil, daß das Modell anfangs aufgrund seines hohen Abstraktionsniveaus sehr einfach ist und die beschriebenen Prozesse durch die Mitarbeiter leicht nachvollzogen werden können. Mit dem Detaillierungsgrad des Modells wächst auch die Vertrautheit mit der Modellierungsmethode, so daß auch bei der Darstellung von vielen Details die Mitarbeiter weiterhin in der Lage sind, das Modell zu verstehen.

3.2.2 Vorteile durch Dekomposition

Der Funktionsaspekt unterstützt neben der Abstraktion auch die Dekomposition in verschiedene Teilprozesse. Diese findet durch die Aufteilung des Prozesses in Unterprozesse statt. Jeder Unterprozeß kann als eine eigene Einheit betrachtet werden und getrennt modelliert und verfeinert werden. Hierdurch ergeben sich vor allem zwei Vorteile: Erstens kann jeweils eine Auswahl an Mitarbeitern getroffen werden, die über Detailwissen des jeweiligen Prozeßschrittes verfügt. Zweitens können die Interviews auf einen kleinen Abschnitt im Prozeßablauf fokussiert werden, ein Überblick über den Gesamtablauf ist nicht mehr notwendig.

Eine Dekomposition des Problems kann aber nicht nur durch die Zerlegung in Teilprozesse durchgeführt werden, sondern auch innerhalb eines Prozesses anhand der verschiedenen Aspekte. Hierdurch können die Aspekte, die für die Anwendung bzw. für die an der Modellierung beteiligten Mitarbeiter von zentraler Bedeutung sind, zuerst betrachtet werden.

3.2.3 Vorteile durch Unabhängigkeit

Aufgrund der Unabhängigkeit der Aspekte kann auf die Modellierung einzelner Aspekte komplett verzichtet werden, wenn sie für die Zielsetzung von geringem Interesse sind. Genauso ist es möglich, beliebige Kombinationen von Aspekten zu betrachten und jeweils verschiedene Teilmengen der Aspekte getrennt zu betrachten. Ein Beispiel soll dies verdeutlichen.

Die Prozesse eines Unternehmens sind zunächst sehr durch intensiven Beleg- und Materialfluß geprägt. Im Zuge einer Neuorganisation soll von dem Belegfluß auf

Papier auf einen komplett elektronisch realisierten Belegfluß umgestellt werden. Zur Modellierung des Belegflusses wurde nun zunächst ein neuer Aspekt zur Modellierung der Belege auf Papier und ihres Flusses durch das Unternehmen eingeführt (Materialaspekt). Dies wurde durch die Erweiterbarkeit des aspektorientierten Modells ermöglicht. Ziel von Optimierungsmaßnahmen ist nun zunächst die Reduzierung zeitintensiver Belegflüsse und häufiger Bearbeiterwechsel. Durch die gezielte, unabhängige Betrachtung von den entsprechenden Aspekten (Material- und Verhaltensaspekt) wird die Optimierung unterstützt. Für die Umstellung auf die elektronische Datenverarbeitung reicht es zunächst aus, nur den Materialaspekt zu betrachten. Wissen über andere Aspekte (abgesehen vom Funktionsaspekt) ist nicht notwendig. Erst nach der Umstellung muß der Informationsaspekt betrachtet werden, um diesen entsprechend der neuen Situation zu modellieren.

VIII Ein Vorgehensmodell für das Software Reengineering

Jens Borchers, Knut Hildebrand

Zusammenfassung

Das *Vorgehensmodell* oder *Prozeßmodell* für das Software Reengineering beschreibt auf abstrakte Weise die Aktivitäten, die zur Wiederverwendung von Altsystemen zwecks Erzeugung eines neuen Software-Systems nötig sind. Auf der Basis umfangreicher Praxiserfahrungen werden die notwendigen Schritte und ihre Reihenfolge erläutert und ebenso Problembereiche diskutiert. Damit wird auch deutlich, daß die Wartungskomponenten bestehender Vorgehensmodelle für das Forward Engineering keinesfalls ausreichen, um die Anforderungen von großen Reengineering-Projekten – gleichartige Änderung vieler bestehender, richtig funktionierender Komponenten, und damit ein hohes Automatisierungspotential – zu erfüllen.

1 Charakteristika von Reengineering-Projekten

Software Reengineering setzt bei den vorhanden Informationssystemen an, die aus den unterschiedlichsten Gründen – Geschäftspolitik, Migration, Wechsel der Programmiersprache oder der Datenbank usw. – überarbeitet werden sollen (zur Begrifflichkeit siehe Abbildung VIII-1 und [BBE96, ChC90, Yu91]). Altsysteme (*Legacy Systems*) unterliegen in der Regel der Wartungsproblematik, die ihren Ausdruck findet in einer mangelhaften Softwarequalität, unzureichender Dokumentation, Personalproblemen u.a.m. Da es sich hierbei nicht um ephemere Phänomene handelt, gibt es zahlreiche Gründe für das Reengineering [Hil95]:

- die Erhaltung des in der Software abgebildeten Anwendungswissens (Investitionssicherung, Wettbewerbsvorteile der unternehmensspezifischen Geschäftsprozesse),

- lang bewährte Lösungen sind ausgereift, d.h. sie enthalten die gewünschte fachliche Funktionalität und nur wenige Fehler,
- steigende Entwicklungskosten neuer Systeme, verbunden mit personellen Kapazitätsengpässen,
- Migration: Wechsel des Rechners, des Betriebssystems oder der Datenbank, und
- die Einbindung neuer Technologien (GUI, Client-Server usw.).

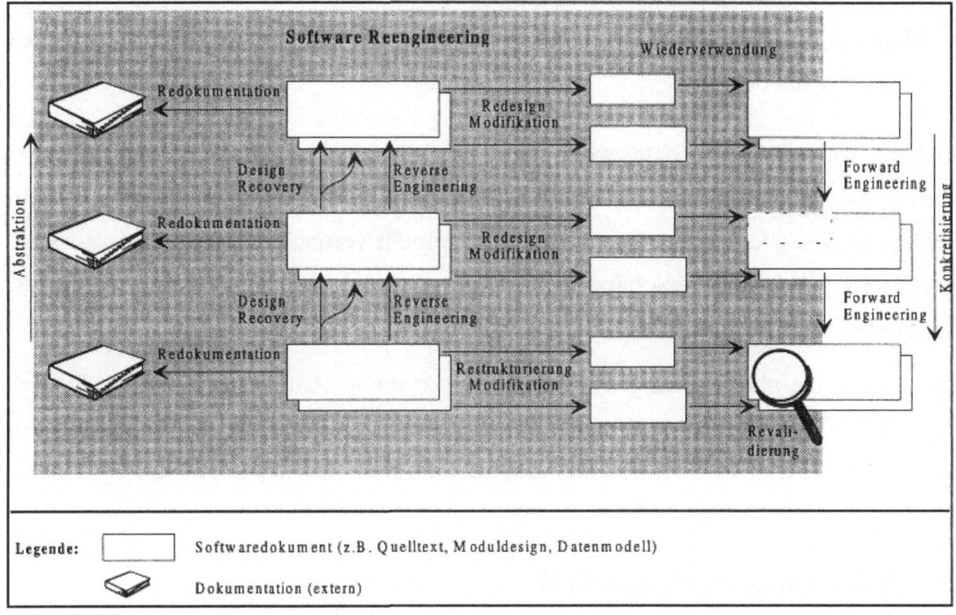

Abbildung VIII-1: Zusammenhang der Begriffe zum Software Reengineering [BBE96]

Reengineering-Projekte haben gegenüber einer reinen Neuentwicklung eine Reihe von Vorteilen [Bor96, Bor97]:

- Der Projektauftrag läßt sich eindeutig definieren, da der vorhandene und der angestrebte Funktionsumfang einander entsprechen und eine eindeutige technische Spezifikation existiert.
- Ein detaillierter Arbeitsplan kann auf viele Softwarekomponenten in gleicher Weise angewandt werden.

- Der Nachweis, daß eine Komponente erfolgreich umgestellt wurde, kann mit hoher Sicherheit durch Regressionstests geliefert werden.
- Fachliche Anwendungskenntnisse sind für das Personal praktisch kaum erforderlich, außer für die Regressionstests; für das Reengineering ist der *technische* Hintergrund wesentlich relevanter.
- Viele Teilaufgaben sind weitestgehend automatisierbar – weil verhältnismäßig wenige Regeln auf eine große Menge von Komponenten gleichartig anwendbar sind –, und somit vor menschlichen Fehlern bewahrt.
- Manuelle Tätigkeiten können durch "Off-shore"-Ressourcen kostengünstig abgewickelt werden.

Riskant sind solche Projekte, wenn keine umfassende Qualitätssicherung betrieben wird (rigide Regressionstests), die Automatisierung zu gering ist (hohe manuelle Fehlerraten) sowie das Konfigurationsmanagement vernachlässigt und der Ressourcen- und Zeitbedarf unterschätzt werden; denn: Reengineering-Projekte sind in der Regel eine massive Form der Wartung, mit all ihren Implikationen.

Die größte Gefahr besteht jedoch darin, funktionale Änderungen – auch Fehlerkorrekturen! (außer Notwartung) – vorzunehmen, da dann die Übereinstimmung der Funktionalität von Alt- und Neusystem nicht mehr sichergestellt werden kann.

2 Das Vorgehensmodell

2.1 Zieldefinition

Mit der Initialisierung eines Reengineering-Projektes einher geht die Frage nach dem Ziel, welches damit verfolgt wird. Typische Anlässe für Reengineering-Maßnahmen sind: Wechsel der Hardware- oder Betriebssystem-Plattform, Umstellung der Datenverwaltung oder der Entwicklungssprache. Es handelt sich hierbei vorwiegend um politisch-strategische Entscheidungen mit dem Ziel, die Abhängigkeiten zu reduzieren bzw. die Integration und Vereinheitlichung der Informationssystemarchitektur voranzubringen. Ferner spielen technische (z.B. veraltete Hardware) und betriebswirtschaftliche Überlegungen (Kosten der Wartung/Ausfallzeiten) eine Rolle. Weitere Ziele von Reengineering-Maßnahmen sind die Steigerung der Produktivität (Benutzerfreundlichkeit) und der Qualität.

2.2 Arbeitsrahmen generieren

Nach der Zieldefinition ist die Projektorganisation festzulegen; dies beinhaltet die Projektstruktur und einen groben Netzplan (Meilensteine), die Budgets, die Bestimmung der Beteiligten/Verantwortlichen sowie die Arbeitsverteilung. Die Schätzungen des Aufwands auf der Basis der Zeit-, Personal- und Mengengerüste beruhen in der Regel auf empirischen Erfahrungswerten ("Daumenmetriken").

Da Reengineering-Maßnahmen, vor allem im größerem Rahmen, häufig durch Dienstleister durchgeführt werden, ist eine detaillierte Aufgabenverteilung zwischen externen und internen Mitarbeitern vorzunehmen. Weil die Personalkapazität in der Regel knapp ist und sich die Einarbeitung eigener Mitarbeiter in ein einmaliges Projekt kaum lohnt, sollten Externe die Umstellung der *Komponenten* durchführen. Dagegen ist die Bereitstellung von *Referenztestdaten* in der Originalumgebung nur sinnvoll von den Betreuern der Anwendungssysteme zu leisten, denn diese kennen die Programme und verfügen gegebenenfalls über Testdatenbestände.

2.3 Analyse der Software

Bevor mit den eigentlichen Reengineering-Maßnahmen begonnen werden kann, müssen in der Analysephase folgende Aufgaben durchlaufen werden:

- Ist-Aufnahme der zu bearbeitenden Systeme: grobe Inventarisierung, Abhängigkeiten und Schnittstellen.
- Definition der genauen Zielarchitektur.
- Festlegung der Umstellungsstrategie: Punkt-, Paket- oder Langfristumstellung (siehe 2.4.2).

- Festlegung der globalen Teststrategie.

Oft zeigt sich, daß schon anhand dieser "Inventur" der Anwendungssysteme ca. 10 % der Programme ausgemustert werden können; sie wurden mangels besseren Wissens gewartet, obwohl sie nicht mehr eingesetzt werden.

Da erfahrungsgemäß ca. 20 %, manchmal nur 5 % des Codes einer Organisation 80 % der Wartungsprobleme auslösen, sind diese anfälligen Systeme zu identifizieren. Bei ihnen kann Reengineering den Wartungsaufwand erheblich senken. Typische Kennzeichen der "ersten" Reengineering-Kandidaten sind [McC93]:

- Sie sind für das Unternehmen von kritischer Bedeutung.
- Nur wenige Softwarespezialisten verstehen das Programm (unstrukturiert, komplex, schlechte Dokumentation, viele Literale, geringe technische Qualität).
- Sie benötigen häufige und viel Wartung (hohe Wartungskosten).
- Es sind Fehler enthalten, die niemand findet.
- Verbesserungen sind dringend nötig (Emulationsmodus, veraltete Sprache, Versionswechsel, Datenbankprobleme).

Jedoch ist Reengineering *keine* Lösung, wenn ein System unzuverlässig ist, Funktionalität fehlt, der Datenbankentwurf fehlerhaft ist oder ein schlechter Algorithmus vorliegt; dann hilft nur Ablösung durch Neuentwicklung oder Standardsoftware.

Viele der Basismechanismen – Inventarisierung, Paketbildung, Regressionstests usw. – von Reengineering-Projekten sind prinzipiell identisch und damit gut nutzbar, soweit ein solcher Erfahrungsschatz in einem Unternehmen bereits aufgebaut wurde. Dennoch sind im jeweiligen Projekt die Basismechanismen an die aktuelle Projektaufgabe anzupassen. Hierbei spielen folgende Aspekte eine vorrangige Rolle:

- Primär die jeweiligen Original- und Zielumgebungen,
- vorhandene Source-Verwaltungssysteme, Konfigurationsmanagement, Repositories u.ä.,
- die im Rahmen der – gegebenenfalls neuen – Softwareproduktionsumgebung

(SPU) zu nutzenden Werkzeuge,

- die für die Projektaufgabe speziell zu implementierenden Werkzeuge, und
- die vorhandenen Organisationsstrukturen.

Nachdem die Zielarchitektur und die zu bearbeitenden Softwarekomponenten festliegen, kann der Aufbau der eigentlichen "Reengineering-Fabrik" erfolgen, in der der Reengineering-Prozeß abläuft (Fließfertigung). Dazu sind nötig: eine genaue Spezifikation aller Arbeitsschritte und deren Automatisierungsmöglichkeiten [Bor97]. Im einzelnen gehören hierzu folgende Schritte:

- Einrichtung der gesamten technischen und organisatorischen Infrastruktur.
- Erarbeitung einer detaillierten technischen Spezifikation (des sogenannten "Kochbuchs"), in dem insbesondere die Durchführung der Testdatenerstellung, die eigentlichen Umstellungsaktivitäten und die Regressionstests geregelt werden. Weiterhin gehören in dieses Kochbuch auch die Festlegung aller Kommunikationsregeln zwischen den einzelnen beteiligten Gruppen sowie Namenskonventionen usw.
- Spezifikation und Beschaffung bzw. Erstellung aller Werkzeuge.
- Absicherung der im Kochbuch definierten Mechanismen sowie der Werkzeuge anhand eines überschaubaren (Wegwerf-)Prototypen.
- Durchführung eines Pilotprojektes unter Produktionsbedingungen, d.h. mit dem Ziel, das Ergebnis als erstes in die Ziel-Produktionsumgebung zu übernehmen.

Je nach Projektaufgabe können die Reihenfolge und die Gewichte gerade der beiden letzten Punkte variieren.

Es muß das vorrangige Ziel sein, eine – soweit sinnvoll – weitestgehende Automatisierung aller repetitiven Arbeitsschritte und des Gesamtprozesses zu erreichen! Auch der Ablauf des Gesamtprozesses sollte unter Nutzung eines Prozeßtreibers abgewickelt werden, der es erlaubt, Basisprozesse einmalig exemplarisch zu definieren und dann damit alle automatisierten Aktivitäten zu initiieren, wobei diese durch Generierungskomponenten jeweils an die aktuell zu bearbeitenden Komponenten angepaßt werden. Ein gutes Beispiel hierfür sind die Setup-Mechanismen zum Erstellen von Testdaten, bei denen in der Regel viele Einzelkomponenten gesichert, kopiert und weitergehend bearbeitet werden müssen. In diesem Bereich wäre eine manuelle Anpassung der entsprechenden Ablauf-Skripte (Job Control o.ä.) viel zu aufwendig und fehleranfällig.

Es hat sich ebenfalls herausgestellt, daß eine zu geringe Automatisierung sich immer nachteilig auf die Qualität und damit auf den Projektverlauf auswirkt. Natürlich ist in jedem Fall abzuwägen, ob der Erstellungsaufwand für eine Automatisierung sich im Verhältnis zur Zahl der damit zu bearbeitenden Komponenten auszahlt. Oft reicht aber schon eine einfache technische Unterstützung aus, um die Fehlerquoten manueller Tätigkeiten stark zu senken.

Abschließend sei davor gewarnt, die Vorbereitungsphase zu früh zu beenden oder aufwandsmäßig zu gering zu dimensionieren. Mangelnde Vorbereitung "rächt sich" in Reengineering-Projekten drastisch, da während des eigentlichen "Produktionsbetriebs" Nachbesserungen nur sehr schwer möglich sind und einen hohen Zusatzaufwand erfordern.

2.4 Konzeption der Umstellung

2.4.1 Inventarisierung

Wie bereits dargestellt, ist bei Beginn jeder größeren Reengineering-Maßnahme zunächst eine detaillierte Ist-Aufnahme aller zu bearbeitenden Anwendungssysteme durchzuführen. Dazu sind insbesondere

- der gesamte aktuelle Softwarebestand aus allen Produktionsbibliotheken (d.h. jeder Aufbewahrungsort von Softwarekomponenten im Produktionsstatus) zu ermitteln,
- nicht mehr benötigte Komponenten zu eliminieren,
- alle nachgeordneten Komponenten (z.B. Unterprogramme, Copybooks usw.) zu ermitteln, d.h. eine Cross-Reference ("Stückliste") über alle Softwarekomponenten ist zu erstellen, und

- das zu bearbeitende Anwendungsportfolio in fachlich-technische Teilverfahren – d.h. diese Programme werden im Unternehmen von einer Gruppe/Abteilung fachlich und technisch betreut – zu zerlegen, die die Ausgangsbasis bilden für eine gegebenenfalls notwendige Paketbildung.

Die eindeutige Identifizierung der produktiven Version für alle zu bearbeitenden und implizit genutzten Softwarekomponenten ist für ein Reengineering-Projekt von herausragender Bedeutung, da alle weiteren Planungen und Aktivitäten auf diesem Bestand basieren. Es ist leider festzustellen, daß in fast keinem Unternehmen eine wirklich *gesicherte* Aufstellung des Softwarebestands mit allen nachgeordneten Komponenten vorhanden ist, und dieses allen Konfigurationsmanagement- und Repository-Systemen zum Trotz. Die aktuelle – und sicher verallgemeinerbare – Erfahrung eines großen Industrieunternehmens hat gezeigt, daß sich bei einer *Umwandlung* des *gesicherten* Produktionsbestands schon 5 Prozent der Programme nicht mehr umwandeln ließen, da Komponenten fehlten oder mittlerweile anders hießen. Bei der *Lauffähigkeit* dieser "frisch" umgewandelten Programme muß sicher mit einem noch höheren Ausfallanteil gerechnet werden. Es bleibt daher den Reengineering-Projekten meist selbst überlassen, einen wirklich gesicherten Ausgangsbestand zusammenzustellen.

2.4.2 Festlegung der Umstellungsstrategie und Paketbildung

Für die Durchführung von größeren Reengineering-Maßnahmen existieren im Hinblick auf die Inbetriebnahme der bearbeiteten Software drei bekannte Strategieansätze:

- die *Punktumstellung*, bei der das gesamte Anwendungsportfolio vollständig bearbeitet wird, bevor es dann an einem Tag ("Big Bang") in den neuen Produktionsbetrieb übernommen wird,
- die *Langzeitumstellung*, bei der nur jeweils die Anwendungsteile bearbeitet und in den neuen Produktionsbetrieb übernommen werden, die ohnehin aus anderen Gründen zur Überarbeitung anstehen, und
- die *Paketumstellung*, die die Nachteile der beiden erstgenannten Strategien weit-

gehend vermeidet, allerdings in der Regel zusätzliche Maßnahmen zu ihrer Durchführung erfordert. Bei der Strategie der paketorientierten Vorgehensweise wird das gesamte zu bearbeitende Portfolio in überschaubare Pakete zerlegt, die nacheinander in den neuen Produktionsbetrieb übernommen werden.

Es sollen an dieser Stelle nicht die zum Teil gravierenden Nachteile der beiden ersten Ansätze diskutiert werden, allerdings hat es sich gezeigt, daß anspruchsvolle Reengineeringaufgaben nur mit dem dritten Ansatz sicher beherrschbar sind [Bor97].

Nach dem Abschluß der Inventarisierung beginnt – da meist der Strategie der paketorientierten Bearbeitung gefolgt wird – die Paketbildung, bei der Umfang der einzelnen Pakete und die Reihenfolge ihrer Abarbeitung festgelegt werden. Die Paketbildung stellt damit *die* kritische Planungsaufgabe eines Reengineering-Projekts dar, und erfordert den Einsatz hochqualifizierter Projektmitarbeiter, die auch die nicht direkt erkennbaren Abhängigkeiten (Seiteneffekte) in fachlicher und organisatorischer Sicht benennen können.

Bei der Paketbildung sind folgende Aspekte zu beachten:

- Technische Randbedingungen, wie das Zusammenspiel von Basissystemen der Original- und Zielumgebung, da ja zumindest während der Projektlaufzeit ein Gemisch aus bearbeiteten und noch nicht bearbeiteten Teilsystemen produktiv zu fahren ist.
- Technische Kopplungen zwischen Anwendungssystemen, bei Datenbankanwendungen z.B. die gemeinsam im Veränderungsmodus genutzten Datenbanken.
- Weitere technische und fachliche Schnittstellen (z.B. Mußaktivitäten in Geschäftsprozessen) zwischen den Anwendungssystemen.
- Mögliche organisatorische Entkopplungen (zumindest für den Umstellungszeitraum der betroffenen Anwendungssysteme), wie z.B. der Verzicht auf Sekundenaktualität von Daten u.ä.
- Andere geplante Maßnahmen an den Anwendungssystemen, maximale mögliche Sperre des Anwendungssystems für andere Wartungs- und Entwicklungsmaßnahmen.

- Größe der Pakete (max. 300 - 400 Programme plus nachgeordnete Komponenten, abhängig von der Komplexität der Aufgabe).

Als flankierende Maßnahmen einer umsetzbaren Paketbildung müssen häufig vorab noch in den Originalsystemen "Entkopplungsmechanismen" implementiert werden. Diese sind nach Abschluß des Projekts aber weiterhin nutzbar und im Sinne einer modernen Anwendungsarchitektur ohnehin anzustreben. Sie stellen also keinen verlorenen Einmalaufwand dar, sondern liefern vielmehr einen qualitativen Mehrwert.

Für das detaillierte Vorgehen zur jeweiligen Paketbildung spielen die aktuellen Projektgegebenheiten eine große Rolle. Daher sind über die genannten Rahmenbedingungen hinausgehende Verfahrensregeln kaum exakt vorzugeben. Häufig wird daher ein rein heuristischer Ansatz gewählt. Es existieren jedoch Ansätze, theoretisch basierte Verfahren zur Unterstützung der Paketbildung einzusetzen [KnS97].

Die Reihenfolge der Pakete und ihre Übernahme in den neuen Produktivstatus wird weitestgehend durch die technischen Randbedingungen beeinflußt. Dabei stellt sich in der Regel heraus, daß die im Sinne der "paketbildenden" Randbedingungen zentralen Teile des Anwendungsportfolios als letzte bearbeitet werden können (Beispiel: bei einer Datenbankumstellung werden die zentralen Datenbanken – und mit ihnen die sie verändernden Anwendungsprogramme – meist als letzte in die neue Systemumgebung übernommen). Eine weitere Priorisierung kann – im Rahmen der technischen Gegebenheiten – auf Basis anderer fachlicher oder auch personeller Bedingungen erfolgen. Große Spielräume hierfür sind in der Praxis häufig nicht gegeben.

2.5 Realisierung

Nachdem im Projekt alle Arbeitsschritte beschrieben und wie geplant automatisiert worden sind, kann der Gesamtapparat in einer überschaubaren "Vorserie" (ca. 100 Programme plus abhängige Komponenten) getestet werden. Verläuft diese Vorserie erfolgreich, kann die eigentliche Produktion im Sinne einer Fabrik anlaufen. Dazu müssen die einzelnen Umstellungspakete definiert und mit Projektplanungsmethoden auf eine Zeitschiene gebracht worden sein.

Pro Paket laufen dann die in Abbildung VIII-2 nur grob dargestellten Hauptarbeitsprozesse der Fabrik ab:

- Übernahme eines Arbeitspakets in die gesicherte Projekt-Umgebung, Sperren aller Komponenten für normale Wartungsarbeiten (außer in echten Notfällen),
- Erstellung von Referenztestdaten (in der Originalumgebung) als Basis für die notwendigen Regressionstests,
- Überführung der Testbestände aus der Original- in die Zielumgebung,
- Bearbeitung aller Softwarekomponenten eines Pakets gemäß Kochbuch,
- Durchführung der Regressionstests und weiterer Qualitätssicherungsmaßnahmen zum Nachweis der identischen Softwarefunktionalität nach Durchführung des Reengineerings,
- Rückgabe der Komponenten in die normale Entwicklungs- und Wartungsumgebung, Aufhebung der Wartungssperre, und
- Freigabe für den (neuen) Produktionsbetrieb.

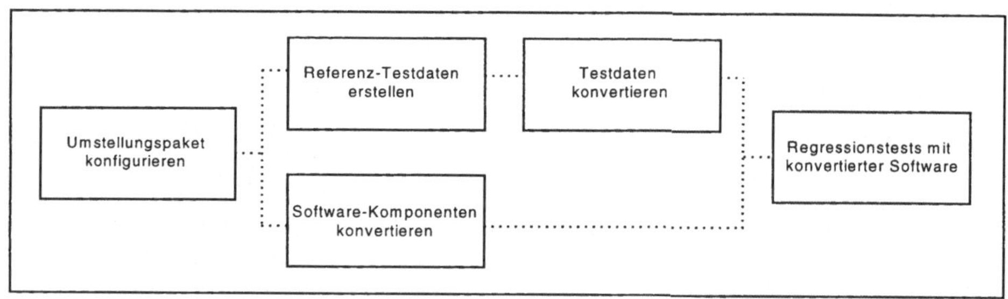

Abbildung VIII-2: Grobe Abarbeitung eines Umstellungspakets [Bor97]

Die eigentliche Bearbeitung der Softwarekomponenten stellt dabei in der Regel nicht, wie man glauben könnte, den anspruchsvollsten Teil der Projektaufgaben dar. Die kritischsten Prozesse sind vielmehr die Erstellung gesicherter Referenzdaten und die Durchführung der Regressionstests (unter "Reinraumbedingungen", d.h. gegen alle nebenläufigen Einflüsse abgeschottet). Die Aktivitäten im Bereich Testen beanspruchen in einem typischen Reengineering-Projekt deutlich über 50% des

Gesamtaufwands. Sie stellen hohe Anforderungen an die Ausführungsqualität der direkt zugeordneten Aufgaben und vor allem an die verantwortlichen Mitarbeiter.

Ähnlich wie im Konfigurationsmanagement stellen auch die Anforderungen zum Aufbau gesicherter Umgebungen für Testläufe und die Verwaltung der aus Testläufen entstehenden großen Datenmengen, wie sie im Rahmen umfangreicher Reengineeringprojekte entstehen, für die meisten Unternehmen absolutes Neuland dar. Da sie andererseits aber in starkem Maße über Erfolg und Mißerfolg einer Reengineering-Maßnahme entscheiden, sollen sie hier besonders herausgestellt werden.

Der zum Teil propagierte Ansatz, nach dem das Reengineering-Projektteam die Komponenten lediglich umsetzt ("clean compile") und dann an die Betreuer der Systeme zum Testen übergibt, "wie es sonst nach Wartung auch stattfinden würde", (was immer das im Einzelfall auch heißen mag), ist nach unseren Erfahrungen zum Scheitern verurteilt [Bor97]. Sinnvoll ist ein umfassendes Konzept für gesicherte Regressionstests (Abbildung VIII-3), wobei aus Gründen der Übersichtlichkeit Vereinfachungen vorgenommen wurden.

Die Teststrategie geht von folgenden Ansätzen aus:

- Alle Programme werden einzeln oder in kleinen Gruppen in ihrer Originalfassung und in einer absolut isolierten Testumgebung betrieben (nicht "getestet", denn es wird ja im Sinne des Projekts von fehlerfreier Software ausgegangen). Dazu sind entsprechende isolierte Basisumgebungen zu schaffen (bereits in der Vorlaufphase des Projekts).
- Vor und nach jeder Ausführung eines Testobjekts werden alle Datenbanken und andere Dateitypen gesichert. Insbesondere werden im Onlinebereich alle Dialogein- und -ausgaben automatisch durch ein entsprechendes Werkzeug mitgeschnitten. Es ist eine geeignete Testüberdeckung (z.B. c1, d.h. Ausführung aller Ablaufzweige) zu messen und zu bewerten.
- Alle Testbestände werden gegebenenfalls in das Format der Zielumgebung konvertiert, und zwar sowohl die Eingabe- als auch die Ausgabebestände (für den späteren Vergleich mit den Ergebnissen des bearbeiteten Programms).

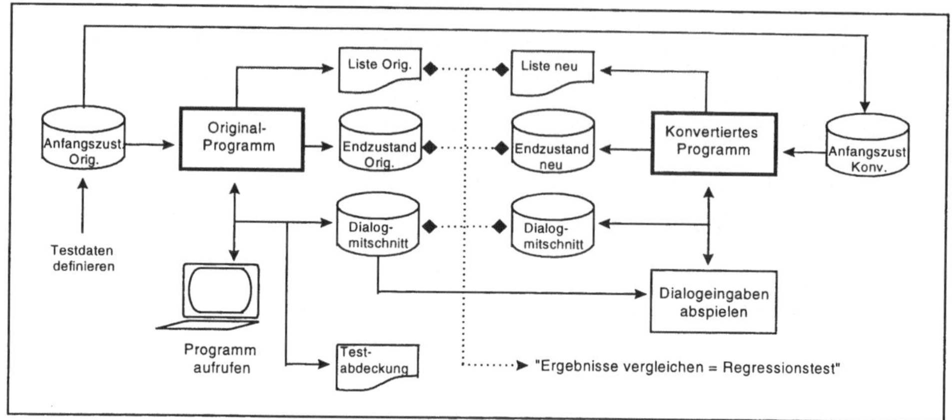

Abbildung VIII-3: Regressionstest im Überblick [Bor97]

- Die umgestellten Programme werden mit den konvertierten Testdaten getestet. Dies bedeutet, daß die Umstellung für ein Programm genau dann beendet ist, wenn alle Ergebnisse (Dialogmitschnitte, Listausgaben, Datenbanken, usw.) mit den Originalergebnissen übereinstimmen. Nur in absoluten Einzelfällen werden – erklärbare! – Abweichungen toleriert.

Durch dieses Konzept ist es möglich, daß das Reengineering-Team *allein* auf Basis der angelieferten Testdaten eine vollständige Bearbeitung durchführen kann, ohne daß eine Kommunikation mit den eigentlichen Betreuern eines Programms erforderlich wird.

Der vollständige Regressionstest auf Basis der zur Verfügung gestellten Eingangstestdaten stellt somit ein eindeutiges Endekriterium für das Reengineering-Projekt dar, ein auch unter vertraglichen Gesichtspunkten ("Outsourcing") gravierender Vorteil gegenüber anderen Ansätzen.

2.6 Abschlußarbeiten

Neben den erwähnten technischen Endekriterien sind mit dem Abschluß eines Projektes auch wirtschaftliche Betrachtungen verbunden. Für die Ergebniskontrolle im Rahmen des IV-Controllings sind insbesondere die Nachkalkulation von Bedeutung und der Soll/Ist-Vergleich mit den eingangs definierten Zielen. Letztendlich muß noch "aufgeräumt" werden, d.h. nicht mehr benötigte Programme/Daten sind zu archivieren, die Testressourcen sind freizugeben.

3 Werkzeugunterstützung

Natürlich ist ein großes Reengineering-Projekt auf ein Portfolio leistungsfähiger Werkzeuge angewiesen. Der allerdings teilweise von den Herstellern erweckte Eindruck, daß bestimmte Reengineering-Maßnahmen allein durch den Einsatz bestimmter Werkzeuge "nebenbei" erledigt werden könnten (früher z.B. bei COBOL-Umstellungen, derzeit beim "Datum 2000"-Problem), ist mehr als irreführend.

Für ein Reengineering-Projekt werden regelmäßig folgende Werkzeugtypen benötigt:

- Prozeßtreiber

  Für die Steuerung großer Reengineering-Maßnahmen ist der Einsatz eines Prozeßtreibers (Workflow-Engine) unverzichtbar. Nur damit wird erreicht, daß die Prozesse wirklich strikt eingehalten werden, Fehler durch manuelle Arbeiten auf ein Mindestmaß reduziert und häufig wiederkehrende Aufgaben in jeweils angepaßter Form immer wieder initiiert werden können.

- Konvertierungswerkzeuge

  In diesem Bereich sind alle Werkzeuge angesiedelt, die zur Unterstützung der eigentlichen Bearbeitung der Komponenten erforderlich sind. Hierzu gehören Sprach-Converter, Generatoren und ähnliche Werkzeuge.

  Die für ein Projekt benötigten Konvertierungswerkzeuge müssen meist selbst erstellt werden, da sie am Markt kaum beschafft werden können. Dazu bieten sich Entwicklungssprachen wie PERL oder REXX an, da diese sehr mächtig und schnell einsetzbar sind. Die Performance dieser Werkzeuge ist selbst bei größeren Mengen – mehrere tausend Komponenten – kaum ein kritischer Faktor.

- Werkzeuge zur Testunterstützung

  In diese Kategorie gehören alle Werkzeuge, die den Testprozeß unterstützen

[Hil90], d.h. normalerweise

- ein Management-System zur Verwaltung aller Testdaten,
- ein Werkzeug zur Testabdeckungsgrad-Messung,
- ein Werkzeug für den Mitschnitt und das Wiederabspielen von Benutzerein- und -ausgaben am Bildschirm, und
- ein leistungsfähiges Werkzeug zum Vergleichen von Dateien und Datenbankinhalten.

• Allgemeine Werkzeuge einer zeitgemäßen Softwareproduktionsumgebung

- ein leistungsfähiger Debugger (ohne ein solches Werkzeug sollte man heute kein Reenginering-Projekt mehr beginnen),
- Werkzeuge zum Laden/Entladen von Datenbanken usw., und
- was immer sonst zu einer modernen SPU gehört (z.B. sprachsensitive Editoren).

Wie mehrfach erwähnt, ist eine hohe Automatisierung in allen Bereichen anzustreben. Auch wenn zunächst nur kleine Mengen von Komponenten zu bearbeiten sind, bietet sich eine – zunächst einfache – Automatisierung an. Die entsprechenden Werkzeuge sollten bevorzugt vom Markt beschafft werden, Eigenentwicklungen sollten vorrangig mit interpretativen Sprachen (z.B. REXX) geschehen, weil sie schneller anpaßbar und besser wartbar sind als etwa C-Programme.

4 Resümee

Software Reengineering stellt heute – bei entsprechender Vorbereitung und Einhaltung der Grundmechanismen – einen gesicherten Weg dar, bestehende Anwendungssysteme technologisch auf einen neueren Stand zu bringen und damit die Mobilität in Richtung auf neue Systemwelten zu erreichen. Auch wenn für eine – überschaubare – Übergangszeit zunächst noch keine Verbesserung der fachlichen Funktionalität entsteht, so wird doch die Ausgangsbasis für eine evolutionäre und sichere Weiterentwicklung besser erreicht als bei umfassenden Neuentwicklungsprojekten.

Erfolgreiche Reengineering-Projekte setzen voraus, daß einige wichtige Erfolgsfaktoren beachtet werden:

- Definition eines rigiden Prozesses – im Sinne einer Fließfertigung – über alle Teilaufgaben hinweg,
- Einhaltung eines rigiden Testkonzepts für die Regressionstests,
- Aufbau eines – wirklich gesicherten – Konfigurationsmanagement-Systems speziell für das Projekt (als Absicherung gegen parallele Wartung während der Projektzeit), und
- Schaffung eines leistungsfähigen Werkzeug-Portfolios.
- Weitere, ebenfalls relevante Aspekte sind:
  - die Verfügbarkeit von Mitarbeitern, die die wichtigen Zusammenhänge (und die historische Entwicklung) der zu bearbeitenden Systeme kennen,
  - die Verfügbarkeit ausreichender Systemressourcen (ein ohnehin schon hoch ausgelasteter Rechner verkraftet kein Reengineering-Projekt mehr, es wird sehr viel Plattenplatz für Testdaten benötigt usw.),
  - eindeutige Kommunikation zwischen den Projektaufgaben (Informationsflüsse zwichen den Beteiligten), sowie
  - ein striktes Problemmanagement für die Umstellungsmitarbeiter und die zentrale Werkzeugbetreuung.

Die Erfahrung zeigt, daß bei Beachtung dieser Faktoren auch große Reengineering-Maßnahmen mit überschaubarem technischen und finanziellen Risiko durchgeführt werden können. Neben aller Technik und Methodik, die mit über den Erfolg oder Mißerfolg eines großen Umstellungsprojekts entscheiden, bleibt ein Erfolgsfaktor immer der wichtigste: die Motivation und der Pioniergeist aller Beteiligten.

IX Vorgehensmodelle für die Entwicklung wissensbasierter Systeme

Jürgen Angele, Dieter Fensel, Rudi Studer

Zusammenfassung

Im folgenden werden unterschiedliche Vorgehensweisen zur Entwicklung wissensbasierter Systeme (WBS) aufgezeigt. In der Praxis noch weit verbreitet ist der Ansatz des Rapid Prototyping. Beim Rapid Prototyping wird informales Wissen unmittelbar in einer operationalen Wissensrepräsentationsform oder einer Programmiersprache implementiert. Eine andere Vorgehensweise setzt sog. Role Limiting Methoden voraus. Role Limiting Methoden sind ausführbare Werkzeuge, die bereits alles Wissen zur Lösung von Problemen eines speziellen Typs enthalten. Sie müssen nur noch um das bereichsspezifische Wissen angereichert werden. Bei modellbasierten Entwicklungsmethoden werden eine Reihe aufeinanderfolgender Modelle bis hin zum endgültigen System entwickelt, deren Detaillierungs- und Formalisierungsgrad zunimmt. Der Beitrag skizziert alle drei Vorgehensweisen und zeigt deren Vor- und Nachteile und deren Einsatzgebiete auf.

1 Einleitung

E. A. Feigenbaum [Fei77] beschreibt das Knowledge Engineering als "die Kunst ein komplexes Computerprogramm zu entwickeln, das Weltwissen repräsentiert und Schlüsse daraus zieht". In den letzten 15 Jahren wurden große Fortschritte bei der Entwicklung von Methoden, Techniken und Werkzeugen erzielt, die den Entwicklungsprozeß von WBS weg von einer Kunst hin zu einer Ingenieursdisziplin führen. Grundsätzlich lassen sich das Transferparadigma und das Modellierungsparadigma bei der Entwicklung von wissensbasierten Systemen unterscheiden.

In der Zeit, in der Knowledge Engineering als Transfer von Wissen verstanden wurde (Transferparadigma), wurden eine Reihe von Werkzeugen wie z.B. regelbasierte Systeme (vgl. [HWL83]) oder auch Wissensakquisitionssysteme entwickelt, die den schnellen Transfer von menschlichem Wissen direkt in ein WBS unterstützen sollten. Diese Werkzeuge machten die impliziten Annahmen, daß (1) deren Wissensrepräsentationsformen, wie z.B. Regeln, die richtige Art Wissen zu beschreiben darstellen und daß (2) das benötigte Wissen bereits existiert und nur aufgesammelt werden muß.

Diese Techniken und Werkzeuge bewährten sich hervorragend bei der schnellen Entwicklung von kleinen, prototypischen Systemen und trugen so zu den Anfangserfolgen in diesem Gebiet bei. Allerdings versagten diese Ansätze bei der Entwicklung großer, zuverlässiger und langlebigerer kommerzieller Systeme, bei denen der Wartungsaufwand oft jeden vertretbaren Rahmen überstieg. Als Konsequenz wurde das reine Transferparadigma verworfen und das Modellierungsparadigma entwickelt [WiB84]. Dieses betrachtet die Wissensakquisition nicht mehr nur als reinen Transferprozeß von Wissen, sondern als Prozeß, in dem ein Modell des benötigten Wissens neu entwickelt wird, das die Funktionalität des zu entwikkelnden Systems repräsentiert. Ein solches Modell überbrückt die Lücke zwischen informalen Beschreibungen des menschlichen Wissens und dessen Implementierung im WBS.

Ein ähnlicher Paradigmenwandel fand auch im Software Engineering statt. Auch dort wurden Methodiken wie z.B Strukturierte Analyse entwickelt, bei denen abstrakte Zwischenrepräsentationen entwickelt werden, bevor das endgültige System realisiert wird. Die hauptsächlichen Unterschiede zwischen WBS und "traditionellen Softwaresystemen", die somit auch unterschiedliche Entwicklungsansätze rechtfertigen, stellen sich wie folgt dar:

- In [Par86] wird der Begriff "unvollständig spezifizierte Funktion" geprägt, um Probleme zu charakterisieren, zu deren Lösung es eines WBS bedarf. Typischerweise lösen WBS Probleme, die entweder sehr komplex sind, oder die noch nicht einmal ganz verstanden sind [ShG92]. Somit kann ein solches System nicht vollständig vorab spezifiziert werden, sondern diese Spezifikation muß in enger Zusammenarbeit mit Experten und Benutzern entwickelt werden.

- Für viele Probleme, die mit WBS gelöst werden sollen sind nur Algorithmen bekannt, deren Komplexität so groß ist, daß das allgemeine Problem nur für kleine Probleminstanzen[1] lösbar ist. Da eine allgemeine Problemlösung somit unmöglich ist, muß das Problem eingeschränkt werden, oder die Lösung kann nur approximativ sein, oder es müssen Heuristiken gesammelt werden, die das Problem in den meisten Fällen zufriedenstellend lösen (vgl. [Neb96, FeS96]).
- Der letzte Unterschied ist eher technischer Natur. In WBS wird das Wissen meist explizit repräsentiert. In "traditionellen" Softwaresystemen ist hingegen ein Großteil des Wissens in die Algorithmen "hineinkompiliert". In Fachgebieten, in denen sich das Wissen sehr schnell ändert, hat die explizite Repräsentation insbesondere für die Wartung des Systems Vorteile.

Zur Entwicklung von WBS existieren im wesentlichen drei unterschiedliche Ansätze.

Die klassische Vorgehensweise zur Entwicklung eines WBS ist der Rapid Prototyping Ansatz, der weitgehend dem Transferparadigma verhaftet ist. Hierbei wird das erworbene Wissen direkt in einem ausführbaren Formalismus kodiert. Diese Kodierung stellt dann nach Abschluß des Entwicklungsprozesses direkt das WBS dar.

Für spezielle Aufgaben, z.B. für Diagnoseaufgaben, existieren Werkzeuge, sog. Role Limiting Methoden. Sie beinhalten bereits alles Wissen zur Lösung von Problemen eines speziellen Typs und müssen nur noch um das bereichsspezifische Wissen, also z.B. um das Wissen um Krankheiten und deren Ursachen angereichert werden.

Das Modellierungsparadigma hatte sog. modellbasierte Ansätze zur Folge. In einem modellbasierten Ansatz werden unterschiedliche Aspekte und unterschiedliche Realisierungsgrade in mehreren Zwischenrepräsentationen dokumentiert, bevor schließlich das endgültige WBS realisiert wird. Modellbasierte Ansätze lehnen sich

---

1 Ein Fall mit so wenig Eingaben, daß dieser Fall trotz der Komplexität des Problems noch in realistischer Zeit gelöst werden kann.

deshalb an lebenszyklusorientierte Ansätze aus dem Bereich des Software Engineering an.

Im folgenden sollen diese drei unterschiedlichen Ansätze näher beleuchtet werden.

2 Rapid Prototyping von WBS

Beim Rapid Prototyping Ansatz (vgl. [Bra89]) wird Wissen, das aus der Literatur oder durch Befragung von Experten gewonnen wird und in Form von verbalen Äußerungen, Wissensprotokollen oder Diagrammen zur Verfügung steht, unmittelbar in einer operationalen Wissensrepräsentation oder in einer Programmiersprache implementiert. Eine weitverbreitete Repräsentationsform bilden z.B. Produktionsregeln. Das Wissen wird in Form solcher Regeln dargestellt. Ein unabhängiger Inferenzmechanismus sorgt für die Auswertung der Regeln. Das lauffähige Programm liefert dann eine direkte Rückkopplung, um das in diesem Programm repräsentierte Modell durch Testen zu validieren. Somit unterstützt diese Vorgehensweise direkt die zyklische Natur des Modellierungsprozesses. Diese Rückkopplung bildet die Grundlage zur Revision oder Modifikation des Modells. Das somit entstandene ausführbare System bildet nach Abschluß der Entwicklung das endgültige WBS. Ein konzeptuelles Modell, das das Wissen unabhängig von Realisierungsaspekten beschreibt, wird nicht dokumentiert, sondern wird lediglich im Kopf des Knowledge Engineers gebildet. Die Wartung des Systems wird hierbei als unabhängige Aktivität begriffen.

Die Methode des Rapid Prototyping beinhaltet allerdings auch eine ganze Reihe von Nachteilen:

- Der Knowledge Engineer, der das System realisiert, hat eine Vielzahl von Tätigkeiten gleichzeitig zu leisten. Diese Tätigkeiten umfassen die Akquisition und Interpretation des Wissens, die Strukturierung dieses Wissens, den Entwurf und die Implementierung und Evaluierung des endgültigen Systems. Somit muß die gesamte Komplexität des endgültigen Systems und der Systementwicklung gleichzeitig vom Entwickler betrachtet werden.

- Unterschiedliche Aspekte des Wissens, wie z.B. Aspekte, die die Realisierung betreffen, funktionale Anforderungen an das System usw. werden gleichzeitig betrachtet und werden somit auch im endgültigen System untrennbar vermischt.
- Die Funktionalität entwickelt sich von einer kleinen Funktionalität zu Beginn des Prozesses zu der Funktionalität, die für das endgültige System gefordert ist. In der gleichen Weise entwickelt sich auch die Architektur des Systems, ohne vorher in ihrer Gesamtheit geplant worden zu sein.
- Das lauffähige System ist die einzige Repräsentation des Modells. Es ist also kein konzeptuelles Modell verfügbar, das von Realisierungsaspekten abstrahiert und das auch zur Dokumentation dienen könnte. Insbesondere ist diese Repräsentation und somit das zugrundeliegende Modell für den Experten oft nicht verständlich und nicht mit ihm diskutierbar und nicht durch ihn validierbar.
- Die Repräsentation des Wissens wird bestimmt und eingeschränkt durch den gewählten Implementierungsformalismus (z.B. Produktionsregeln).

Somit sind also die modellierten Gegebenheiten nur sehr schwer aus dem Programm des Systems zu entschlüsseln. Aufgrund der fehlenden Planbarkeit der Architektur und der fehlenden Trennung unterschiedlicher Arten des Wissens führt der Rapid Prototyping Ansatz zu unstrukturierten Lösungen, die die Verständlichkeit und Wartbarkeit von größeren Systemen entscheidend beeinträchtigen. Insbesondere wegen der immerwährenden Weiterentwicklung aufgrund des approximativen Charakters eines solchen Modells und wegen der hohen Flexibilität eines solchen Systems, was die Austauschbarkeit des in ihm enthaltenen Wissens betrifft (z.B. Austausch von Regeln), verschlechtert sich die Qualität eines solchen Prototypen mit der Dauer seines Einsatzes zunehmend. Einige solcher Systeme mußten aufgrund der daraus resultierenden Schwierigkeiten bei der Wartung auch bereits abgeschaltet werden, andere wie z.B. XCON wurden vollständig umstrukturiert und neu implementiert (vgl. [CoB89]). Hinzu kommt, daß bei Fluktuation der Entwicklungsmannschaft wegen der meist fehlenden ergänzenden Dokumentation auch das Wissen über den Inhalt des Systems mit der Zeit verloren geht.

Prototyping mit Hilfe von Produktionsregelsystemen bildet auch heute noch die in der Praxis gängigste Vorgehensweise bei der Entwicklung von WBS. Es gibt einige Beispiele erfolgreich eingesetzter Systeme, aber es gibt eben auch eine Reihe von Beispielen, bei denen o.g. Nachteile zu einem unvertretbar hohen Wartungsaufwand führten.

3 Entwicklung von WBS mit Role Limiting Methoden

Ausgangspunkte der Entwicklung von WBS bilden hierbei eine Menge vordefinierter, sog. Role Limiting Methoden (RLMs) (vgl. [Mar88, McD88]). Diese RLMs sind auf dem Rechner ausführbare Werkzeuge, die genau eine fest vorgegebene Problemlösungsmethode realisieren. So realisiert z.B. das Werkzeug COKE [PoP92] die Problemlösungsmethode "Vorschlagen und Vertauschen". Diese wird zur Lösung von Zuordnungsproblemen benutzt. Dabei werden jeweils Zuordnungen generiert und falls diese vorzugebende Bedingungen verletzen, werden mit vorzugebenden Austauschregeln Zuordnungen variiert, bis eine Lösung gefunden ist. Neben der Problemlösungsmethode ist die Strukturierung des Wissens, wie es von der Problemlösungsmethode verwendet wird, in solchen RLMs bereits vorgegeben (vgl. [KLV90]). Die Vorgehensweise besteht also aus der Auswahl einer RLM und der anschließenden Eingabe anwendungsspezifischen Wissens, z.B. Bedingungen, Austauschregeln und konkrete Fakten. Da RLMs ausführbar sind, kann das anwendungsspezifische Wissen durch Prototyping entwickelt werden.

Die Verwendung solcher RLMs weist die folgenden Vorteile auf:

- Falls eine für den gegebenen Aufgabentyp passende Methode vorhanden ist, muß nur noch das für die aktuelle Anwendung notwendige anwendungsspezifische Wissen eingegeben werden.
- Die gesamte Problemlösungsmethode, wie z.B. "Vorschlagen und Vertauschen", ist in den Werkzeugen bereits realisiert und somit fester Bestandteil dieser RLMs, so daß der Experte oder der Knowledge Engineer diese nicht im Detail verstehen muß, um ein WBS zu entwickeln, sofern die Problemlösungsmethode

für die aktuell zu lösende Aufgabe paßt.

- Das Werkzeug, das ja eine Problemlösungsmethode zusammen mit der Strukturierung des Wissens realisiert, ist jederzeit ausführbar. Somit kann das anwendungspezifische Wissen frühzeitig durch Testen validiert werden. Diese Vorgehensweise genügt somit der zyklischen Natur des Modellierungsprozesses.
- Wissensakquisitionswerkzeuge (wie z.B. MOLE [Esh88]), die die Eigenschaften der fest eingebauten Problemlösungsmethode ausnützen, können so spezialisiert werden, daß das benötigte Wissen sehr effizient erfragt werden kann.

Insgesamt wird also die Komplexität des Entwicklungsprozesses entscheidend verringert, weil große Teile des Wissens (die Problemlösungsmethode und die Strukturierung des Wissens) fest vorgegeben sind und weil durch entsprechend spezialisierte Wissensakquisitionswerkzeuge das benötigte Wissen sehr effizient erfragt werden kann.

Auf der anderen Seite begründen die Ursachen für die Vorteile der Anwendung von RLMs auch deren Nachteile:

- Entscheidend für die Qualität des zu entwickelnden WBS ist die Auswahl einer geeigneten RLM aus einer Menge vorgegebener RLMs, die zu dem zu lösenden Problem paßt. Bislang wurden dazu noch keine anerkannten Kriterien und Methoden entwickelt. Eine gewisse Hilfe bei dieser Auswahl kann die Einteilung der Probleme in verschiedene Problemtypen und deren Charakterisierung durch spezifische Eigenschaften bilden (vgl. [Pup93]).
- Oft paßt eine RLM nur in groben Zügen zu der zu lösenden Aufgabe. Durch die fest vorgegebene Problemlösungsmethode und Strukturierung des Wissens ist eine RLM nur in einem sehr eng begrenzten Rahmen (etwa durch Parametrierung) anpaßbar. Die Folge davon ist dann oft, daß die zu lösende Aufgabe in die RLM "gepreßt" werden muß.
- Falls die gestellte Aufgabe nur durch eine Kombination von Problemlösungsmethoden gelöst werden kann, müssen RLMs zur Lösung der Gesamtaufgabe in geeigneter Weise kombinierbar sein. Solche Kombinationen könnten aus der

Nacheinanderausführung der Problemlösungsmethoden, aber auch z.B. aus der Benutzung einer Problemlösungsmethode durch eine andere, bestehen. Auch hierbei bilden die fest vorkodierten Strukturen der Problemlösungsmethoden ein ernsthaftes Hindernis zur freien Kombination dieser Methoden.

- Wissensbasierte Systeme werden in Zukunft wohl verstärkt in größere Systemumgebungen integriert werden. Sie werden deshalb oft nur eine Komponente unter anderen darstellen. Die Role Limiting Methoden liegen bereits fertig implementiert als Werkzeuge vor. Sie sind deshalb entsprechend schwierig in andere Umgebungen integrierbar.

Somit wird klar, daß dieser Ansatz trotz seiner Nützlichkeit in speziellen Bereichen auch Nachteile aufweist, die insbesondere in der schlechten Adaptierbarkeit an die aktuelle Problemstellung begründet sind. In neueren Ansätzen werden dann solche RLMs auch verallgemeinert und damit flexibler (vgl. [Mus92, PoG93]). Auf der anderen Seite können jedoch die fest eingebauten Strukturen ausgenutzt werden, um Wissensakquisitionswerkzeuge zu entwickeln, die spezifisch für die RLM sind. META-KA [Gap95] ist z.B. ein Werkzeug, das diese Strukturen ausnutzt, um automatisch graphische Editoren zur Wissensakquisition zu generieren. In ähnlicher Weise wurde im PROTEGE-II Projekt [EPM94] das Werkzeug DASH zur Generierung von Wissensakqusitionswerkzeugen entwickelt. Somit ist es nach der Auswahl, Adaption und Konfiguration solcher RLMs und nach einer anschließenden Generierung eines Wissensakquisitionswerkzeuges oft für den Experten selbst möglich, den variablen Teil des Wissens zu modellieren.

Die Verbreitung von RLMs in der Praxis ist relativ gering. Dies liegt insbesondere daran, daß wenig ausgereifte Produkte am Markt verfügbar sind.

4 Vorgehensweise bei modellbasierten Ansätzen

4.1 Prinzipien modellbasierter Ansätze

Heute ist das Modellierungsparadigma innerhalb des Knowledge Engineering sehr verbreitet. Modellbasierte Ansätze vermeiden die meisten Nachteile des Rapid

Prototyping Ansatzes und die Unflexibilität der Role Limiting Methoden. Sie sind deshalb insbesondere für die Entwicklung großer, langlebiger Systeme gedacht. Die meisten aktuellen modellbasierten Ansätze realisieren dabei folgende Prinzipien:

- Sie unterscheiden ein Domänenmodell und ein Taskmodell. Ein Taskmodell beschreibt das Problem, das durch das WBS gelöst werden soll. Eine "generic task" [CJS92] abstrahiert von einem spezifischen Anwendungsgebiet (Domäne) und ist daher auf eine Vielzahl von Anwendungsgebieten anwendbar (also wiederverwendbar). So kann z.B. eine Diagnoseaufgabe unabhängig davon formuliert werden, ob sie nun zur Krebsdiagnose, zur Diagnose von Herzkrankheiten oder auch zur Diagnose von Fehlern in Maschinen eingesetzt wird. In gleicher Weise können so auch Modelle über einen Anwendungsbereich (Domänenmodelle) für eine Reihe von Aufgaben verwendet (also wiederverwendet) werden. Somit kann z.B. das funktionale Modell eines technischen Systems für Entwurfszwecke als auch für Diagnosezwecke verwendet werden. Durch Wiederverwendung solcher Modelle können somit die Kosten einer Neuentwicklung reduziert, als auch die Qualität der Modelle verbessert werden (vgl. [FFR97, HSW97]).
- Die Entwicklung des Problemlösungsprozesses ist bereits Bestandteil eines solchen frühen Modells. Im Gegensatz dazu wird im Software Engineering eine klare Trennung zwischen der Beschreibung der Funktionalität (dem Was) und der Beschreibung wie diese Funktionalität erreicht wird (dem Wie) vorgeschlagen. Die erstere ist die Spezifikation, die zweite der Entwurf bzw. die Implementierung. Aufgrund der Schwierigkeiten bei WBS nur das Was beschreiben zu können (siehe Einleitung), wird hier eine realisierungsunabhängige Beschreibung des Wie entwickelt. Problemlösungsmethoden [BrV94] schaffen die Verbindung zwischen Taskmodellen und Domänenmodellen, indem sie beschreiben, wie das Domänenwissen eingesetzt werden muß, um das Problem effizient zu lösen.

Modellbasierte Ansätze integrieren meist semiformale und formale Spezifikationstechniken:

- Informale und semiformale Modelle bieten eine abstrakte und informale Ebene zur Repräsentation von Wissen. Graphische Darstellungen wie Entity-Relationship-Diagramme, Datenflußdiagramme, Programmflußdiagramme und Zustandsübergangsdiagramme sind für den Experten und den Benutzer leicht verständlich und unterstützen somit die Kommunikation zwischen Experten, Benutzer und Systementwickler.
- Formale Sprachen erlauben die geforderte Funktionalität und das dafür notwendige Anwendungswissen eindeutig und präzise, aber unter Abstraktion von Realisierungsaspekten, zu beschreiben. Mit Verifikationstechniken oder symbolischer Ausführung kann die Evaluierung des formal beschriebenen Modells unterstützt werden.

Die Entwicklungsaktivitäten sind meist in ein zyklisches Prozeßmodell eingebettet, das die inkrementelle, zyklische und stark reversible Natur des Wissensakquisitionsprozesses widerspiegelt:

- Die Entwicklung eine Reihe aufeinanderfolgender Modelle garantiert einen sanften Übergang von semiformalen Beschreibungen, über ein formales Modell, bis hin zum Entwurf des Systems. Dieser sanfte Übergang zusammen mit der gemeinsamen Struktur der Modelle trägt wesentlich zur inkrementellen und reversiblen Entwicklung eines WBS bei.
- Die Ausführbarkeit eines formal beschriebenen Modells ermöglicht dessen Entwicklung durch Prototyping. Dies erlaubt, schwache und nicht bekannte Anforderungen zu klären. Zusätzlich kann das jeweilige Modell frühzeitig ohne Berücksichtigung nachfolgender Modelle validiert werden.

4.2 Der Entwicklungsprozeß

Im folgenden wird der Knowledge Engineering Prozeß anhand eines Beispiels eines modellbasierten Ansatzes, dem MIKE-Ansatz (Model-based and Incremental Knowledge Engineering) [AFL98] dargestellt. Dazu wird zuerst das zugrundeliegende Modellierungsparadigma skizziert. Dann werden die unterschiedlichen Entwicklungsaktivitäten, die daraus entstehenden Dokumente und die Abfolge der Entwicklungsaktivitäten beschrieben. Schließlich werden die Anwendung von Prototyping und Wiederverwendung im Entwicklungsprozeß diskutiert.

4.2.1 Das Modell der Expertise

Ähnlich wie im Software Engineering zwischen der Spezifikation eines Systems und seiner Realisierung unterschieden wird, wird im Knowledge Engineering zwischen einer Repräsentation auf dem Knowledge Level und einer Repräsentation auf dem Symbol Level unterschieden (vgl. [New82]). Ein Knowledge Level Modell beschreibt dabei nicht nur die reine Funktionalität des Systems, wie die Spezifikation im Software Engineering, sondern darüber hinaus auf abstraktem Niveau auch noch *wie* das System diese Funktionalität erbringt:

- Aufgrund der Komplexität der zu lösenden Probleme (siehe Einleitung) müssen auch anwendungsspezifische Problemeinschränkungen und Heuristiken modelliert werden. Solche Einschränkungen und Heuristiken sind oft genau das Wissen, das einen Experten von einem Laien unterscheidet [Van89]. Diese Einschränkungen und Heuristiken ergänzen die Problemlösungsmethode und beschreiben somit einen Teil dessen, wie das System seine Funktionalität erbringt.
- Typischerweise ist die geforderte Funktionalität nur in Form von prozeduralem Wissen, also Wissen darüber wie das Problem gelöst wird, verfügbar. Somit kann die Funktionalität des WBS nur durch eine abstrakte Beschreibung wie das Problem gelöst wird, modelliert werden. Im Gegensatz dazu wird z.B. im Software Engineering oft davon ausgegangen, daß die Funktionalität, unabhängig davon wie diese erreicht wird, beschrieben werden kann.

Als Folge davon ist es nicht möglich, eine Spezifikation (ohne Beschreibung des Wie) zur erstellen (wenn dies überhaupt möglich ist) und diese dann mit "normalem" Informatik-Know-How zu lösen, sondern anwendungspezifisches Wissen (Domänenmodell) und Wissen über das Problemlösungsverfahren (Taskmodell) sind zwingend notwendig, um eine Lösung zu entwickeln.

Das Knowledge Level Modell wird in MIKE *Modell der Expertise* genannt (vgl. [SWA94]). Dieses Modell unterscheidet unterschiedliche Wissensarten und beschreibt diese auf unterschiedlichen Ebenen:

- Die Domänenebene enthält Wissen über anwendungsspezifische Konzepte, deren Attribute und deren Beziehungen und über Fakten des Anwendungsbereichs. Darüber hinaus werden hier anwendungsspezifische Heuristiken für den Problemlösungsprozeß dargestellt.
- Die Inferenzebene beschreibt eine funktionale Sicht auf den Problemlösungsprozeß. Hier wird beschrieben, welche Inferenzen gezogen werden müssen, welches Domänenwissen dafür jeweils benötigt wird und welche Datenabhängigkeiten zwischen den Inferenzen bestehen.
- Die Kontrollebene spezifiziert die zu lösende Aufgabe und deren Teilaufgaben. Zudem wird hier Kontrollwissen über die Abfolge der einzelnen Problemlösungsschritte repräsentiert.

Die Inferenz- und Kontrollebene zusammen repräsentieren die Problemlösungs–methode. Die Problemlösungsmethode zusammen mit den Heuristiken auf der Domänenebene beschreiben also, *wie* das System seine Funktionalität erbringt.

Inferenz- und Kontrollebene sind vergleichbar mit den Datenfluß- und Kontrollflußbeschreibungen bei der Strukturierten Analyse im Software Engineering. Beide werden jedoch generisch, also unabhänig von einem konkreten Anwendungsbereich beschrieben. Eine Trennung des anwendungsspezifischen Wissens von dem Problemlösungswissen auf der Domänenebene existiert so nicht in den Modellen des SE, sondern Datenbeschreibungen finden z.B. bei der Strukturierten Analyse für die einzelnen Stores (jedoch nicht generisch) im Datenflußdiagramm statt.

Die Struktur des Modells der Expertise und deren Beschreibungsprimitive werden während des gesamten Entwicklungsprozesses in MIKE durchgängig verwendet. Somit arbeiten alle Entwicklungsaktivitäten an demselben konzeptuellen Modell und alle daraus resultierende Entwicklungsdokumente basieren auf diesem konzeptuellen Modell. Während des nachfolgenden Realisierungsprozesses soll die Struktur dieses Modells weitgehend erhalten bleiben und sich schließlich auch in der Implementierung wiederspiegeln. Somit können Teile des realisierten Systems zurückverfolgt werden bis zu korrespondierenden Beschreibungen früherer Entwicklungsdokumente.

4.2.2 Entwicklungsaktivitäten und -dokumente

Die unterschiedlichen Entwicklungsaktivitäten und die Dokumente, die aus diesen Aktivitäten resultieren, werden in Abbildung IX-1 gezeigt (vgl. [Ang93, Neu94]). Während des gesamten Entwicklungsprozesses muß eine große Distanz zwischen den informalen Anforderungen und dem menschlichen Wissen auf der einen Seite und dem realisierten WBS auf der anderen Seite überwunden werden. Durch Aufteilung dieser Distanz in mehrere Teile kann die Komplexität des Entwicklungsprozesses entscheidend verringert werden, weil in jedem Schritt unterschiedliche Aspekte des Systems, weitgehend unabhängig von anderen Aspekten, betrachtet und entwickelt werden können. Deshalb besteht der MIKE Entwicklungsprozeß aus einer Reihe von Einzelaktivitäten: Erhebung, Interpretation, Formalisierung/Operationalisierung, Entwurf und Implementierung. Jede dieser Aktivitäten behandelt einen unterschiedlichen Aspekt der Systementwicklung.

Der Wissensakquisitionsprozeß beginnt mit der Erhebungsphase (siehe Abbildung IX-1). Darin wird das Wissen des Experten über das Problem, über den Anwendungsbereich und über mögliche Problemlösungsstrategien erfaßt. Hierbei finden Methoden wie das strukturierte Interview, Beobachtungen von Experten bei der Problemlösung, Strukturierungstechniken u.ä. (siehe [Eri92]) Anwendung. Das daraus resultierende Wissen liegt in Form von natürlichsprachlichem Text oder auch Tabellen vor und wird in sog. Wissensprotokollen abgelegt.

Während der Interpretationsphase werden innerhalb der Wissensprotokolle Strukturen gesucht und in einer semiformalen Variante des Modells der Expertise repräsentiert: dem Strukturmodell ([Neu93, Neu94]). Die Strukturierungsinformation, wie z.B. die Datenabhängigkeiten einzelner Problemlösungsschritte, werden in einer festen, eingeschränkten Sprache beschrieben. Hingegen bestehen die Basisbausteine dieses Modells, also z.B. die Beschreibung eines einzelnen elementaren Problemlösungsschrittes immer noch aus dem natürlichsprachlichen Text, wie er aus den Wissensprotokollen entstammt. Dieses Modell bildet somit eine erste Strukturierung des Wissens. Es hat eine vermittelnde Rolle zwischen den unstrukturierten natürlichsprachlichen Beschreibungen und der nachfolgenden formalen Repräsentation des Wissens. Eine solche Beschreibung bietet dabei den Vorteil, daß sie für den Experten verständlich ist und somit die Kommunikation zwischen Experten und Entwickler vereinfacht. Der Experte kann so in den Entwicklungsprozeß mit einbezogen werden und er kann so frühzeitig die entstandenen Strukturen validieren. Darüber hinaus bildet eine solche Repräsentation die Basis zur Dokumentation des Systems und kann vom WBS selbst in seiner Erklärungskomponente genutzt werden. Dies erleichtert auch die spätere Wartung des Systems.

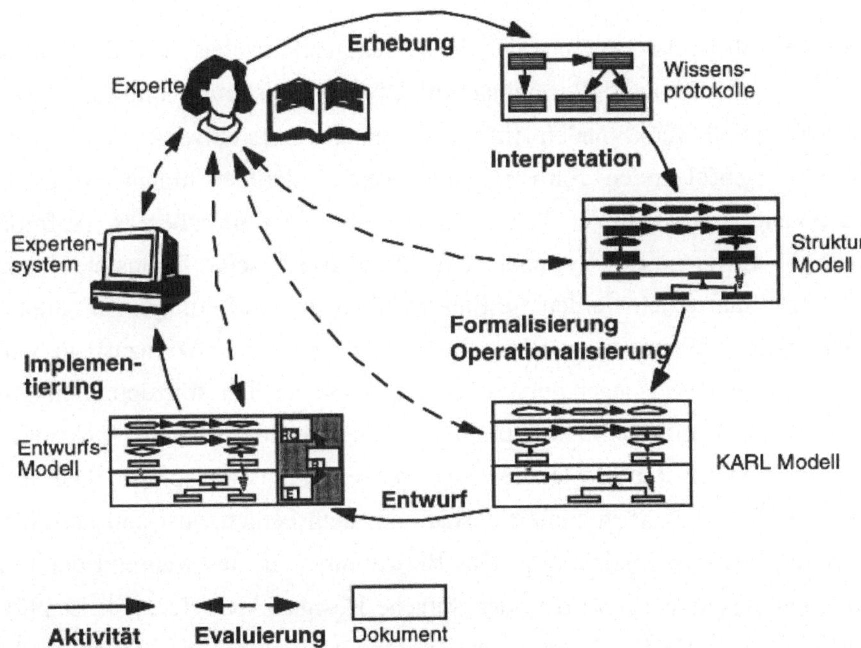

Abbildung IX-1: Aktivitäten und Dokumente des Entwicklungsprozesses von MIKE

Das semiformale Modell der Expertise bildet die Basis für den Formalisierungs-/ Operationalisierungsschritt. Das Ergebnis dieses Schrittes bildet das formale Modell der Expertise: das KARL Modell. Dieses Modell besitzt dieselbe Struktur wie das semiformale Modell der Expertise. Die Basisbausteine sind darin jedoch nicht mehr informal, sondern in der formalen Sprache KARL [FAS98] beschrieben. Diese Beschreibung hat eine eindeutige Semantik und vermeidet einen Interpretationsspielraum, wie er in natürlichsprachlichen Beschreibungen sehr wohl innewohnt, und beschreibt somit das Wissen eindeutig und präzise. Zur Entwicklung des KARL Modells müssen die natürlichsprachlichen Beschreibungen also interpretiert und präzisiert werden, was zu einem besseren Verständis des gesamten Problemlösungsprozesses führt. Weil die Sprache KARL bis auf wenige Ausnahmen ausführbar ist (siehe [Ang93]), kann das KARL Modell direkt auf eine ausführbare Repräsentation abgebildet werden. Somit kann das KARL Modell durch Testen validiert werden.

Das KARL Modell ist das Ergebnis der Wissensakquisitionsphase, die die Schritte Erhebung, Interpretation und Formalisierung/Operationalisierung umfaßt. Dieses Modell beschreibt alle funktionalen Anforderungen an das zu entwickelnde System. Während der nachfolgenden Entwurfsphase werden darüber hinaus zusätzlich nicht-funktionale Anforderungen betrachtet [LaS95]. Dies umfaßt z.B. Anforderungen wie die Effizienz des Systems, seine Wartbarkeit, seine Robustheit, seine Portabilität usw. Zusätzlich werden die Einschränkungen und Bedingungen, die aus der Ziel-Hard- und Software entstehen, berücksichtigt. Der Effizienzaspekt wird bereits innerhalb der Wissensakquisitionsphase, soweit er den konzeptuellen Entwurf der Problemlösungsmethode betrifft, betrachtet. Insofern ist die funktionale Dekomposition bereits ein Bestandteil der Wissensakquisitionsphase. Die Entwurfsphase von MIKE korrespondiert deshalb mit dem Feinentwurf und dem Modulentwurf im Software Engineering. Das Entwurfsmodell, das während der Entwurfsphase entwickelt wird, wird in der Sprache DesignKARL ([Lan94, Lan95]), einer Erweiterung von KARL, formuliert. DesignKARL enthält zusätzlich zu den aus KARL stammenden Primitiven Sprachkonstrukte zur Strukturierung des Modells und zur Beschreibung von Algorithmen und Datenstrukturen. Das Entwurfsmodell kann, ähnlich wie das KARL Modell, durch Testen validiert werden.

Das Entwurfsmodell deckt alle funktionalen und nicht-funktionalen Anforderungen ab. Während der Implementierungsphase wird dieses Modell dann in der Ziel-Hard-

und Softwareumgebung implementiert.

Das Ergebnis dieses gesamten Entwicklungsprozesses ist eine Menge von Verfeinerungen des Modells der Expertise. In allen diesen Verfeinerungen sind korrespondierende Teile explizit zueinander in Beziehung gesetzt. Das Wissen des Strukturmodells wird mit sog. *Erhebungslinks* zu dem entsprechenden Wissen in den Wissensprotokollen verknüpft. Konzepte und Inferenzaktionen stehen in Bezug zu Protokollknoten, in denen sie natürlichsprachlich beschrieben sind. Das Entwurfsmodell verfeinert das KARL Modell, indem einzelnen Inferenzen Algorithmen zugeordnet werden und durch die Einführung zusätzlicher Datenstrukturen. Diese Teile des Entwurfsmodells sind durch Querverweise verbunden mit den entsprechenden Inferenzen des KARL Modells und sind so auch verbunden mit den entsprechenden Protokollknoten ([Lan94, Lan95]). Diese expliziten Beziehungen zusammen mit dem Bestreben, die Struktur des Modells der Expertise während des Entwurfs beizubehalten, garantieren die Rückverfolgbarkeit von Modellteilen bis hin zu frühen informalen Beschreibungen der funktionalen und nicht-funktionalen Anforderungen.

4.2.3 Prototyping in MIKE

Der Entwicklungsprozeß von MIKE integriert unterschiedliche Arten des Prototyping ([Ang93, AFL98]). Der gesamte Entwicklungsprozeß, also die Sequenz der Entwicklungsschritte Wissensakquisition, Entwurf und Implementierung, werden zyklisch wie beim Spiralmodell [Boe88] durchlaufen (siehe große Spirale in Abbildung IX-2). Jeder durchlaufene Zyklus hat einen Prototypen des WBS zum Ergebnis, der durch Testen in der realen Zielumgebung validiert werden kann. Die Ergebnisse dieser Validierung gehen in den nächsten Entwicklungszyklus ein und führen zur Korrektur, zur Modifikation oder zur Erweiterung dieses Prototyps. Dieses Vorgehen wird solange fortgesetzt bis alle Anforderungen an das WBS erfüllt sind. Im Gegensatz zu einem linearen Prozeßmodell können dadurch sogar sich während der Entwicklungszeit ändernde Anforderungen berücksichtigt werden. Diese zyklische Vorgehensweise integriert darüber hinaus die Wartung des Systems in den Entwicklungsprozeß. Die Wartung erfolgt, indem das aktuelle System evaluiert wird und nachfolgend eine Reihe von Entwicklungszyklen durchgeführt werden, in denen das System korrigiert oder an neue Anforderungen angepaßt wird.

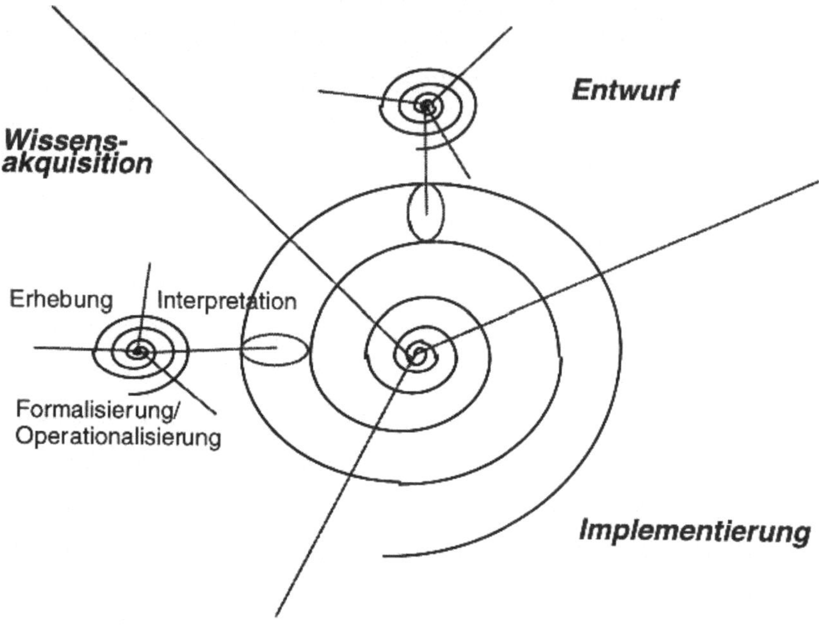

Abbildung IX-2: Prototyping im MIKE-Entwicklungsprozeß

Durch die Ausführbarkeit der Sprache KARL kann das KARL Modell durch exploratives Prototyping [Flo84] entwickelt werden. So werden die verschiedenen Entwicklungsaktivitäten bei der Wissensakquisition zyklisch durchlaufen (siehe kleinen Zyklus bei der Wissensakquisition in Abbildung IX-2) bis der Prototyp (das KARL Modell) die angestrebte Funktionalität erreicht hat. Dadurch, daß das KARL Modell die gesamte geforderte Funktionalität umfaßt und dies auch durch den Experten validiert werden konnte, stellt dieses Entwicklungsdokument eine fundierte Basis für die nachfolgende Realisierung des Systems dar. Durch die Rückkopplung können Sackgassen frühzeitig erkannt und vermieden werden.

Ganz ähnlich wie bei der Wissensakquisition werden die nicht-funktionalen Anforderungen in der Entwurfsphase durch experimentelles Prototyping [Flo84] angegangen. Für alle geforderten nicht-funktionalen Anforderungen werden entsprechende Entwurfsentscheidungen, wie z.B. der Einsatz von bestimmten Algorithmen und Datenstrukturen, in DesignKARL formuliert. Das so entstandene Entwurfsmodell wird dann durch Testen validiert. Dies wird solange fortgeführt bis alle nicht-funktionalen Anforderungen erfüllt sind (siehe kleinen Zyklus in der Entwurfsphase in Abbildung IX-2).

Durch die Validierbarkeit von funktionalen Anforderungen in der Wissensakquisitionsphase und von nicht-funktionalen Anforderungen in der Entwurfsphase können diese Entwicklungsaktivitäten getrennt und weitgehend unabhängig voneinander ausgeführt werden. Somit können sich die Entwicklungsaktivitäten jeweils unabhängig voneinander auf unterschiedliche Aspekte konzentrieren: diese divide-and-conquer Strategie reduziert beträchtlich die Komplexität des gesamten Entwicklungsprozesses.

4.2.4 Wiederverwendung

Der beschriebene Entwicklungsprozeß von MIKE kann zusätzlich durch Wiederverwendung von Modellteilen unterstützt werden, die in früheren Projekten für ähnliche Problemstellungen und/oder ähnliche Anwendungsbereiche entwickelt wurden.

Die Problemlösungsmethode (PLM) wird auf der Kontroll- und der Inferenzebene des Modells der Expertise repräsentiert [BrV94, Pup93]. Eine PLM zerlegt die gestellte Aufgabe in eine Hierarchie von Teilaufgaben. Jede dieser Teilaufgaben wird wiederum eine PLM zugeordnet, die diese Teilaufgabe zu lösen in der Lage ist. Jede dieser PLMs kann wiederum neue Teilaufgaben beinhalten bis zuletzt eine elementare Ebene erreicht ist. Eine PLM beschreibt in generischer Weise die unterschiedlichen Rollen innerhalb des Problemlösungsprozesses, die von unterschiedlichen Teilen des Anwendungswissens eingenommen werden. Dies kann z.B. auch dazu ausgenutzt werden, die Problemlösungsmethode als Richtlinie zu benutzen um anwendungsspezifisches Wissen und Heuristiken zu erheben. Eine PLM kann unabhängig von der Anwendung repräsentiert werden. So kann z.B. die PLM "Hierarchische Klassifikation", die ein Objekt in eine Hierarchie von Objekten einordnet, dazu benutzt werden, Autos zu klassifizieren, oder auch dazu, Tiere in eine entsprechende Hierarchie einzuordnen. Damit kann diese PLM für ein anderes Problem, das durch hierarchische Klassifikation gelöst werden kann, wiederverwendet werden. Wiederverwendung und Adaption einer PLM basieren auf den Anforderungen, die sie an das Anwendungswissen stellt, und auf den Einschränkungen der zu lösenden Aufgaben [BFS96]. In [Fen97] wird diskutiert, wie eine Bibliothek von PLMs organisiert werden könnte und wie die Entwicklung von PLMs durch schrittweise Verfeinerung erfolgen kann.

Ähnlich der Wiederverwendung bei PLMs kann die Entwicklung der Domänenebene durch wiederverwendbare Ontologien [Gru93] unterstützt werden:

- Sog. Common-Sense-Ontologien definieren eine Sammlung sehr allgemeingültiger Konzepte und Beziehungen zwischen diesen Konzepten. Diese Konzepte sind unabhängig von einer konkreten Anwendung. Um solche Ontologien handhaben zu können werden sie typischerweise in unterschiedliche Cluster, wie z.B. Cluster für Zeit, für Ereignisse, oder für den Raum (vgl. [LeG90, KnL94]), unterteilt.
- Domänenontologien stellen Konzeptualisierungen eines konkreten Anwendungsbereichs dar. Sie beschreiben die Struktur und die Inhalte eines speziellen Anwendungsbereichs und definieren für diesen Anwendungsbereich das Vokabular [vHe97]. Domänenontologien zielen darauf ab, das Anwendungswissen für unterschiedliche Aufgaben nutzbar und damit wiederverwendbar zu machen. In [FFR97] wird der Ontolingua Server beschrieben, der die Entwicklung komplexer Ontologien unter Verwendung von Ontologien aus einer Bibliothek unterstützt.

Sowohl die Wiederverwendung wie auch die Adaption und die Konfiguration von Ontologien müssen in geeigneter Weise methodisch unterstützt werden. In [PiS94] wird der Ansatz KARO beschrieben, der eine Menge formaler, lexikalischer und graphischer Methoden bereitstellt, um Ontologien wiederzuverwenden und sie an eine neue Aufgabe zu adaptieren. In [PiS97] wird diskutiert, wie die Wiederverwendung von PLMs und die Wiederverwendung von Ontologien zur Konstruktion des Modells der Expertise kombiniert werden können.

Modellbasierte Ansätze sind relativ neu. Bislang existieren dazu nur wenige Werkzeuge am Markt. Allerdings wurde die modellbasierte Methodik KADS [SWA94] in einer Reihe von öffentlich geförderten Projekten mit dem Ziel eines europaweiten Standards zum Bau von WBS entwickelt. Es bleibt aber abzuwarten, inwieweit sich diese Methodik tatsächlich etabliert. Dies gilt insbesondere für den amerikanischen Raum, in dem immer noch weitgehend Rapid Prototyping mit Produktionsregelsystemen oder Expertensystemshells zur Anwendung kommt.

5 Fazit

Zur Entwicklung von wissensbasierten Systemen existieren im wesentlichen die Anätze: Rapid Prototyping, Role Limiting Methoden und modellbasierte Ansätze.

Die Anwendung von Rapid Prototyping im Bereich wissensbasierter Systeme ist wegen der Unterstützung einer zyklischen Vorgehensweise gut für Probleme mit unstrukturierten oder vagen Anforderungen geeignet. Allerdings entstehen hierbei meist unstrukturierte und schlecht dokumentierte Lösungen. Rapid Prototyping ist deshalb nur dann geeignet, wenn der Anwendungsbereich klein und übersichtlich ist und nur eine kurzzeitige Systembenutzung vorgesehen ist.

Role Limiting Methoden realisieren jeweils genau eine Problemlösungsmethode. Sie sind allerdings sehr unflexibel, falls sie an die zu lösende Aufgabe angepaßt werden müssen. Zudem sind Role Limiting schlecht kombinierbar und schlecht in ein Gesamtsystem integrierbar. Falls also für die gestellte Aufgabe eine genau passende Methode gefunden werden kann und das zu entwickelne System isoliert benutzt werden soll, also nicht die Notwendigkeit besteht, es in eine größere Umgebung integrieren zu müssen, ist die Entwicklung mit Hilfe von Role Limiting Methoden mit dem geringsten Aufwand verbunden.

Modellbasierte Methoden sind aus den Problemen der vorgenannten Ansätze heraus entwickelt worden. Durch den schrittweisen Übergang von informalen Beschreibungen des Wissens über formale Beschreibungen bis hin zum endgültigen System wird die Komplexität der Entwicklung zu einem bestimmten Zeitpunkt wesentlich reduziert. Die Kaskade von Beschreibungen unterstützt die Dokumentation und damit die Wartbarkeit des Systems. Ausführbare und formale Modelle erlauben die Validierung und Verifikation dieser Modelle ohne nachfolgende Modelle berücksichtigen zu müssen. Die Wiederverwendung von Modellteilen reduziert den Entwicklungsaufwand und verbessert die Qualität der entstehenden Modelle. Modellbasierte Ansätze sind deshalb auch für größere und langlebigere Systeme geeignet. Sie sind wesentlich flexibler als z.B. Role Limiting Methoden und unterstützen damit auch besser die Entwicklung wissensbasierter Komponenten größerer Gesamtsysteme.

In Zukunft werden WBS wohl nicht mehr nur als isolierte Systeme betrachtet werden können, sondern in größere Gesamtsysteme integrierbar sein. Dies bedeutet jedoch, daß Methoden aus dem Software Engineering und Methoden aus dem Knowledge Engineering in geeigneter Weise kombiniert werden müssen, um zu Vorgehensweisen für die Entwicklung solcher hybrider Systeme zu gelangen.

Danksagung

Wir danken Susanne Neubert und Dieter Landes, die vielfach zu den Ideen in diesem Beitrag beisteuerten.

X Iteratives Prozeß-Prototyping (IPP®) – Modellgetriebene Konfiguration des R/3-Systems

Gerhard Keller, Thomas Teufel

Zusammenfassung

Prozeßgestaltung spielt zum einen innerhalb der Management- und Organisationslehre eine zentrale Rolle, zum anderen wird mit dem Einsatz von DV-Systemen versucht, das Ergebnis der Prozeßgestaltung durch eine integrierte Informationsverarbeitung in den Unternehmen zu unterstützen.

Der Informationstechnologie als Träger integrierter Geschäftsprozesse fällt dabei eine nicht unbedeutende Rolle zu. Auf dem Weg zur DV-gestützten Geschäftsprozeßabwicklung stellt sich nun das Problem, wie dieses Vorhaben realisiert werden kann. Dabei zeigen sich in der Praxis zwei eklatante Probleme bei der Gestaltung von Geschäftsprozessen:

- Die vorhandenen Geschäftsprozesse sind in vielen Unternehmen intransparent und die Zuständigkeiten nicht selten ungeklärt.
- Die angebotenen Geschäftsprozesse von den DV-Anbietern, speziell der Software-Anbieter, sind häufig für die potentiellen Kunden nicht ersichtlich und in ihrem ganzen Umfang meistens schwierig zu verstehen.

Dieses Kapitel zeigt auf, wie Geschäftsprozesse gestaltet werden und wie sie mit der Software des weltweit führenden Anbieters von betriebswirtschaftlicher Anwendungssoftware abgewickelt werden können – dem R/3-System der SAP AG. Grundlage hierzu bilden parametrisierbare Prozeßbausteine, die ausgehend von den Kundenanforderungen auf das benötigte Maß hin konfiguriert werden können. Im zweiten Abschnitt werden deshalb zunächst die Grundlagen zur Parametrisierung und Wiederverwendung von Prozessen beschrieben. Im dritten Abschnitt werden die im R/3-System enthaltenen Hilfsmittel zur Gestaltung von Wertschöpfungsketten dargestellt und mit Hilfe des Ansatzes des Iterativen Prozeß-Prototypings aufgezeigt, wie eine kundenorientierte Wertschöpfungskette innerhalb der R/3-Einführung erarbeitet werden kann.

1 Veränderte Unternehmensstrukturen

Mit dem Übergang in das Informationszeitalter im ausgehenden Jahrtausend wandeln sich auch grundlegend die Paradigmen in der Sichtweise auf die betrieblichen Strukturen. Während einige Autoren Unternehmen auf der Grundlage der entscheidungs- und systemorientierten Betriebswirtschaftslehre als offene, sozio-technische und zielgerichtete Systeme (vgl. [Gro82, FeS93]) betrachten, fassen andere Autoren Unternehmen als lebende Systeme auf, wie man sie z. B. auch in der Biologie findet (vgl. [Cap92]). In diesem Zusammenhang werden Unternehmen im Sinne von lebenden Systemen als Organismen, soziale Systeme oder Ökosysteme analysiert (vgl. [Luh91, Ves97]).

Die überwiegend nach tayloristischem Vorbild geprägten hierarchischen Unternehmensstrukturen sind dabei der Dynamik der Weltmärkte nicht mehr gewachsen. In arbeitsteilig organisierten Prozessen liegt der Fokus auf den Kosten der hochspezialisierten Herstellung und dem Preis der Konkurrenz. Eine funktionsorientierte und hierarchische Organisation bedingt starre Informationsflüsse, und es kommt zu langen Liegezeiten von internen und externen Aufträgen sowie Abstimmungsschwierigkeiten an den jeweiligen Schnittstellen.

Auf vielen Märkten findet aber ein Wandel vom Verkäufermarkt zum Käufermarkt statt (vgl. [Kle96, Gün96]). Neben der Produktion hochwertiger Güter ist eine konsequente Ausrichtung auf Kundenbedürfnisse mit einer hohen Anpassungsleistung von den Unternehmen gefordert. Die Erfüllung dieser Anforderungen – insbesondere im Zusammenhang der Geschäftsprozeßgestaltung auf der Grundlage von hochintegrierter Standardsoftware – kann mit individuell ausprägbaren Artikeln auf der Basis von Standardprodukten unterstützt werden (vgl. [Jac95]).

2 Geschäftsprozesse als Component Ware

Im Zuge der Verfügbarkeit von immer leistungsfähigeren Informationssystemen erhöhen sich auch die Anforderungen an den Nutzer dieser Systeme. Durch die Zunahme von Umfang und Komplexität im Zuge der Realisierung von durchgängigen Geschäftsprozessen gewinnen Kriterien wie Verständlichkeit, Korrektheit, Benutzerfreundlichkeit, Zuverlässigkeit, Flexibilität, Dokumentation und Wartbarkeit an Bedeutung (vgl. [Mey90]).

Unternehmen stehen bei der Gestaltung von Geschäftsprozessen in der Regel vor der Entscheidung, die Anwendungssoftware selbst zu entwickeln oder auf gängigen Lösungen im DV-Anbietermarkt aufzubauen. Die Erstellung von Individualsoftware zielt darauf ab, genau die Anforderungen des Kunden abzudecken, hat aber häufig die Probleme, zu fehleranfällig, nicht genügend wartungsfreundlich und nicht rechtzeitig verfügbar zu sein (vgl. [Chr92a]). Dabei ist nicht die Zeit für die eigentliche Entwicklung die problematische und schwer vorhersehbare Größe, sondern der Zeitraum, in dem die Kapazitäten für die Entwicklung zur Verfügung stehen müssen.

Integrierte Standardsoftware, wie z. B. das System R/3, bietet heute eine verallgemeinerte Problemlösung und kann deshalb in unterschiedlichen Unternehmen für vergleichbare Bereiche eingesetzt werden. Integrierte Standardsoftware unterstützt mehrere betriebliche Anwendungsbereiche, wie z. B. Vertrieb, Materialwirtschaft, Produktion, Finanzwesen, Controlling und Personalwirtschaft. Dadurch wird die Anzahl von unterschiedlichen Programmen verschiedener Hersteller im Unternehmen auf ein Minimum reduziert. Die einzelnen Bereiche sind in Applikationen realisiert, wobei diese auf eine gemeinsame logische Datenbasis zugreifen. Dadurch können Geschäftsprozesse über Bereichsgrenzen hinweg durchgängig und weitestgehend automatisiert durchgeführt werden.

Integrierte Standardsoftwaresysteme weisen eine hohe Komplexität auf, da sie die verschiedenen interdependenten Geschäftsprozesse miteinander verknüpfen. Um den spezifischen Anforderungen der Unternehmen gerecht werden zu können, bedarf es einer flexiblen, anpaßbaren Systemarchitektur, welche die Anpassung der

Software an die unternehmensspezifischen Anforderungen ermöglicht. Die Flexibilität umfaßt hierbei zwei Dimensionen:

- Flexibilität bezüglich der Anpaßbarkeit der Standardsoftware an die Anforderungen verschiedener Unternehmen.
- Flexibilität bezüglich der Änderbarkeit der Systemkonfiguration eines Unternehmens im Laufe der Zeit. Dieser Aspekt umfaßt die Struktur- und Verhaltensanpassung des Anwendungssystems. Dabei wird unter Strukturanpassung die Veränderung der Organisationsstruktur des Unternehmens verstanden, etwa durch Hinzunahme neuer Produkte oder Unternehmensbereiche. Verhaltensanpassung bezeichnet die Änderung oder das Hinzufügen von Funktionalität des Anwendungssystems, z. B. durch im Rahmen von Business Reengineering-Projekten vorgenommene Anpassungen der Ablauforganisation.

Eine Möglichkeit zur Realisierung dieser Flexibilität besteht in der Bereitstellung von Standardsoftware-Bausteinen, die *individuell* zu Anwendungssystemen kombiniert werden können.

In der Literatur wird für Anwendungssysteme, die aus verschiedenen Bausteinen zusammengesetzt werden, häufig der Begriff Component Ware verwendet. Component Ware sind Anwendungsbausteine, die durch die drei Schritte Selektion (Auffinden und Auswählen), Modifikation (Anpassung und Erweiterung) und Kombination zu einem ablauffähigen Softwaresystem kombiniert werden sollen (vgl. [Mil95]). Mit diesem Ansatz sind eine Reihe von Aufgaben verbunden:

- *Auffinden von Anwendungssystem-Bausteinen*
  Zur Wiederverwendung der Anwendungssystem-Bausteine ist es erforderlich, Suchmechanismen bereitzustellen. Häufig ist es in großen Bausteinkatalogen schwierig, wiederverwendbare Bausteine aufzufinden (vgl. [Bel95, CoW94]).
- *Komposition von Anwendungssystemen*
  Komposition ist die Montage von Anwendungssystem-Bausteinen zu fertigen Anwendungssystemen (vgl. [NiM95, KeP96]). Dabei sind die isoliert bereitge-

stellten Anwendungssystem-Bausteine in einer sinnvollen Form zu kombinieren, zu integrieren, zu testen und zu dokumentieren.

- *Granularität von Anwendungssystem-Bausteinen*
  Prinzipiell ist die Bildung von Anwendungssystem-Bausteinen in unterschiedlichen Granularitäten möglich. Zum Beispiel kann ein Anwendungssystem-Baustein sowohl eine Schaltfläche in einer Bildschirmmaske oder ein Baustein zur Materialverfügbarkeitsprüfung sein (vgl. [Mey96b]). Die Wahl des geeigneten Abstraktionsgrades ist entscheidend für die Einsetzbarkeit des Softwarekompositionsansatzes.

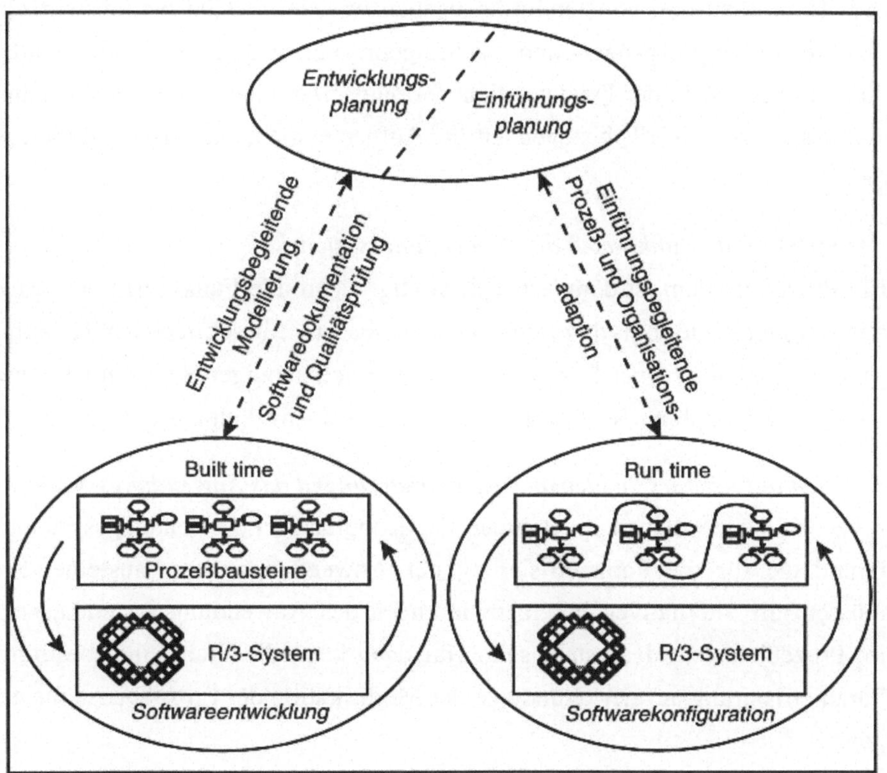

Abbildung X-1: Generalbebauungsplan für Component Ware

Neben der Betrachtung der physischen Kopplungsmöglichkeiten eines oder mehrerer Anwendungssysteme wird im Rahmen der Geschäftsprozeßgestaltung die logische, betriebswirtschaftliche Sinnhaftigkeit von Kopplungsszenarien diskutiert. Solche Beschreibungen befinden sich in Modellbausteinen der Softwareanbieter und dokumentieren die Ablaufvarianten für eine entsprechende, zu unterstützende betriebswirtschaftliche Aufgabe. Bei der Bildung der Prozeßbausteine kann die Vollständigkeit in drei Dimensionen betrachtet werden:

- *Bezogen auf die Anforderungen der Domäne*
  Prozeßbausteine beschreiben eine abgeschlossene Teilaufgabe eines Geschäftsprozesses. Alle Funktionen, die fachlich zu dieser Teilaufgabe zugeordnet werden können, müssen im Prozeßbaustein enthalten sein. Des weiteren muß in jedem Prozeßbaustein vollständig angegeben werden, welche betriebswirtschaftlich sinnvollen Vorgänger- und Nachfolgeprozeßbausteine vorhanden sind. Da die Anforderungen der Domäne nicht formalisierbar sind, kann die Vollständigkeit des Prozeßmodells bezogen auf die Aufgaben nicht analytisch validiert werden.

- *Bezogen auf die Funktionen des Anwendungssystems*
  Ein Prozeßbaustein ist demnach vollständig, wenn alle Funktionen des Anwendungssystems, die logisch zu der im Prozeßbaustein beschriebenen Teilaufgabe gehören, enthalten sind. Ein in diesem Sinne vollständiger Baustein ist unerläßlich für die Kopplung der Prozeßbausteine an das Anwendungssystem.

- *Bezogen auf die verschiedenen Parametrisierungen des Anwendungssystems*
  Prozeßbausteine dienen im Rahmen der Kopplung an Anwendungssysteme als Grundlage für die Parametrisierung der Anwendungssystembausteine. Somit müssen alle alternativen Parametrisierungen des Anwendungssystembausteines im Prozeßbaustein dargestellt sein. Nur dann kann die Wahl einer bestimmten Parametrisierung auf der Grundlage der Modifikation der Prozeßbausteine erfolgen.

Das Geschäftsprozeßmodell wird somit zum Bindeglied zwischen der Realität einerseits und dem Anwendungssystem andererseits. Daraus resultieren weitreichende Anforderungen an die Bildung der Prozeßbausteine, die im folgenden erläutert werden.

Die Bildung der Modellbausteine muß bestimmten Grundanforderungen genügen, damit die Zusammensetzung zu integrierten Unternehmensmodellen sowie die Anbindung an Anwendungssystem-Bausteine möglich ist. Neben den Anforderungen, die allgemein an die Modellierung von Geschäftsprozessen zu stellen sind (vgl. [Fah95]), werden im folgenden die Aspekte Wiederverwendbarkeit, Erweiterbarkeit und Anpaßbarkeit von Modellen betrachtet. Diese Eigenschaften werden vor allem im Zusammenhang mit der Diskussion um die Bildung von Anwendungssystemen durch Komposition vorgefertigter Komponenten diskutiert, wobei der Schwerpunkt auf Programmbausteinen liegt. Im Kontext der Kopplung von Modell und Anwendungssystem spielen diese Eigenschaften auch bei der Bildung der Geschäftsprozeßbausteine eine zentrale Rolle.

- *Wiederverwendbarkeit*

  Der Begriff *Wiederverwendbarkeit* beschreibt die Eigenschaft von Geschäftsprozeßbausteinen, teilweise oder vollständig bei der Erstellung unternehmensspezifischer Geschäftsprozeßmodelle verwendet werden zu können. Diese Eigenschaft ist grundlegend für die beschriebene Konzeption, da die Modelle als *wiederverwendbare Anwendungsentwürfe* eingesetzt werden sollen. Diese Anwendungsentwürfe entstehen durch die Verknüpfung der Prozeßbausteine. Die wesentliche Voraussetzung zur Wiederverwendung besteht in der Auffindbarkeit der Prozeßbausteine. Da für die Kopplung an das Anwendungssystem keine vollständige Neumodellierung von Prozeßbausteinen durch den Anwender vorgenommen werden kann, muß die Ablage der vorgefertigten Prozeßbausteine so erfolgen, daß der Anwender die benötigten Bausteine auffinden kann. Hierzu sind eine Reihe von Repräsentationsmechanismen entwickelt worden. Ein Überblick über die verschiedenen Methoden zum Auffinden von wiederverwendbaren Bausteinen findet sich bei Zendler (vgl. [Zen95]). Der Einsatz wiederverwendbarer Prozeßbausteine ist unerläßlich für die Kopplung an das Anwendungssystem. Es lassen sich drei Beurteilungsdimensionen der Wiederverwendbarkeit von Geschäftsprozeßbausteinen unterscheiden (vgl. [GoR95]):

- *Inherent reusability*
  Eignung der internen Eigenschaften eines Prozeßmodells zur Wiederverwendung.
- *Domain reusability*
  Eignung eines Prozeßmodells zur Wiederverwendung in einer bestimmten Anwendungsdomäne bzw. einem bestimmten Untersuchungsbereich.
- *Organizational reusability*
  Unterstützung der Wiederverwendung durch einen systematischen Prozeß der Wiederverwendung.

- *Anpaßbarkeit*
  Die Prozeßbausteine werden vom Standardsoftware-Hersteller bereitgestellt. In der Regel müssen sie an die Anforderungen der Unternehmen angepaßt werden. Es können zwei Formen der Anpassung unterschieden werden, die Parametrisierung bzw. Modifikation und das Hinzufügen neuer Komponenten unter Nutzung vorhandener Komponenten. Der Schwerpunkt liegt auf der Modifikation der vorhandenen Bausteine. Diese Modifikationen können nicht völlig frei vorgenommen werden. Aufgabe des Standardsoftwareherstellers ist es deshalb, das notwendige Beziehungswissen zur Kontrolle der Modifikationen bereitzustellen. Mögliche Modifikationen an den Prozeßbausteinen sind:
  - Auswahl bestimmter Teilnetze des Modells,
  - Änderungen des zeitlich-sachlogischen Ablaufs,
  - Hinzufügen/Entfernen von Schnittstellen zu anderen Prozeßbausteinen.
- *Erweiterbarkeit*
  Die Erweiterbarkeit stellt eine spezielle Form der Modellanpassung dar, bei der in den Prozeßbausteinen unter Beibehaltung des vorhandenen Verhaltens zusätzliche Elemente hinzugefügt werden. Auch hier sind prinzipiell verschiedene Möglichkeiten denkbar. Zum einen können zunächst beliebige Änderungen an den Modellen zugelassen werden. Hierdurch wäre eine größtmögliche Flexibilität der Prozeßbausteine gewährleistet, was allerdings die Konsistenz des Geschäftsprozeßmodells gefährdet. Somit gilt es, einen geeigneten Kompromiß

zwischen maximaler Flexibilität und maximaler Konsistenz der Modelle zu finden. Für die Spezialisierung der Prozeßbausteine ist die Vollständigkeit der Prozeßbausteine die zentrale Eigenschaft, da sie eine wichtige Voraussetzung für die Kopplung an Anwendungssystembausteine ist.

3 Modellgetriebene Konfiguration

Die Zielsetzung der Kopplung von Geschäftsprozeßmodellen und DV-gestützten Informationssystemen liegt in der modellbasierten Konfiguration des Anwendungssystems. Durch die unternehmensspezifische Konfiguration des Prozeßmodells soll das Anwendungssystem an die Bedürfnisse des Kunden angepaßt werden. Die Aufgabe des Prozeßbausteins besteht somit in der Darstellung der variablen Verhalteneigenschaften des entsprechenden Anwendungssystembausteines.

Neben der inneren Struktur und dem inneliegenden Verhalten eines Prozeßbausteins ist vor allem die erwähnte Kopplung bei der Einführung von betriebswirtschaftlicher Anwendungssoftware zur Gestaltung von kundenorientierten Wertschöpfungsketten zu beachten. Die Prozeßbausteine können dabei je nach Markt- und Produktsituation des Kunden zur Unterstützung der Auftragsabwicklungs- und Produktentstehungsketten hochgradig miteinander vernetzt sein. Ebenso müssen bei der Konfiguration des Anwendungssystems auf der Grundlage der Kundenanforderungen in iterativen Schritten die Wechselwirkungen zwischen betriebswirtschaftlichem Wunsch und technischer Machbarkeit betrachtet werden. Der Ansatz des Iterativen Prozeß-Prototypings zur Gestaltung von DV-gestützten Wertschöpfungsketten basiert deshalb auf dem Grundgedanken des Vernetzten Denkens (vgl. [Pro92, PrG93]).

3.1 Grundelemente des Iterativen Prozeß-Prototypings

Vernetztes Denken bedeutet, zielorientiert unterschiedliche Instrumente zu verwenden und gleichzeitig die Wirkungen auf benachbarte Bereiche oder Fragestellungen zu berücksichtigen. Vernetztes Denken innerhalb der Geschäftsprozeßgestaltung zur Planung von Informationssystemen und der damit verbundenen Einführung von Standardsoftware hat zur Folge, sich von traditionell orientierten Phasenkonzepten zu lösen und abhängig von der Aufgabenstellung das bestmögliche Informationsmaterial zu nutzen. Nach dieser Auffassung ist es z. B. sogar teilweise in einer frühen Phase der Geschäftsprozeßdiskussion gewünscht, auch physische Lösungsalternativen einer Software anzuschauen.

Ziel des Iterativen Prozeß-Prototypings (IPP) ist es, machbare Geschäftsprozesse zu realisieren. Das heißt, das Unternehmen benötigt eine Organisationsform und Mitarbeiter, die die Abwicklung der gewünschten Prozesse durchführen und steuern können. Das Unternehmen benötigt aber auch Informationstechnologien, mit denen die Prozesse konsistent, schnell und qualitätsgesichert durchgeführt werden können. Am Anfang steht die Planung des bestmöglichen Geschäftsprozesses unter ökonomischen, personellen und ökologischen Rahmenbedingungen, am Ende die Sicherheit, daß der geplante Geschäftsprozeß auch mit auf dem Markt erhältlichen Technologien durchführbar ist.

Die Verfügbarkeit der Informationstechnologie auf dem Markt ermöglicht es, innerhalb des Auswahlprozesses verschiedene Hilfsmittel in unterschiedlicher Intensität anzuwenden. Benötigt zum Beispiel ein Unternehmen eine neu zu entwickelnde Software, so muß es sich Gedanken über den Aufbau einer konsistenten Strukturierung von Daten machen. Will ein Unternehmen integrierte Standardsoftware einführen, ist die grundsätzliche Strukturierung der Daten mit ihren maximal möglichen Freiheitsgraden als Rahmen von dem Anbieter der Software vorgegeben. Die Auswahl kann sich dann primär auf die ablaufrelevanten Aspekte mit der entsprechenden organisatorischen Einbettung konzentrieren. Häufig kann aber ein Unternehmen nicht immer mit der Standardsoftware eines Anbieters seine gesamten Anforderungen abdecken, so daß es in Einzelfällen andere Systeme anschließen (z. B. einen Rechner zur Steuerung von fahrerlosen Transporteinheiten in einem Hochregallager) oder spezielle Aufgaben kundenindividuell entwickeln muß (z. B. ein Marketinginformationssystem zur Planung von Portfolios für neue Marktsegmente). Damit bei den letztgenannten Situationen eine konsistente Integration zu dem weitestgehend flächendeckend eingesetzten Standardsystem erhalten bleibt, müssen dann z. B. zur Datenübergabe die logischen und technischen Datenstrukturen abgeglichen werden.

Zur Unterstützung der verschiedenen Situationen, in denen ein Unternehmen bei der Auswahl und Einführung von Standardsoftware stehen kann, hat die SAP AG verschiedene Hilfsmittel entwickelt, deren wesentliche Inhalte im folgenden kurz vorgestellt werden. Iteratives Prozeß-Prototyping bewegt sich dabei im Spannungsfeld von Hilfsmitteln, die mehr zur konzeptionellen, betriebswirtschaftlichen Ebene oder mehr zur realisierten, systemtechnischen Ebene gezählt werden können (vgl. [TeE95]). Zu der erstgenannten Ebene sind die Modelle zu den R/3-Referenzprozessen, zu der R/3-Organisation und zu den R/3-Objekten bzw. R/3-Daten, zu der zweitgenannten Ebene das R/3-System (R/3-Prototyping mit der Modellfirma IDES – International Demonstration and Education System und der entsprechenden R/3-Dokumentation), das R/3-Customizing (Einführungsleitfaden und Parameterkonfiguration) und das R/3-Data Dictionary zu zählen.

Iteratives Prozeß-Prototyping (IPP) bedeutet in diesem Zusammenhang, in Abhängigkeit von der Zielformulierung des Kunden das entsprechende (inhaltliche) Werkzeug herauszufinden. Die konzeptionelle Verbindung verschiedener Hilfsmittel untereinander erlaubt es dem Kunden im R/3-Einführungsprozeß, anhand seiner Fragestellung(en) zu seiner gewünschten Information zu navigieren. Das Auftreten von alternativen Lösungsmöglichkeiten erfordert ergänzend hierzu in der Regel Unterstützung durch eine(n) erfahrenen Fachberater(in) mit entsprechenden Branchen- und R/3-Kenntnissen, um die Alternativen mit ihren Vor- und Nachteilen entsprechend abwägen und priorisieren zu können.

Die Bedeutung der Grundelemente hängt entscheidend von der strategischen Informationssystemplanung ab. Bei der Eigenentwicklung spielen das Objektmodell und das Data Dictionary eine wichtigere Rolle als bei der Einführung von betriebswirtschaftlicher, parametrisierbarer Anwendungssoftware. Hier spielen das R/3-Referenzprozeßmodell (40 v. H.) und das Prototyping mit dem IDES (35 v. H.) sowie der iterative Sprung vom Prozeß in das IDES eine entscheidende Rolle. Die

Prozentangaben beziehen sich auf den Zeitanteil der Nutzung der verschiedenen Grundelemente bei der R/3-Einführung.

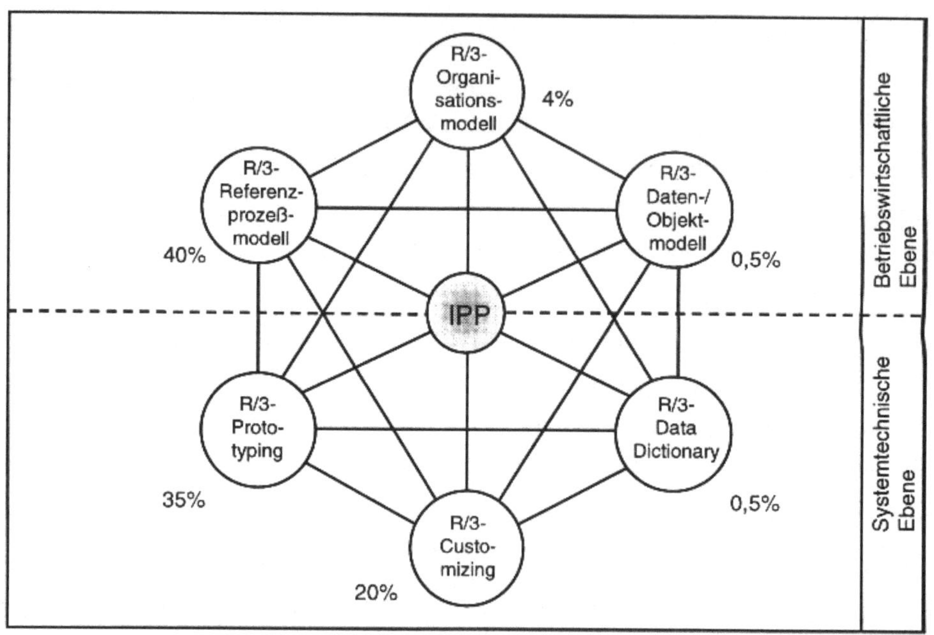

Abbildung X-2: Grundelemente und Navigationswege im Iterativen Prozeß-Prototyping (IPP®)

Ebenso verschiebt sich die *Gewichtung der Nutzung der Grundelemente im Projektverlauf.* Am Anfang werden zunächst aufgrund der Zielsetzung der Kunden (z.B. mittels Markt-/Produktportfolios für diverse Geschäftsbereiche) prinzipielle strategische Organisationsstrukturen wie z. B. der Buchungskreis, der Geschäftsbereich, der Kostenrechnungskreis, Anzahl der Werke und die Vertriebsorganisation diskutiert und erste grobe Geschäftsabläufe (Wertschöpfungsketten) definiert. Es liegt also eine *Konzentration auf die Grundelemente Organisations- und Referenzprozeßmodell* vor. Mit Freigabe der Wertschöpfungskette stehen innerhalb der Prozeßanalyse die *Grundelemente Referenzprozeßmodell und R/3-Prototyping* im Mittelpunkt der Betrachtung, wenn erforderlich werden *vereinzelt Absprünge in das Customizing,* z. B. zur Identifikation der verschiedenen Partnerrollen (Warenempfänger, Regulierer, Spediteur, Vertriebsbeauftragter etc.), vorgenommen. Liegt das betriebswirtschaftliche Konzept vor und sind zu entscheidende Punkte priorisiert und freigegeben worden, liegt innerhalb der R/3-Einführung der Schwerpunkt auf dem physischen Einstellen des R/3-Systems, dem *R/3-Customizing und dem Validieren im R/3-System (R/3-Prototyping)* auf Basis des freigegebenen und priorisierten Konzepts.

Auf der betriebswirtschaftlichen Ebene werden die konzeptionellen Zusammenhänge modellhaft in Diagrammen gezeigt. Hier besteht das Ziel, durch Konzentration auf die zentralen Fragestellungen, wie z. B. "Welche Geschäftsprozesse benötigt das Unternehmen?", "Welche organisatorischen Einheiten stehen in welcher Form in Verbindung?", "Welche Informationen werden bearbeitet und wie hängen sie untereinander zusammen?", den Anforderungen *Einfachheit* und *Transparenz* Rechnung zu tragen. Die systemtechnische Ebene zeigt die reale bzw. realisierte Welt der betriebswirtschaftlichen Anforderungen im R/3-System. Hier wird den Anforderungen *Vollständigkeit* und *Machbarkeit* Rechnung getragen. Vollständigkeit bezieht sich auf das im R/3-System angebotene Leistungsspektrum mit all seinen funktionalen Details (Millionen von Coding-Zeilen und Tausende von Tabellen). Machbarkeit bedeutet, daß mit dem R/3-System ein hochintegriertes Anwendungssoftwaresystem mit der Garantie angeboten wird, daß die in der Modellwelt (betriebswirtschaftliche Ebene) aufgezeigten Lösungen mit dem R/3-System vollständig und durchgängig abgewickelt werden können. Im folgenden werden die sechs Grundelemente des Iterativen Prozeß-Prototypings kurz beschrieben (vgl. [KeT97]):

- *R/3-Referenzprozeßmodell*

  Mit Hilfe der R/3-Referenzprozesse werden die wichtigsten betriebswirtschaftlichen Ablaufwege, die vom R/3-System unterstützt werden, abgebildet. Die einzelnen R/3-Prozesse zeigen in der Regel eine logisch zusammengehörende Aufgabe eines qualifizierten Sachbearbeiters, z. B. eine Bestellungsbearbeitung mit der Ermittlung des günstigsten Materials, Lieferantenauswahl und Bestellverfolgung oder Auftragsbearbeitung mit der Festlegung der Preis- und Lieferkonditionen, Kommissionierung und Routenplanung. Mit der semi-formalen Beschreibung der Ereignisgesteuerten Prozeßkette (EPK), d. h. definierte Symbole in einer gerichteten Anordnung, können die betriebswirtschaftlichen Inhalte des R/3-Systems in einer normierten Kommunikationssprache offengelegt werden (vgl. [KNS92, KeT97]). Durch die Verknüpfung der Prozesse untereinander kann zum einen ein Verständnis für abteilungsübergreifende Prozesse beim Anwender erzeugt, zum anderen das Zusammenspiel betrieblicher Funktionsbereiche transparent gemacht werden. Durch die Festlegung und Definition von betriebswirtschaftlichen Begriffen kann die häufig in der Praxis vorkommende Begriffsvielfalt für den gleichen Sachverhalt auf einen gemeinsamen Kommunikationsbegriff konzentriert werden. Damit werden Reibungsverluste reduziert, die auf dem Gebrauch von unterschiedlichen Terminologien bei einer Gruppenarbeit innerhalb der Geschäftsprozeßgestaltung basieren.

- *R/3-Organisationsmodell*

  Das R/3-Organisationsmodell zeigt durch Ausweisung der entsprechenden Beziehungen die organisatorischen Gestaltungsmöglichkeiten des R/3-Systems auf, d. h. die aufbauorganisatorischen Freiheitsgrade. Ziel ist es, daß der Kunde seine betrieblichen Organisationsanforderungen so abbildet, daß sie sowohl den rechtlichen Anforderungen (z. B. Jahresabschluß), den Anforderungen des Berichtswesens (z. B. Bilanz) als auch dem reibungslosen und ressourcensparenden Ablauf einer Wertschöpfungskette Rechnung tragen (z. B. schnelles Agieren auf dem Markt oder qualitätsgerechte Herstellung eines Produktes). Die organisatorischen Anforderungen des Kunden können beruhen auf:

  - *der Markt- und Produktstruktur*

    (Marktsegmentierung anhand von ähnlichen Märkten, Kunden, Produkten mit Ergebnisverantwortung)

  - *den betriebswirtschaftlichen Aufgaben*

    (Aufgabengliederung nach den betriebswirtschaftlichen Gebieten des Vertriebs, Produktion, Qualitätssicherung, Beschaffung, Lagerverwaltung etc. – sogenannte funktionale Gliederung)

- *der Führungsstruktur*
  (Zentralisation oder Dezentralisation mit hierarchischer, matrixartiger oder projektartiger Führungsstrukturierung, z. B. Strukturierung in Zentraleinkauf oder lokalen Einkauf pro Werk)
- *den Anforderungen des Berichtswesens*
  (Offenlegungspflicht einer Aktiengesellschaft, Deckungsbeitragsbericht eines Geschäftsbereiches)

- *R/3-Objektmodell*
  Das R/3-Objektmodell beschreibt die logischen, betriebswirtschaftlichen Objekte, die zur Durchführung der R/3-Anwendungen benötigt werden. Im R/3-System gibt es 180 von diesen betriebswirtschaftlich bedeutenden Objekten, sogenannte Business-Objekte (Geschäftsobjekte), die einen ganzheitlichen betriebswirtschaftlichen Zusammenhang im R/3-System beschreiben und ohne deren Existenz die betriebswirtschaftliche Anwendungsfunktionalität nicht existieren könnte. Im Vertrieb zählen zu diesen bedeutenden Objekten z. B. der Kunde, die Kundenanfrage, das Kundenangebot und der Kundenlieferplan; in der Produktionsplanung z. B. der Absatz- und Produktionsgrobplan, der Materialbedarf und der Planauftrag; in der Personalplanung z. B. die Stelle und die Qualifikation. Die Business-Objekte sind differenziert in Objekte, die mehr strukturellen Charakter haben, wie z. B. Werk, Debitor, Kreditor, Kostenrechnungskreis, Ergebnisbereich und Profit Center und solche, die mehr Austauschcharakter haben, wie z. B. Material, Stückliste, Arbeitsplan, Bestellung und Prüfplan. Die mehr strukturellen Business-Objekte können unterschieden werden in solche, die die Bindungen zur Außenwelt strukturieren, z. B. Kunde, Lieferant, Kreditor, Debitor, Geschäftspartner, Bank und solche, die zur internen betriebswirtschaftlichen Strukturierung des R/3-Systems dienen, wie z. B. Werk, Vertriebsorganisation, Einkaufsorganisation und Buchungskreis.

- *R/3-Prototyping*
  R/3-Prototyping bedeutet, daß sich der Kunde in einem lauffähigen R/3-System einzelne, realisierte Prozesse anschauen und durchspielen kann. Zur Unterstützung dieses Ansatzes hat die SAP AG eine Modellfirma International Demon-

stration and Education System (IDES) entwickelt, die parametrisiert ist, und in der entsprechende Daten zum Bearbeiten von einzelnen Transaktionen für Vertriebs- und Schulungszwecke angelegt sind (vgl. [Pfä95]). In der gesamten Modellfirma IDES sind die Prozeßbeispiele für die Abwicklung unterschiedlicher Produktgruppen und verschiendenster Unternehmensbereiche abgelegt. In der Logistik können z. B. die implementierten Prozesse zur diskreten Fertigung, zur prozeß-orientierten und zur kanbanorientierten Fertigung, im Rechnungswesen die Prozesse zur Finanzbuchhaltung, zur Gemeinkostenrechnung und zur Erzeugniskalkulation und in der Personalwirtschaft die Prozesse zur Personalverwaltung, -planung und -entwicklung angeschaut werden. IDES zeigt im R/3-System z. B. die Abwicklung für die Produktion von Glühbirnen (Massenfertigung), Pumpen und Türen (Werkstattfertigung), Motorräder und Personalcomputer (Auftragsfertigung) und Fahrstühlen (Einzelfertigung). Zu den in der Modellfirma IDES angelegten Prozeßbeispielen ist jeweils aufgezeigt, wie die dazugehörigen Transaktionen zu bedienen sind. Ziel ist es, im R/3-System die Transaktionen kennenzulernen und die implementierte Ablauflogik zu verstehen. Der Einstieg in die Modellfirma IDES wird dadurch unterstützt, daß zu jeder Transaktion eine Handlungsanleitung mit den einzelnen Eingabeschritten zur Handhabung der Transaktion hinterlegt ist. Zusätzlich sind die möglichen Beispieldaten angegeben, die der Anwender z. B. für Schulungszwecke benutzen kann. Die in IDES implementierten Prozesse beinhalten das aktuelle Leistungsspektrum zum aktuellen Release des R/3-Systems.

- *R/3-Customizing*
  R/3-Customizing ermöglicht dem Kunden, aus dem vielfältigen Lösungsangebot von Funktionen und Prozessen auf Basis seiner Ziele und Anforderungen die gewünschten Prozesse mit der entsprechenden Funktionalität auszuwählen und zu parametrisieren. Es ist ein Vorteil für den Kunden, daß er beim Einsatz der flexiblen R/3-Standardsoftware jede durch das Customizing erzeugte Ausprägung konsistent auf der R/3-Datenarchitektur ablaufen lassen kann. Darüber hinaus bewegt sich die kundenbezogene Einstellung im vorgedachten Lösungsraum des R/3-Systems, bereitet keine Probleme beim Release-Wechsel und kann im

produktiven System an veränderte Anforderungen angepaßt werden (vgl. [BuG96, Gör96]). Zur Einstellung des günstigsten Weges für einen Sachbearbeiter enthält das R/3-Customizing eine Dokumentation mit Empfehlungen zur Markierung des gewünschten Weges (Einführungsleitfaden) und die Möglichkeit der konkreten Markierung des Weges (Parameterkonfiguration). Der Einführungsleitfaden zeigt zu jeder Parametereinstellung zwecks Durchführung einer Transaktion die durchzuführenden Aktivitäten. Im Einführungsleitfaden wird erklärt, wozu die Aktivität benötigt wird und welche Auswirkungen eine Einstellung hat. Empfehlungen für die Einstellungen werden gezeigt und anhand einer Art Handlungsanleitung beschrieben, welche konkreten Schritte für eine Einstellung durchzuführen sind. Der R/3-Referenzleitfaden enthält alle Einstellungsaktivitäten, die für die Einführung des R/3-Systems im vollen Umfang notwendig sind. Da dies nicht immer erforderlich ist, kann der Kunde auf Basis seines zu unterstützenden Bereichs, z. B. Vertrieb und der dort benötigten Anforderungen, einen unternehmensspezifischen Einführungsleitfaden konfigurieren.

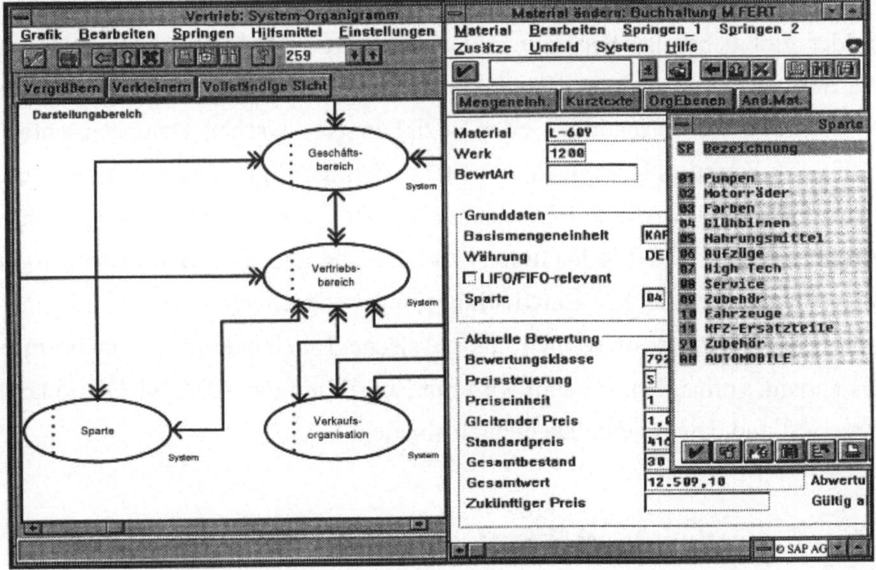

Abbildung X-3: Iterativer Sprung – Vom Organisationsmodell zum Prototyping

- *R/3-Data Dictionary*
  Als Data Dictionary bezeichnet man eine zentrale Informationsquelle, die die Beschreibung aller Anwendungsdaten eines Unternehmens sowie Informationen über Beziehungen zwischen diesen Daten und deren Verwendung in Programmen und Bildschirmmasken enthält. Die beschreibenden Daten eines Data Dictionary werden auch als "Metadaten" bezeichnet, da sie Daten über Daten darstellen. Mittlerweile hat sich aufbauend auf dem Begriff Data Dictionary die Bezeichnung Repository im Rahmen der Softwareerstellung und -verwaltung etabliert (vgl. [HaL93]). Das R/3-Data Dictionary bzw. ABAP/4-Dictionary (vgl. [BuG96, Mat96]) beantwortet für Anwender, Entwickler und Benutzer folgende Kernfragen:
  - Welche Daten sind in der Datenbank des Unternehmens enthalten?
  - Welche Eigenschaften haben diese Daten (Name, Länge, ...)?
  - Welche Beziehung besteht zwischen den Datenobjekten?

  Im R/3-System sind Tabellen zunächst nicht physisch vorhanden, sondern logisch im ABAP/4-Dictionary mit Hilfe von Metadaten definiert. Hier werden Felder global beschrieben, die in Tabellen, Dynpros (dynamische Programme zur Steuerung von Abfragen) und Anwendungen verwendet werden sowie online abrufbare Hilfsinformationen oder Beziehungen zwischen Datenelementen mit Hilfe von Fremdschlüsseln. Eine weitere wichtige Eigenschaft in bezug auf Datenänderungen im ABAP/4-Dictionary betrifft die Entwicklungsumgebung. Die Architektur des ABAP/4-Dictionary ist vollständig in die ABAP/4-Development Workbench und die R/3-Entwicklungsumgebung eingebunden. Wird eine Tabelle aufgerufen, ist diese nicht als physische Tabellendefinition in Form einer Datenbank vorhanden, sondern wird mit Zugriff auf das ABAP/4-Dictionary neu generiert und dann in eine Datenbank abgelegt.

3.2 Konfiguration des R/3-Systems mit der IPP-Technik

Die Einführung von DV-Systemen hat zum einen ihren Ausgangspunkt in verschiedenen Situationen eines Unternehmens; zum anderen sind - je nach Fragestellung und angestrebtem Ziel - unterschiedliche Vorgehensweisen angebracht. So kann beispielsweise die Ursache für eine Neueinführung in der organisatorischen Umstrukturierung liegen, die Definition eines neuen Marktsegmentes eine neue Technologie erfordern oder neue technische Möglichkeiten eine Veränderung in der Informationslandschaft eines Unternehmens bewirken. Ebenso muß die Vorgehensweise an der *Zielformulierung der Kunden* orientiert werden. Will etwa ein Unternehmen seine Geschäftsprozesse unter Beibehaltung seiner aufbauorganisatorischen Grobgliederung gestalten, sind die organisatorischen Rahmenbedingungen als Ausgangspunkt im Projekt zu berücksichtigen (organisationsgetriebene Analyse). Will ein Unternehmen in einem Teilbereich, beispielsweise dem Verkauf, seine Abwicklung verbessern, so ist es sinnvoll, grob die funktionalen Anforderungen festzuhalten und auf Basis der funktionalen Rahmenbedingungen das Projekt zu beginnen (funktionsgetriebene Analyse).

Der sicherlich schwierigste Fall ergibt sich, wenn abteilungsübergreifende Abwicklungsformen analysiert und neu gestaltet werden sollen und die bisherige Organisationsform zur Diskussion steht (prozeßgetriebene Analyse). Eine Schwierigkeit liegt darin, daß zur Gestaltung von abteilungsübergreifenden Zusammenhängen das Fachwissen verschiedener Gruppen mit unterschiedlichsten betriebswirtschaftlichen und technischen Kenntnissen transparent gemacht werden muß. Eine andere Schwierigkeit liegt aber auch darin, daß die persönliche Betroffenheit der Mitarbeiter, die aus einer Umstrukturierung resultiert, zum Aufbau von Barrieren im Projekt führen kann.

Unabhängig von den genannten Richtungen muß in Abhängigkeit von der Zielsetzung das zu betrachtende Untersuchungsfeld (Diskurswelt) grob abgegrenzt werden. Da jedes Unternehmen in seiner konkreten Abwicklungsform aufgrund der technologischen, organisatorischen und personellen Gegebenheiten individuell ist, ist der Variantenreichtum des Systems R/3 auf die kundenindividuellen Anforderungen hin abzustimmen. Die erste Aufgabe des Beraters ist es, die aufgenommenen Kundenprobleme und Kundenanforderungen in das potentielle Lösungsgebiet der R/3-Software zu transformieren.

Zunächst muß der Berater im IPP-Workshop das Problemfeld des Kunden mit seinen wichtigsten Charakteristika aufnehmen. Zur Definition der Anforderungen werden die einzelnen Fachexperten in dem IPP-Workshop zusammengefaßt und mit Hilfe von Moderationstechniken die einzelnen Wertschöpfungsketten interaktiv analysiert.

Zur Unterstützung der Geschäftsfeldanalyse bietet die SAP als Einstieg sogenannte *Prozeßbereiche* (vgl. Abbildung X-4, Punkt 1) an. Ein Prozeßbereich stellt eine betriebswirtschaftliche Gliederung dar. In einem Prozeßbereich sind ähnliche Prozeßketten (Szenarien) abgebildet, die auf ein gemeinsames Grundmuster zurückzuführen sind. Von der SAP werden zur Einordnung der Kundenanforderungen in ein spezifisches Untersuchungsfeld die Prozeßbereiche Unternehmensplanung, Anlagenmanagement, Externes Rechnungswesen, Vertriebslogistik etc. angeboten. Ausgangpunkt eines IPP-Workshops ist deshalb zunächst die *Identifikation der relevanten Prozeßbereiche* (vgl. Abbildung X-4, Punkt 2).

Der nächste Schritt bei der Einführung von Standardsoftware liegt in der *Auswahl der zu analysierenden Prozeßbausteine der Software* – etwa die Selektion aller benötigten Bausteine zur Gestaltung der Produktionsabwicklung für eine bestimmte Produktgruppe (vgl. Abbildung X-4, Punkt 3).

Im Untersuchungsfall ist die Einführung des R/3-Systems in den Prozeßbereichen Beschaffungs-, Produktions- und Vertriebslogistik geplant. Es werden auf Basis der vorhandenen Prozeßbausteine des R/3-Referenzmodells die in Frage kommenden Prozesse selektiert. Hierzu muß der Kunde grob sein Geschäftsfeld erläutern. Der R/3-Berater bzw. eine Person, die das im R/3-System enthaltene betriebswirtschaftliche Konzept kennt, erklären und anwenden kann, erarbeitet in der Diskussion mit den Workshopteilnehmern eine Zuordnung zu den Prozeßbausteinen des R/3-Referenzmodells. Die Prozeßbausteine werden dabei grob aneinandergereiht – die sogenannte *Makrokonfiguration* (vgl. Abbildung X-4, Punkt 4). Diese provisorische Wertschöpfungskette dient als Grundlage für die nachfolgende Mikrokonfiguration.

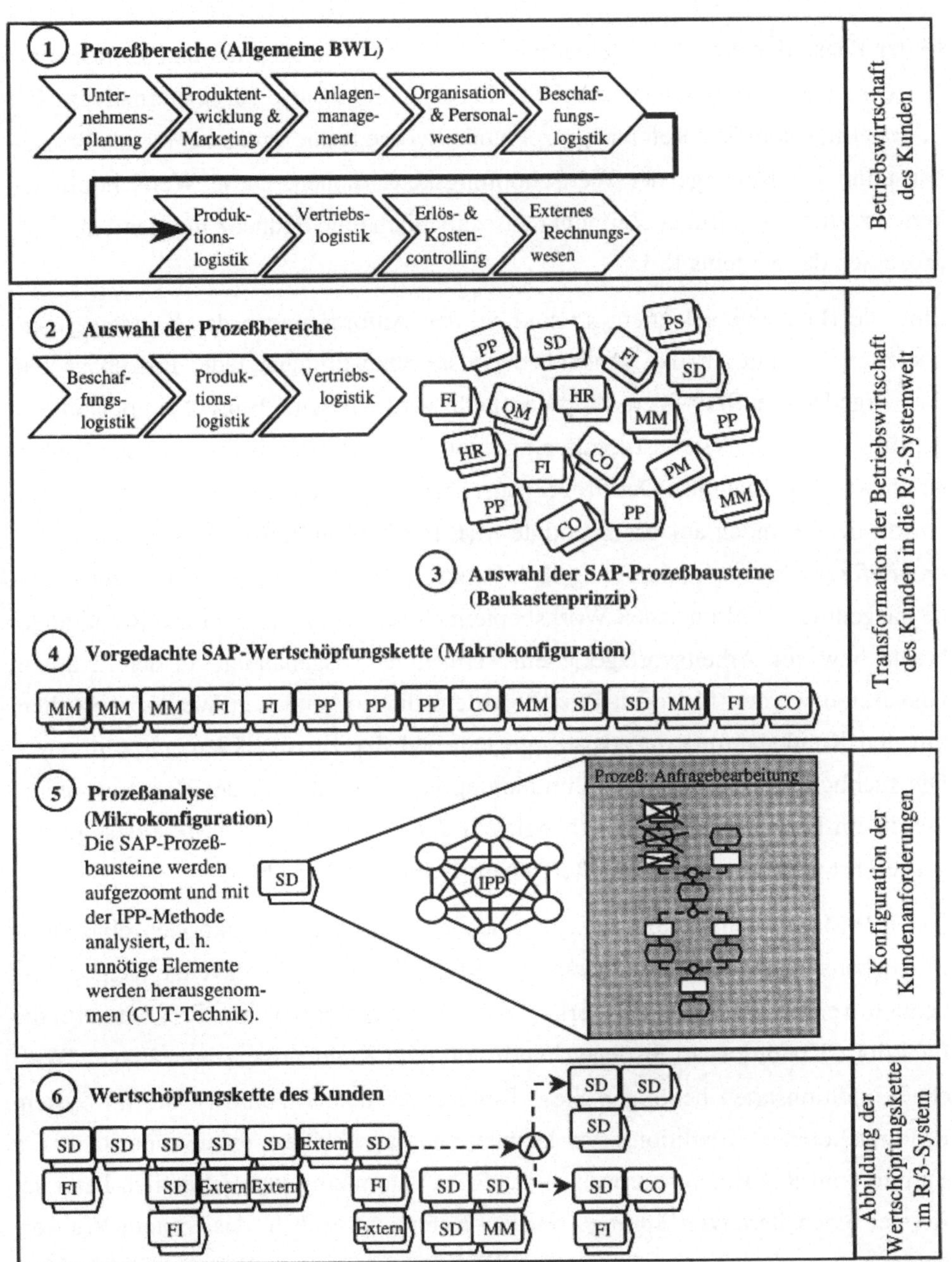

Abb. X-4: Rahmenplan für den IPP-Workshop

In der Phase der Prozeßbausteinauswahl verkörpern die selektierten R/3-Referenzprozesse noch die maximal mögliche Funktionalität und Prozeßalternativen. Die SAP hat mit dem R/3-Referenzprozeßmodell vorgedachte Prozesse, die als Prozeßbausteine zur Montage der Wertschöpfungskette dienen. Diese Wertschöpfungskette ist zu diesem frühen Zeitpunkt ausschließlich eine Sequenz mit den Standardprozessen des Systems R/3.

Sind die Bausteine selektiert, so sind sie den Anforderungen des Kunden gegenüberzustellen und auf die Kundenbedürfnisse abzustimmen. Jeder Prozeßbaustein der vorgedachten SAP-Wertschöpfungskette wird auf seine Einsatztauglichkeit hin geprüft, relevante Teile festgehalten und vom Kunden nicht benötigte Teile weggestrichen (CUT-Technik). Der Prozeßbaustein wird somit interaktiv in der Diskussion mit dem Kunden auf das benötigte Maß hin konfiguriert – die sogenannte *Mikrokonfiguration* (vgl. Abbildung X-4, Punkt 5). Hierzu werden die Prozeßbausteine ausgedruckt und für jeden Workshopteilnehmer lesbar an einer Stellwand angebracht bzw. als Arbeitsvorlage jedem Teilnehmer ausgehändigt. In der iterativen Diskussion werden für jeden Prozeßbaustein die vorhandenen Wege besprochen, mit den Kundenanforderungen abgeglichen und überflüssige Elemente eliminiert. Die fachliche Diskussion zur Eliminierung erfordert, daß in der Regel zu jedem Schritt im Prozeßbaustein in Abhängigkeit der Fragestellung ein iterativer Sprung ausgeführt wird, etwa vom R/3-Referenzprozeß in den R/3-Prototyp.

Die IPP-Methode hilft, die verschiedenen Ereignisse und Funktionen eines R/3-Prozeßbausteins zu erörtern, indem die verschiedenen R/3-Werkzeuge zielgerichtet benutzt werden. Beispielsweise erläutert der R/3-Berater bzw. die R/3-Beraterin die Funktion "Konditionsart festlegen" und stellt dem Kunden hierzu die Frage: "Welche Konditionsarten benötigen Sie?" Der Kunde möchte zunächst die im System R/3 angebotenen Konditionsarten kennenlernen und schlägt dazu einen iterativen Sprung vom R/3-Referenzprozeß in das R/3-Customizing vor. Zusätzlich kann der Berater einen iterativen Sprung vom R/3-Referenzprozeß in das System R/3 vornehmen und mit den Modelldaten des IDES Beispiele von R/3-Belegen aufzeigen, in denen die Konditionsarten eine Rolle spielen. Der iterative Rücksprung in den R/3-Referenzprozeß ist dann angebracht, wenn nicht benötigte Ereignisse und

Funktionen nach neu gewonnenen Erkenntnissen herausgeschnitten werden können (CUT-Technik) oder wenn nach Abschluß eines Analyseschrittes der nächste Prozeßschritt betrachtet werden soll. Alle Ergebnisse einer solchen Prozeßanalyse werden protokolliert und in einer tabellarischen Form für weitere Projektschritte festgehalten.

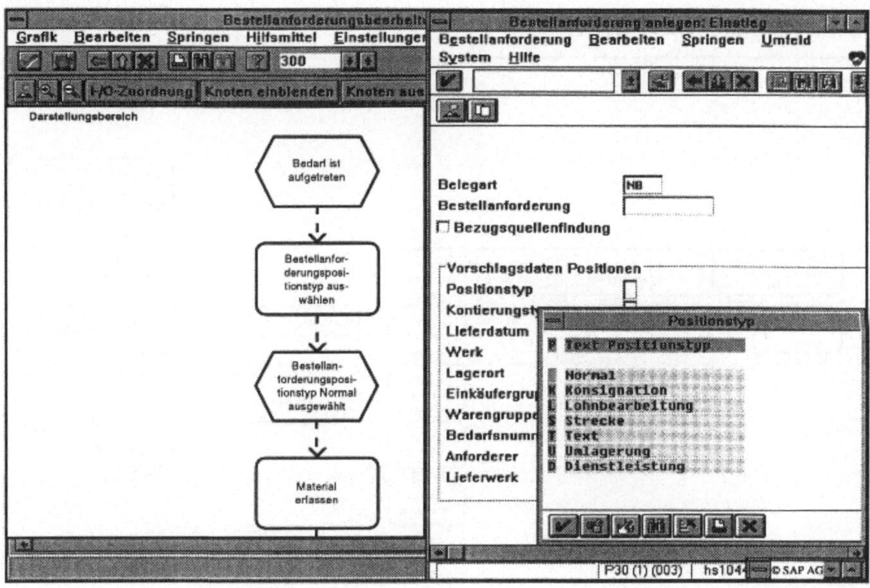

Abbildung X-5: Iterativer Sprung – Vom Referenzprozeß zum Prototyping

Ziel ist es, die verschiedenen Auftragsabwicklungsformen des Kunden in Wertschöpfungsketten abzubilden, die aus konfigurierten R/3-Prozeßbausteinen bestehen, die nach dem Baukastenprinzip selektiert und in ihre zeitlich-sachlogische Reihenfolge gebracht werden. Entsprechend den Kundenanforderungen werden die vorgedachten R/3-Referenzprozesse im Sinne der Selektion verändert und die Besonderheiten des Kunden zu den einzelnen Funktionsschritten innerhalb eines Prozesses in einer tabellarischen Form festgehalten. Jeder einzelne Prozeßbaustein bedarf einer Prozeßanalyse und ist nach Beendigung als Teil der Wertschöpfungskette für den Kunden konfiguriert. Die Wertschöpfungskette des Kunden beinhaltet Prozeßsequenzen und -parallelitäten (Nebenläufigkeiten). Existieren zusätzlich noch fremde Systeme, so können diese in die Wertschöpfungskette des Kunden integriert und somit die Schnittstellen zu den Prozeßbausteinen des R/3-Referenzmodells deutlich gemacht werden (vgl. Abbildung X-4, Punkt 6).

Festzuhalten ist, daß die Workshopergebnisse unter Berücksichtigung der technologischen, organisatorischen und personellen Rahmenbedingungen zu bewerten sind und eine Aufwandsschätzung als Entscheidungsgrundlage für den weiteren Projektverlauf gemacht werden muß.

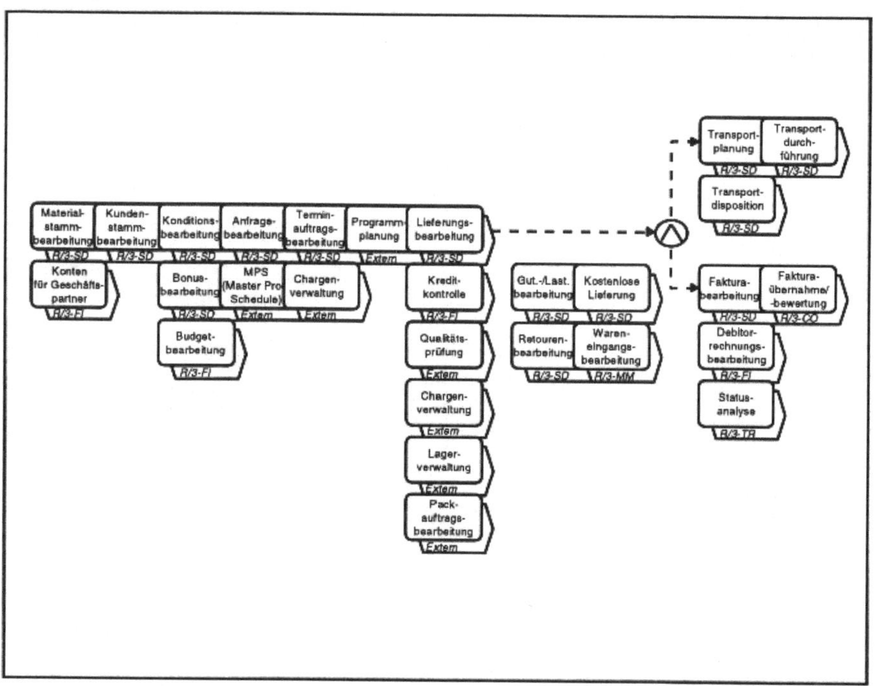

Abbildung X-6: Wertschöpfungskette zu einer Produktgruppe eines Kunden

Im Rahmen einer Einsatzuntersuchung muß berücksichtigt werden, daß zum einen dem Kunden eine inkrementelle Vorgehensweise beim Ersatz von Altsoftware aufgezeigt werden muß, zum anderen in der Praxis nicht alle Anforderungen mit einer homogenen Anwendungssoftware abgedeckt werden können. Deshalb ist es wichtig, auch fremde Systeme in die Wertschöpfungskettendarstellung zu integrieren. Ebenso wird deutlich, daß einzelne Prozeßbausteine voneinander abhängig sind und sukzessive ablaufen; andere Prozeßbausteine können parallel (nebenläufig) zueinander ablaufen. Es kann auch sein, daß bestimmte Prozeßbausteine – etwa die Retourenbearbeitung – losgelöst vom Hauptgeschäft der Wertschöpfung abgewickelt werden.

4 Ausblick

Das Erfahrungswissen vieler erfolgreicher Unternehmen ist im R/3-System implementiert und im R/3-Referenzprozeßmodell visualisiert. Das entscheidende dabei ist, daß aufbauend auf dem R/3-Erfahrungsschatz von weltweit operierenden Konzernen einerseits, von mittelständischen Unternehmen andererseits andere Unternehmen die betriebswirtschaftlichen Konzepte nutzen und ihre Unternehmensgestaltung damit realisieren können. Referenzmodelle von Anwendungssoftwareanbietern können in diesem Zusammenhang als eine Art Navigationshilfe oder *Landkarte* gesehen werden. Mit Hilfe der Navigation soll der potentielle Kunde die möglichen Wege aufgezeigt bekommen, mit Hilfe der Selektion des betriebswirtschaftlichen Lösungswegs, d. h. der Bestimmung eines zielorientierten Geschäftsprozesses, legt er eine Lösung für seine Anforderungen fest.

Ein interessierter Kunde kann dabei mit einem Seefahrer verglichen werden, der auf einer betriebswirtschaftlichen Entdeckungsreise ist. Entscheidend dabei ist, den neuen Weg nicht nur zu entdecken, sondern ihn reproduzierbar zu machen. Ebenso ist es als die große Leistung der *Entdecker der Weltmeere,* wie z. B. Christoph Columbus, anzusehen, daß sie von ihrer Entdeckung aus den Weg wieder zurückgefunden haben. Denn erst dadurch konnten andere dem entdeckten Weg folgen. Die Reproduzierbarkeit ist auch das entscheidende Kriterium bei der Gestaltung von Geschäftsprozessen, da sie quer zu Bereichen laufen und beliebig komplex sein können. Das schwierige daran ist nun, wie ein Unternehmen seine Geschäftsprozesse so beschreibt, daß sie zum einen reproduzierbar sind, zum anderen so gestaltet, daß aufgrund der verschiedenen auftretenden Situationen flexible Einstiege möglich sind.

Die Abkehr von einer rein funktionsorientierten Betrachtung zu einer mehr prozeßorientierten, abteilungsübergreifenden Sicht wird auch ein Gegenstand der Beratung werden. Das Wissen über die Gestaltungsmöglichkeiten innerhalb der Wertschöpfungskettenbildung ist in DV-Systemen implementiert, in Köpfen von Mitarbeitern vorhanden und in den R/3-Referenzprozessen bezogen auf das System R/3 visualisiert. Die Kunst liegt nun darin, das benötigte Wissen zu adaptieren und so umzugestalten, daß es die unternehmungseigenen Anforderungen erfüllen kann.

Mit der aufgezeigten Entwicklung wird sich der Markt im Bereich der Informationstechnologie analog zu anderen Branchen, z. B. der Automobilindustrie, verändern. Der Kunde wird auf der Basis von standardisierten, parametrisierbaren Grundkomponenten seine Wertschöpfungsketten montieren und konfigurieren (Configure to order). Den Entwurf, die Priorisierung und Ausgestaltung der Wertschöpfungsketten muß der Kunde aufgrund seiner Unternehmensziele vornehmen. Die Planung der Wertschöpfungsketten und die Umsetzung der Anforderungen in das DV-gestützte Informationssystem, z. B. das System R/3 der SAP AG, kann mit dem Ansatz des Iterativen Prozeß-Prototypings unterstützt werden. Die Grundelemente zur Anwendung des Iterativen Prozeß-Prototypings stehen im R/3-System zur Verfügung. Die Referenzprozesse zum R/3-System sind beispielsweise in der Komponente *R/3-Business Engineer* (vgl. [CKL98]) enthalten und eine Beschreibung zur R/3-Projektorganisation sowie das Aufzeigen einzelner Detailschritte innerhalb des Projektmanagements ist in dem *Programmhandbuch Accelerated SAP (ASAP)* erhältlich.

XI Werkzeugunterstützung beim Einsatz von Vorgehensmodellen

Gerhard Chroust, Paul Grünbacher

Zusammenfassung

Die Komplexität der Software-Entwicklung erfordert Werkzeugunterstützung bei der methodischen Erstellung von Ergebnissen, bei der Verwaltung dieser Ergebnisse und bei der Einhaltung eines Vorgehensmodells. Software-Entwicklungsumgebungen (SEU) unterstützen diese Aufgaben, wobei der Grad dieser Unterstützung bei den verfügbaren Systemen sehr unterschiedlich ist. Ausgehend von einem Meta-Prozeßmodell definieren wir für Software-Entwicklungsumgebungen vier Grundkomponenten und vier Beziehungskomponenten und stellen verschiedene Niveaus der Werkzeugunterstützung in diesem achtdimensionalen Modell dar. Zur Veranschaulichung ordnen wir einige existierende Werkzeuge in dieses Modell ein.

1 Historische Entwicklung

Schon sehr früh gab es den Wunsch, die Erstellung der eigentlichen Programme zu erleichtern. Rutishauser sprach bereits 1952 von "Automatischer Rechenplanfertigung" [Rut52] und legte damit die Wurzeln für höhere Programmiersprachen (FORTRAN um 1956, COBOL und ALGOL um 1960). Mit ADA (um 1980) entstand auch das Konzept einer Programmierumgebung (APSE genannt). Die stufenweise Einführung von zusätzlichen, der eigentlichen Codierung vorgelagerten Phasen wie Entwurf, Fachkonzept und Anforderungsanalyse [Chr92a] und das Konzept des Information Engineering [Mar90] legten die durchgehende Unterstützung des gesamten Entwicklungsprozesses durch Werkzeuge nahe. Die volle Aufmerksamkeit wandte sich den Software-Entwicklungsumgebungen etwa um 1980 zu [Chr92a, HMS85]. Bevorzugte Namen dafür waren z.B. Software Engineering Environment, CASE-Umgebung oder IPSE (Integrated Project Support Environment).

Anfänglich konzentrierte man sich auf die Unterstützung der individuellen Tätigkeiten des Software-Ingenieurs. Die wachsende Komplexität der resultierenden Prozesse ließ bald den Wunsch nach einer modellhaften Darstellung des Vorgehens durch Vorgehensmodelle entstehen (Wasserfallmodell [Roy70], V-Modell [BrD93]). Besonders seit der Betonung des Prozeßgedankens in der Software-Qualitätssicherung (ISO 9000) erkannte man auch die Notwendigkeit, die Befolgung des Vorgehensmodells durch Werkzeugunterstützung sicherzustellen. Es entstanden Software-Entwicklungsumgebungen mit einem Vorgehensmodell und einem dazugehörigen Prozeßinterpretierer: VIDOC und später ADPS [CGM88] von IBM, MAESTRO II von Softlab [Mer92], PROCESS Weaver von Cap Gemini [Fer93], EPOS [LaL85] usw.

2 Vorgehensmodelle und deren Automation

Im Referenzmodell der ECMA wird eine SEU definiert als "*... a system which provides automated support of the engineering of software systems and the management of the software process*" [ECM93]. Hauptmotive für eine SEU sind Arbeitserleichterungen besonders bei Routinetätigkeiten, die Steuerung des Entwicklungsprozesses und die Kontrolle des Projektfortschrittes.

2.1 Dimensionen der Werkzeugunterstützung

Das Kaskadenmodell in Abbildung XI-1 ist ein einfaches Meta-Modell, das einen Rahmen zur Definition von Vorgehensmodellen vorgibt und somit die möglichen Ausformungen der eigentlichen Vorgehensmodelle festlegt [Chr92b].
Man erkennt die vier Grundkomponenten Ergebnistyp, Ergebnisstruktur, Aktivitätstyp und Ablaufstruktur sowie die vier wesentlichen Beziehungskomponenten Ergebniszugriff, Ergebnisfluß, Navigation und Durchführbarkeit. Außerdem gibt es noch zwei statische Beziehungen (Ergebnistyp/Ergebnisstruktur und Aktivitätstyp/Aktivitätsstruktur), bei denen die Werkzeugunterstützung hauptsächlich bei der Definition des Vorgehensmodells eine Rolle spielt.

- *Aktivitätstyp*: Ein Aktivitätstyp beschreibt die Erzeugung weiterer Ergebnisse unter Verwendung von vorausgesetzten Ergebnissen. Werkzeugunterstützung setzte ursprünglich bei der methodischen Unterstützung von Aktivitäten an. In der Folge entwickelte sich ein expansiver Markt mit einer Vielzahl von Anbietern [Bal95].

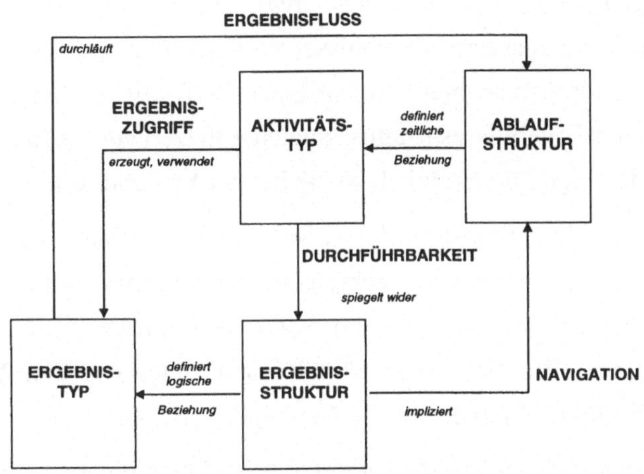

Abbildung XI-1: Kaskadenmodell

- *Ergebnistyp*: Die Ergebnisse werden durch Aktivitäten erzeugt. Ergebnistypen beschreiben die Zwischen- und Endergebnisse in einem Software-Entwicklungsprozeß. Werkzeuge unterstützen hauptsächlich die Handhabung und Verwaltung der Ergebnisse sowie die Versionsführung.
- *Ablaufstruktur*: Die Ablaufstruktur legt die logische/zeitliche Reihenfolge der abzuarbeitenden Aktivitäten (nicht der Aktivitätstypen!) fest. Die Zusammenfassung zu Phasen, Stadien etc. wird hier dargestellt. Die Ablaufstruktur ist die Basis des methodischen Ablaufs des Entwicklungsprozesses. Die "Methodenkämpfe" der Softwaretechnik spielen sich weitgehend auf dem Niveau der Ablaufstruktur ab (z.B. Wasserfallmodell versus Spiralmodell). Werkzeugunterstützung dient zur Auswahl und Aktivierung der einzelnen Aktivitäten bzw. Werkzeuge.
- *Ergebnisstruktur*: Die Ergebnisstruktur beschreibt den Zusammenhang der einzelnen Ergebnisse untereinander, präziser gesagt, der durch die Ergebnistypen

beschriebenen Ergebnisse (Instanzen), ohne auf den Inhalt der Ergebnisse selbst einzugehen. Sie legt die logische Struktur (u.a. die Hierarchie) der Ergebnisse fest. Werkzeuge sichern die Konsistenz der verschiedenen Ergebnisse und unterstützen das Konfigurationsmanagement.

- *Ergebniszugriff (Ergebnistyp/Aktivitätstyp)*: Aktivitäten benötigen Ergebnisse als Eingabe (vorausgesetzte Ergebnisse) und erzeugen weitere Ergebnisse. Unterstützung benötigt man beim Aufruf eines Werkzeuges, beim Zugriff auf die Meta-Daten des Ergebnisses (Status, Speicherplatz, Typus, Codierung, ...), beim Zugriff auf den eigentlichen Inhalt sowie bei der Speicherung.
- *Ergebnisfluß (Ablaufstruktur und Ergebnis)*: Die Verfolgung des Flusses der Ergebnisse und deren Status über mehrere Aktivitäten hinweg ist ein wesentliches Hilfsmittel bei der Verifikation von Software-Produkten (z.B. Anforderungsnachverfolgung). Ein bekanntes Mittel zur Darstellung von Ergebnisflüssen stellen die Produktflußtabellen im V-Modell dar [BrD93].
- *Durchführbarkeit (Ergebnisstruktur/Aktivität)*: Über die Ergebnisstruktur kann die Durchführbarkeit einer Aktivität (d.h. adäquate Verfügbarkeit aller notwendigen Ergebnisse) ermittelt werden. Es sind dabei vielfältige Einflußfaktoren (z.B. Durchführung unter Vorbehalt [Phi88]) zu berücksichtigen. In der Wartung oder im Reengineering ist auch die Existenz früher erzeugter Ergebnisse zu berücksichtigen. Die Werkzeugunterstützung hilft bei der Ermittlung des aktuellen Status der einzelnen Ergebnisse.
- *Navigation (Ergebnisstruktur/Ablaufstruktur)*: Unter Navigation verstehen wir die Auswahl der nächsten durchzuführenden Aktivität. Die Durchführbarkeit und die Gesamtstrategie sind zu berücksichtigen. Diese Entscheidungen können je nach Situation (Neuentwicklung, Wartung, Reengineering) verschieden ausfallen. Werkzeugunterstützung hilft bei der Beurteilung der komplexen Situation eines Software-Entwicklungsprozesses und bietet Entscheidungsunterstützung.

2.2 Werkzeugtypen

Die soeben diskutierten Dimensionen werden in einer SEU durch verschiedene

Werkzeuge unterstützt [ECM93, PSE93]. Die wichtigsten Werkzeugdienste sind Objektmanagement und Prozeßmanagement, welche die Infrastruktur für die zum Einsatz kommenden SE-Werkzeuge bieten.

- Das *Objektmanagement* dient der Verwaltung von Zwischen- und Endergebnissen. Dieser Dienst umfaßt u.a. die Definition von Metadaten (Schema), die Erzeugung, Verwaltung und Versionierung von Objektinstanzen, die Sicherung des logischen Zusammenhangs der Ergebnisse (im Sinne einer logischen Strukturierung der Ergebnisse) und Beziehungen, sowie die Verwaltung von Objektnamen [Mer92, HaL93, Sag90]. Eine wichtige Funktion ist auch die Nachverfolgung des Ergebnisflusses über Transformationen hinweg.
- Unter *Prozeßmanagement* verstehen wir Werkzeuge zur Definition, Ausführung (enactment), Visualisierung und Überwachung von Vorgehensmodellen. Typische Funktionen sind die Instantiierung von Vorgehensmodellen und die Auswahl und Aktivierung auszuführender Aktivitäten [ACC94, Chr92a, GaJ96, Mad91, PSE93, ECM93, ScB93].
- *SE-Werkzeuge*: Die Unterstützung der einzelnen Aktivitäten der Software-Entwicklung (z.B. Entwurf, Compilation) durch CASE-Werkzeuge [Bal95] kann als die "Werkzeugunterstützung im Kleinen" bezeichnet werden. In der Vergangenheit kam es aber zu einem lebhaften Wechselspiel zwischen am Markt vorhandenen Werkzeugen und der Definition von Methoden. Unangenehm ist, daß die Funktionen eines Werkzeuges und die Definition der Aktivitäten oft nicht zusammenpassen.

Bei Betrachtung existierender Werkzeuge fällt auf, daß einige davon keine Unterstützung für das Prozeßmanagement bieten (z.B. COMPOSER), während bei anderen (z.B. ADPS, PROCESS Weaver) die Werkzeugunterstützung des Vorgehensmodells im Vordergrund steht (Process-centered Software Engineering Environment [GaJ96]).

2.3 Werkzeugintegration

Die soeben dargestellten Werkzeugtypen kommen in der Praxis oft von verschiedenen Herstellern. Damit erhebt sich auch die Frage, inwieweit die Werkzeuge untereinander integriert sind. Gerade in diesem Bereich kommt es oft zu unvorhergesehenen Problemen [ScB93].

- Solange man einzelne CASE-Werkzeuge betrachtet (z.B. Werkzeuge für Objektorientierte Analyse und Entwurf) entsteht nur das Problem der Anpassung des Werkzeugs an das Vorgehensmodell (deckt das Werkzeug genau eine, mehrere, einen Teil oder Teile von mehreren Aktivitäten ab?) Je nach Art der Überdeckung und der Größe der Diskrepanz ist hier meist eine Änderung des Vorgehensmodells notwendig [Chr92a].
- Da es unmöglich ist, mit einem Werkzeug den gesamten Entwicklungszyklus abzudecken, entstanden sogenannte Werkzeugsätze (z.B. ADW, IEW, KEY, IEF, COMPOSER, COOL:Gen). Sie legen ihre Daten in einem eigenständigen, proprietären Repository ab. Folgende Probleme entstehen:
  - Der Status der entwickelten Ergebnisse ist der Prozeßausführungskomponente nicht zugänglich (da nur im CASE-Werkzeug gespeichert). Die Navigation kann nicht statusgesteuert erfolgen.
  - Bei den meisten CASE-Werkzeugen kann man von einem Sub-Werkzeug in ein anderes wechseln. Die verschiedenen Diagramme sind aber üblicherweise verschiedenen Aktivitätstypen zugeordnet, womit der Entwicklungsprozeß auf der Ebene des Vorgehensmodells nicht mehr nachvollziehbar ist. Außerdem werden verschiedene Ergebnisse nach außen nicht sichtbar.
- Eine ähnliche Problematik entsteht zwischen Konfigurationsmanagement und CASE-Werkzeug oder auch zwischen Konfigurationsmanagement und Repository. Auch hier bleiben dem Konfigurationsmanagement oft Statusänderungen verborgen.
  - Eine weitere Schwierigkeit sind Inkompatibilitäten zwischen Konfigurationsmanagement und CASE-Werkzeugen, wenn das CASE-Werkzeug eigenständige Namenskonventionen hat, die vom Konfigurationsmanagement nicht verstanden werden.

2.4 Meta-SEU

Analog zu anderen Gebieten (z.B. Compiler-Bau, vgl. Compiler-Compiler) entstand das Konzept einer Meta-SEU. Es fußt auf der Beobachtung, daß bei einer SEU eigentlich viele Dienste im Grunde gleich sind und sich durch Merkmale in der Repräsentation unterscheiden.

Am bekanntesten ist wohl PCTE (Public Common Tool Environment), das die Aufgaben des Werkzeuganschlusses vereinheitlichte [PCT95]. Die einzelnen Werkzeuge wurden "eingehängt". Eine Berücksichtigung des Vorgehensmodells war allerdings nicht vorgesehen.

Bei der VSF (Virtual Software Factory) handelt es sich um ein Werkzeug, das aufgrund der formalen Spezifikation einer Software-Entwicklungsmethode ein integriertes CASE-Werkzeug erzeugt. In der Spezifikation können sowohl Repräsentation als auch formale und inhaltliche Einschränkungen definiert werden. Ein explizites Vorgehensmodell ist aber nicht vorgesehen. VSF sollte ihm Rahmen der AD/CYCLE die Anpassung der CASE-Werkzeuge an individuelle Bedürfnisse abdecken [Cor92].

3 Automationsniveaus

In diesem Abschnitt beschreiben wir Automationsniveaus für die Dimensionen aus Abschnitt 2.1. Das Automationsniveau drückt den Grad der Werkzeugunterstützung bei den einzelnen Dimensionen aus (siehe Abbildung XI-2).

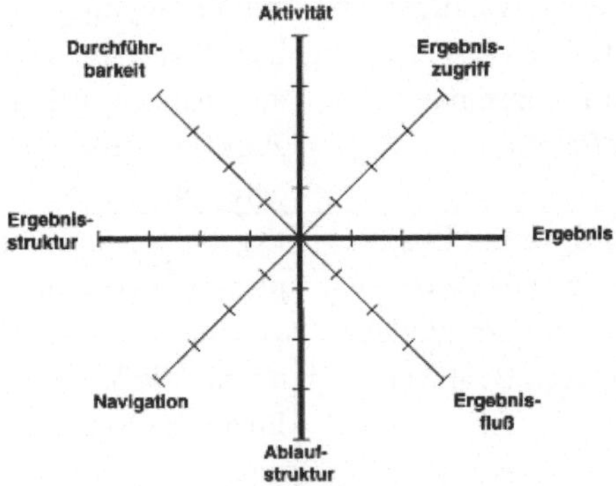

Abbildung XI-2: Die Automationsdimensionen einer SEU

Die nachfolgende Tabelle zeigt minimale und maximale Automationsniveaus für die einzelnen Dimensionen.

	Minimal	Maximal
Aktivität	Es gibt keine methodische Unterstützung bei der Erzeugung der Ergebnisse. Bei den Werkzeugen handelt es sich um semantikfreie Editoren.	Das angeschlossene CASE-Werkzeug unterstützt durch semantisches Verstehen der Ergebnisse und des methodischen Vorgehens die Software-Entwicklung.
Ergebnis	Die Ergebnisse müssen vom Benutzer individuell verwaltet werden, das System stellt nur ein allgemeines Ablagesystem zur Verfügung.	Das Werkzeug kennt die Bedeutung des Ergebnisses. Es kann das Ergebnis verschieden (Graphik, Text) darstellen und automatisch transformieren. Es verwaltet Versionen automatisch.
Ablaufstruktur	Es gibt keinerlei Hilfe beim Instantiieren oder Aufruf von durchzuführenden Aktivitäten.	Die Einhaltung des methodischen "Korsetts" wird strikt kontrolliert.
Ergebnisstruktur	Alle Ergebnisse werden beziehungslos im Ablagesystem aufbewahrt. Der Benutzer muß die Zusammenhänge selbst kennen und verwalten.	Das unterstützende Repository registriert von sich aus die Zusammenhänge und Inkonsistenzen.
Ergebniszugriff	Der Benutzer muß selbst sowohl Ort als auch Inhalt der notwendigen Ergebnisse der Aktivität zur Verfügung stellen. Auch sind Statusänderungen manuell durchzuführen.	Ergebnisse werden automatisch zur Verfügung gestellt und abgelegt. Statusänderungen erfolgen automatisch. Allfällige Mehrfachzugriffe werden vom Werkzeug geregelt.
Ergebnisfluß	Sowohl das Verfolgen der Ergebnisse als auch allfällige Übersetzungen von Ergebnissen (für verschiedene Werkzeuge) sind vom Benutzer durchzuführen.	Ergebnisse sind samt ihren komplexen Beziehungen und Abhängigkeiten im Repository gespeichert. Alle Werkzeuge können den Inhalt des Repositories interpretieren.

(Forts.)

	Minimal	Maximal
Navigation	Die Auswahl der auszuführenden Aktivitäten muß der Benutzer ohne Werkzeugunterstützung durchführen.	Die Auswahl der durchzuführenden Aktivitäten erfolgt nach komplexen, durch den Status des Projektes vorgegebenen Regeln. Gewisse Aktivitäten werden selbständig durchgeführt (z.B. Rekompilation).
Durchführbarkeit	Der Benutzer muß ohne Hilfestellung den Status der Ergebnisse kennen und so die Durchführbarkeit einer Aktivität bestimmen.	Das System erlaubt nur die Durchführung jener Aktivitäten, bei denen alle Voraussetzungen erfüllt sind.

Es zeigt sich, daß mit steigendem Automationsgrad die Trennung in die einzelnen Dimensionen immer schwieriger wird. Typischerweise wird ein zentrales Repository allmählich für alle Unterstützungsbereiche gebraucht. Die Werkzeugunterstützung und damit die Automationsniveaus sind also nicht unabhängig voneinander. Zum einen sind Unterstützungswerkzeuge oft aufeinander angewiesen, zum anderen tendieren Systeme mit hohem Automationsgrad zu einer gesamtheitlichen, integrierten Lösung wo mehrere Unterstützungsfunktionen gemeinsam erledigt werden.

4 Einordnung existierender Software-Entwicklungsumgebungen

In diesem Abschnitt werden einige existierende Werkzeuge anhand des eben definierten Modells charakterisiert. Diese Einordnung stellt keine Wertung dar, vielmehr werden verschiedene Werkzeugtypen und deren Unterstützungsniveaus dargestellt.

Diagramm	Werkzeugbeschreibung
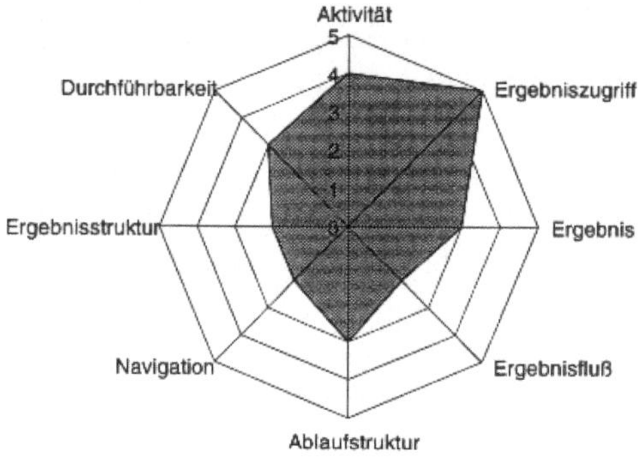 Aktivität, Ergebniszugriff, Ergebnis, Ergebnisfluß, Ablaufstruktur, Navigation, Ergebnisstruktur, Durchführbarkeit (0–5)	*ADPS* ist die von IBM für AD/CYCLE entwickelte SEU. ADPS wurde ohne Bezug auf ein Repository konzipiert, dadurch entstehen Schwierigkeiten bei der Korrelation von Ergebnis(instanzen) und bei der Navigation. Die Aktivierung von Aktivitäten hingegen ist gut unterstützt.
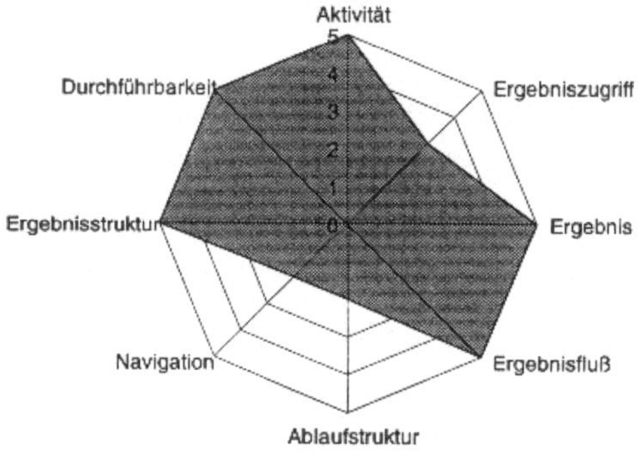 Aktivität, Ergebniszugriff, Ergebnis, Ergebnisfluß, Ablaufstruktur, Navigation, Ergebnisstruktur, Durchführbarkeit (0–5)	*COMPOSER* [TI95] ist ein integrierter Werkzeugsatz zur Unterstützung des Information Engineering nach [Mar90]. COMPOSER enthält kein explizites Vorgehensmodell. Das zugrundeliegende Repository bietet Check-In/Check-Out Mechanismen sowie die Datenintegration von Werkzeugen.
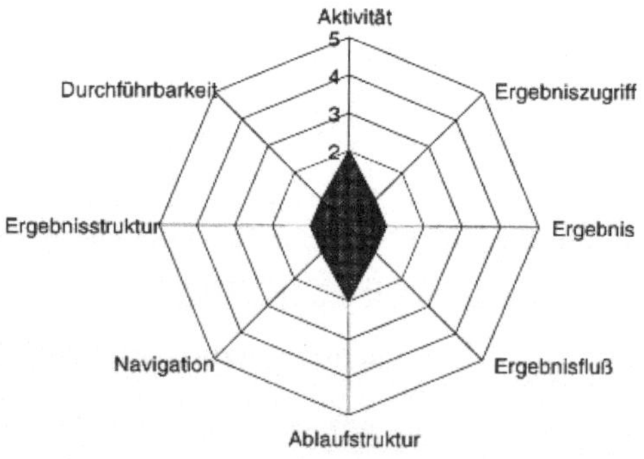 Aktivität, Ergebniszugriff, Ergebnis, Ergebnisfluß, Ablaufstruktur, Navigation, Ergebnisstruktur, Durchführbarkeit (0–5)	*HERMES* ist eine hypertextbasierte Beschreibung der Aktivitäten und Ergebnisse des Schweizer Behördenstandards. Es ist keine weitere Unterstützung vorhanden [BuI95].

(Forts.)

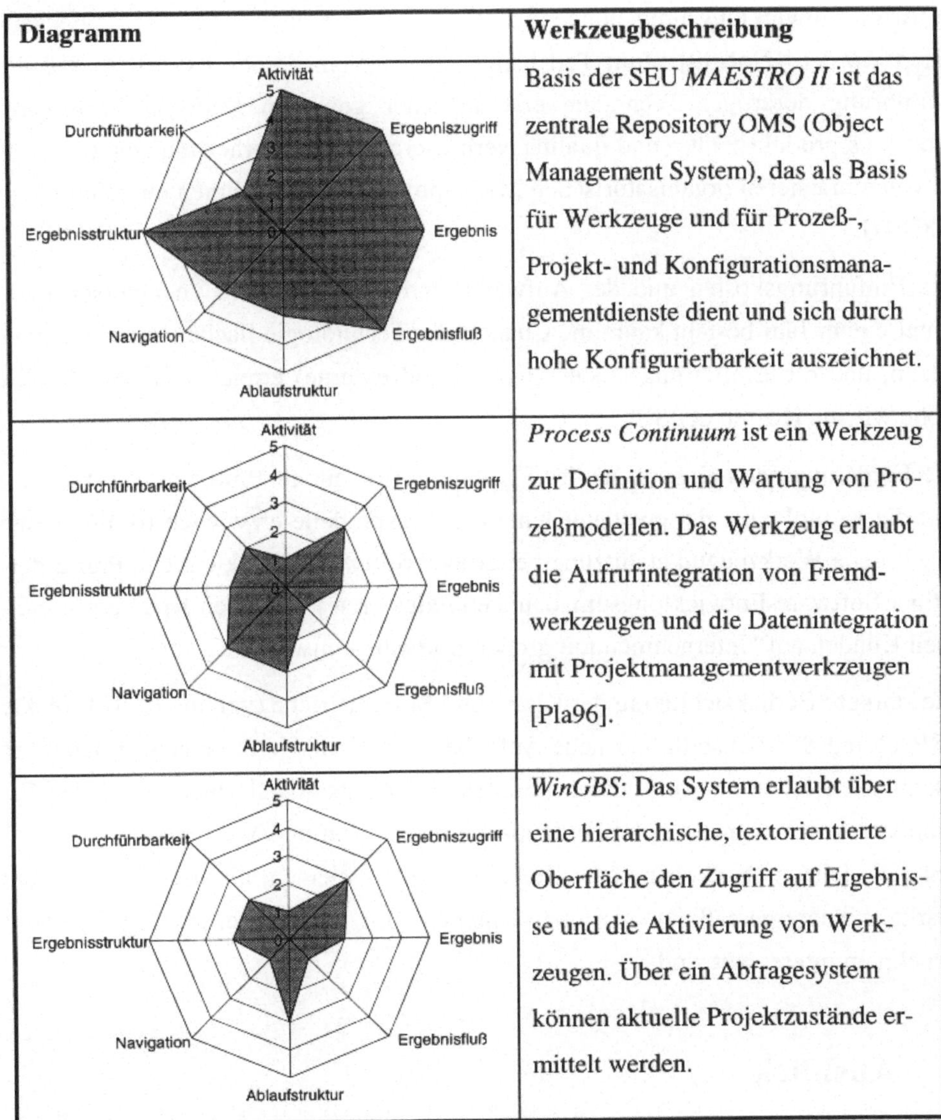

Diagramm	Werkzeugbeschreibung
	Basis der SEU *MAESTRO II* ist das zentrale Repository OMS (Object Management System), das als Basis für Werkzeuge und für Prozeß-, Projekt- und Konfigurationsmanagementdienste dient und sich durch hohe Konfigurierbarkeit auszeichnet.
	Process Continuum ist ein Werkzeug zur Definition und Wartung von Prozeßmodellen. Das Werkzeug erlaubt die Aufrufintegration von Fremdwerkzeugen und die Datenintegration mit Projektmanagementwerkzeugen [Pla96].
	WinGBS: Das System erlaubt über eine hierarchische, textorientierte Oberfläche den Zugriff auf Ergebnisse und die Aktivierung von Werkzeugen. Über ein Abfragesystem können aktuelle Projektzustände ermittelt werden.

5 Nutzen und Einführungskosten

Der wesentlichen Vorteil von Software-Entwicklungsumgebungen ist in einem kontrollierten Prozeßablauf zu sehen, um dem Preis einer gewissen Starrheit. Inzwischen zeigt sich aber auch bei den Kunden eine gewisse Enttäuschung, daß Software-Entwicklungsumgebungen nicht den Erfolg brachten, für den sie hochstilisiert wurden [NoN89]. Zum Teil hängt das Problem damit zusammen, daß die Einführung derartiger Techniken erst ab einer gewissen Reife des Software-Prozesses produktivitäts- und qualitätsverbessernd wirkt. Vorher müssen eine Reihe von einfacheren organisatorischen Maßnahmen im Unternehmen eingeführt sein [GrH97].

Die Einführungskosten und der Aufwand sind ebenfalls nicht zu unterschätzen. Unter einem Jahr besteht kaum die Chance, die Technologie flächendeckend einzusetzen, und die Einführungskosten (interne und externe) erreichen leicht dieselbe Höhe wie die Kosten der SEU.

Die Forderung nach Konsistenz der Ergebnisse (die einige 1000 betragen können) und die Komplexität der entstandenen Vorgehensmodelle erzwingen förmlich eine beachtliche Werkzeugunterstützung bei großen Software-Projekten. Die Preise derartiger Software-Entwicklungsumgebungen reduzieren jedoch den Kreis der möglichen Kunden auf Unternehmen mit großen Software-Entwicklungsabteilungen.

Die stärkere Berücksichtigung der Klein- und Mittelbetriebe (vgl. die ESSI Projekte ESPITI und SPIRE) stellt hier neue Aufgaben und Herausforderungen. Braucht ein Kleinunternehmen ein voll ausformuliertes Vorgehensmodell, oder genügt die Ergebnisstruktur? Kann es sich überhaupt die Installation und Wartung einer derartigen SEU leisten? Heute sind eine Reihe von relativ kleinen, billigen Systemen am Markt, die naturgemäß eine geringere Unterstützung geben, aber auch für Kleinunternehmen interessant sind.

6 Ausblick

In allen Gebieten der Informationstechnologie sieht man den Trend, gemeinsame Aufgaben in einer Zwischenebene zu vereinigen und den Benutzer davon zu entlasten. Das Konzept der Middleware [ÖRV96] spiegelt das wider. Software-Entwicklungsumgebungen sind eine derartige Middleware-Komponente im Software-

Entwicklungsbereich. Middleware muß aber einige Eigenschaften haben, damit sie akzeptiert wird. Bei der Evaluierung der momentanen Lage, scheinen diese Eigenschaften bei Software-Entwicklungsumgebungen nur bedingt vorhanden zu sein.

Die Notwendigkeit der Einhaltung von vordefinierten Prozessen (vgl. ISO 9000, und Folgestandards) wird dem Konzept der rechnergestützten Vorgehensmodelle neuen zusätzlichen Auftrieb geben. Eine wichtige Grundvoraussetzung ist aber, daß sich eine SEU an die jeweilige betriebliche Einsatzumgebung (Anzahl der Mitarbeiter, Methoden, Vorgehensmodell, ...) anpassen läßt.

XII Organisatorische Gestaltung des Einsatzes von Vorgehensmodellen

Ralf Kneuper

Zusammenfassung

Ein Vorgehensmodell entsteht und lebt erst durch die beteiligten Personen, die in ihrer Rolle als Mitglieder einer Software produzierenden Organisation das Vorgehensmodell erarbeiten, laufend anpassen und verbessern und schließlich, als wichtigste Aufgabe, bei der Entwicklung umsetzen.

Dieser Beitrag beschreibt die organisatorischen Aspekte, die zum erfolgreichen Einsatz eines Vorgehensmodells notwendig sind. Dies umfaßt

- die Aufbauorganisation, d.h. in erster Linie die Einrichtung einer Gruppe von Mitarbeitern, die das Vorgehensmodell betreut.
- die Ablauforganisation, d.h. die Gestaltung der Prozesse, die zum Einsatz eines Vorgehensmodells notwendig sind, z.B. die Erarbeitung des Vorgehensmodells und seine Inkraftsetzung.

Zum Abschluß des Beitrages werden die relevanten Anforderungen von CMM, V-Modell und ISO 900x diskutiert.

1 Einleitung

Thema dieses Beitrages ist die organisatorische Gestaltung des Einsatzes von Vorgehensmodellen im Unternehmen. Dabei geht es nicht um die Organisation *im* Projekt, sondern um die Erstellung und Pflege eines Vorgehensmodells und seine Umsetzung im Projekt. Wie damit angedeutet, geht der Beitrag von einer Projektorganisation bei der Softwareentwicklung aus. Die Aussagen sind aber mit geringen Änderungen auch auf andere Organisationsformen anpaßbar.

Als "Unternehmen" werden hierbei solche Unternehmen betrachtet, die Software selbst herstellen oder im Auftrag erstellen lassen. Dabei wird der Einfachheit halber unterschlagen, daß es sich dabei auch um Teile von Unternehmen wie z.B. die DV-Abteilung, um Gruppen von Unternehmen, Forschungsinstitute, etc. handeln kann. Wenn also von "Unternehmensleitung" die Rede ist, dann geht es um die Leitung dieses Aufgabenbereiches, aber nicht unbedingt des gesamten Unternehmens.

1.1 Aufgaben beim Einsatz eines Vorgehensmodells

Die wichtigsten Aufgaben beim Einsatz eines Vorgehensmodells sind:

- Erarbeitung bzw. Auswahl und ggf. Anpassung des Vorgehensmodells sowie seine laufende Aktualisierung. Dazu gehört auch die Auswahl der dazu passenden Methoden und Werkzeuge.
- Freigabe bzw. Inkraftsetzung des Vorgehensmodells.
- Administrative Tätigkeiten wie Druckaufbereitung, Verteilung, Konfigurations- und Versionsverwaltung der Dokumente.
- Umsetzung des Vorgehensmodells in den Projekten sowie evtl. die Beratung der Projekte bei dieser Aufgabe.
- Laufende Überprüfung der Umsetzung in den Projekten.

Daraus ergibt sich nun eine Reihe von organisatorischen Aufgaben, z.B. die Zuordnung der hier genannten Aufgaben zu einzelnen Rollen und Stellen. Diese organisatorischen Aufgaben sind das Thema dieses Beitrags.

1.2 Organisation

Die folgende Beschreibung organisatorischer Grundbegriffe basiert auf [Sch94].

Unter Organisation verstehen wir die "dauerhaft gültige Ordnung (Regelung) von sozio-technischen Systemen". Bei den hier betrachteten "sozio-technischen Systemen" handelt es sich um die oben beschriebenen Software produzierenden Unternehmen.

Daneben beschreibt der Begriff "Organisation" aber auch die sozio-technischen Systeme selbst, die eine derartige dauerhaft gültige Ordnung haben, also in diesem Zusammenhang die Software produzierenden Unternehmen.

Man unterscheidet üblicherweise zwei Aspekte der Organisation, nämlich

- Aufbauorganisation als Gestaltung der statischen Aspekte der Organisation, bestehend aus
  - Stellenbildung, also Bildung von Aufgabenpaketen, die einer Stelle und damit einer Person zugeordnet werden. Als Zwischenschritt werden die Aufgaben oft Rollen zugeordnet, die dann ihrerseits Stellen oder Person zugeordnet werden.
  - Einrichten von Leitungsbeziehungen (Hierarchie).
  - Information der Beteiligten über das Vorgehensmodell (in [Sch94] als "Gestaltung des Informationssystems" bezeichnet).
  - Einrichtung von Kommunikationsbeziehungen.
  - Auswahl und Einsatz von Sachmitteln.
- Ablauforganisation als Gestaltung der dynamischen Aspekte der Organisation, also der Regelung der zeitlichen, räumlichen, mengenmäßigen und logischen Beziehungen.

Eine strenge Trennung von Aufbau- und Ablauforganisation ist allerdings nicht möglich, denn die beiden Aspekte hängen eng zusammen und beeinflussen sich gegenseitig.

So ist ein Vorgehensmodell selbst ein typisches Beispiel einer ablauforganisatorischen Regelung, in der die Prozesse bei der Entwicklung von Software festgelegt werden. Wird darin auch festgelegt, *wer*[1] eine bestimmte Aktivität in einem dieser Prozesse durchführt, so handelt es sich dabei um eine aufbauorganisatorische Regelung.

In diesem Beitrag geht es jedoch nicht um die organisatorischen Regelungen *in* einem Vorgehensmodell, sondern auf einer Meta-Ebene um die organisatorischen Rahmenbedingungen, um Vorgehensmodelle zu entwickeln und einzusetzen.

2 Aufbauorganisation beim Einsatz von Vorgehensmodellen

2.1 Stellenbildung - die VM-Gruppe

2.1.1 Grundsätzliches

Ein unternehmensspezifisches Vorgehensmodell wird üblicherweise von einer kleinen Gruppe, im folgenden VM-Gruppe genannt, erarbeitet oder zumindest gepflegt. Typische Namen dieser Gruppe sind "Methoden und Tools (MuT)" oder "Software Engineering"; im CMM (siehe Abschnitt 4.1) wird sie als "Software Engineering Process Group (SEPG)" bezeichnet.

Neben der Erarbeitung und/oder Pflege des Vorgehensmodells arbeitet diese Gruppe in vielen Unternehmen mit Projekten zusammen, z.B. in Form von Beratung, Projektmitarbeit, Werbung für das jeweilige Vorgehensmodell. Die konkrete Gestaltung dieser Zusammenarbeit sieht in der Praxis jedoch sehr unterschiedlich aus.

Eine relativ detaillierte Beschreibung der Aufgaben, die von einer solchen VM-Gruppe durchgeführt werden können oder sollten, findet man z.B. im SEI CMM (siehe Abschnitt 4.1.1).

---

1 "Wer" bezieht sich in diesem Zusammenhang auf Stellen oder Rollen. Der explizite Bezug auf Personen im Vorgehensmodell ist nicht sinnvoll, da der Aktualisierungsbedarf für das Vorgehensmodell sonst zu groß würde.

2.1.2 Besetzung der VM-Gruppe

Wichtig für die Qualität des erarbeiteten Vorgehensmodells und die Akzeptanz der VM-Gruppe ist, daß deren Mitarbeiter die Entwicklungsprojekte aus eigener Anschauung kennen und diesen Bezug zur eigentlichen Entwicklungsarbeit auch dauerhaft behalten. Dies ist um so wichtiger, da Projektarbeit und die Arbeit an einem Vorgehensmodell verwandte, aber doch unterschiedliche Qualifikationen und Interessen verlangen.

Um dies zu erreichen, gibt es verschiedene Ansätze:

- Die Mitarbeiter der VM-Gruppe arbeiten gleichzeitig auch in Projekten mit, sei es als Berater (evtl. auch für mehrere Projekte parallel) oder als "Vollmitglieder" mit eigener Ergebnisverantwortung.
- Die Mitarbeiter der VM-Gruppe arbeiten immer nur für eine begrenzte Zeit in dieser Gruppe, um dann wieder, ebenfalls für eine begrenzte Zeit, in Projekten mitzuarbeiten (Rotationsprinzip).

Die Anteile der beiden Aufgabenbereiche Vorgehensmodell und Projektarbeit unterscheiden sich in der Praxis stark, wobei häufig eine der beiden Aufgaben die andere fast völlig verdrängt: Mitarbeiter, die in Projekten eingebunden sind, werden häufig "vom Projekt aufgefressen", sobald es in Zeitdruck gerät. Lassen die Mitarbeiter sich andererseits nicht darauf ein, so wird es umgekehrt sehr schwer für sie, überhaupt im Projekt akzeptiert zu werden.

Daher ist es meist sinnvoller, wenn Mitarbeiter mit etwas Projekterfahrung und großem Interesse das Vorgehensmodell erarbeiten und dabei von einer Gruppe von erfahrenen Entwicklern unterstützt werden. Aufgabe dieser erfahrenen Entwickler ist es, die grobe Richtung festzulegen und die erarbeiteten Ergebnisse intensiv zu begutachten.

2.1.3 Größe der VM-Gruppe

In der Erfahrung des Autors liegt die Größe der VM-Gruppe meist unter 1 % der Entwickler im Unternehmen, kann in Einzelfällen aber auch bis ca. 10 % betragen.

Die Aufgaben derartig großer Gruppen gehen dann aber wesentlich über die Erarbeitung und Weiterentwicklung des Vorgehensmodells hinaus und umfassen auch die aktive, über die Beratung zum Vorgehensmodell hinausgehende Mitarbeit in Projekten.

Die sehr kleinen Gruppen von unter 1 % der Entwickler andererseits haben meist mehr eine Alibifunktion und sind kaum in der Lage (wenn nicht durch weitere Mitarbeiter oder andere Gruppen zumindest zeitweise unterstützt), ein Vorgehensmodell wirklich zu erarbeiten bzw. anzupassen und dann auch im Unternehmen voranzutreiben.

Daraus ergibt sich, daß es für kleine Unternehmen (mit weniger als ca. 100 Entwicklern) wirtschaftlich schwierig ist, eine VM-Gruppe einzurichten. Hier muß man sich auf ein relativ einfaches Vorgehensmodell beschränken, was in einem kleinen Unternehmen ja meist auch voll ausreicht, oder ein vorhandenes externes Vorgehensmodell wie z.B. das V-Modell (siehe Abschnitt 4.2) einsetzen.

2.1.4 Andere Beteiligte

Die wichtigsten anderen Beteiligten an dem Thema Vorgehensmodell im Unternehmen neben der VM-Gruppe sind:

- Unternehmensleitung als Auftraggeber für das Vorgehensmodell und für die Projekte, die das Vorgehensmodell einsetzen (sollen).
- Mittleres Management als Mittler zwischen Unternehmensführung und Projekten.
- Projektleitung und Projektteam der Entwicklungsprojekte. Im Idealfall setzen diese das definierte Vorgehensmodell um und leiten alle ihre Kommentare und Verbesserungsvorschläge dazu an die VM-Gruppe weiter, die diese dann in die Weiterentwicklung des Vorgehensmodells einfließen läßt.
- Qualitätsmanagement/Qualitätssicherung in seiner Doppelfunktion als
  - Förderer von Standards und einheitlichen Vorgehensweisen als Werkzeug zur Verbesserung der Qualität der Entwicklungsergebnisse (konstruktives Quali-

tätsmanagement). Unter diesem Blickwinkel wird die VM-Gruppe auch gelegentlich als Teil der für Qualitätsmanagement/Qualitätssicherung verantwortlichen Organisationseinheit eingeordnet.

- Überprüfer der Qualität, in diesem Fall der Einhaltung der Vorgaben des Vorgehensmodells. Wird die Einhaltung dieser Vorgaben nicht regelmäßig überprüft, so werden erfahrungsgemäß die Vorgaben auch nur sehr eingeschränkt umgesetzt.

2.2 Einrichten von Leitungsbeziehungen (Hierarchie)

Für die Einordnung der VM-Gruppe in die hierarchische Struktur eines Unternehmens gibt es eine Vielzahl von Möglichkeiten. Die wichtigsten sind

- Als Stabsstelle: Die VM-Gruppe arbeitet der Unternehmensleitung zu und ist nicht direkt in die Entwicklungsbereiche eingebunden. Daraus ergibt sich eine stärkere Betonung der Funktion als Ersteller von Vorgaben, während die Beratung und Unterstützung der Projekte mehr in den Hintergrund tritt.
- Eingebunden in der Linienorganisation: Als Teil der Entwicklungsorganisation hat die VM-Gruppe mehr eigene Ergebnisverantwortung und meist eine stärkere Beratungs- und Unterstützungsfunktion. Entsprechendes gilt auch bei Einbindung in eine Matrixorganisation.
- Projektorganisation: Die Aufgaben der VM-Gruppe werden von einer Folge von Projekten übernommen. Aufgrund der schwierig zu wahrenden Kontinuität eignet sich diese Organisationsform aber nur als Ergänzung einer (kleinen) dauerhaften VM-Gruppe, während eine reine Projektorganisation kaum Erfolg verspricht. Insbesondere ist die Beratung und Unterstützung der Entwicklungsprojekte bei der Umsetzung nur schwierig durch Projekte umzusetzen, soweit es sich um echte Projekte mit einem definierten Anfang und Ende handelt und nicht um als Projekte deklarierte dauerhafte Organisationseinheiten, wie man dies gelegentlich in Unternehmen findet, die großen Wert auf ihre Projektkultur legen.

Welche dieser Alternativen ausgewählt wird, hängt wesentlich von der hierarchischen Struktur des übrigen Unternehmens ab, aber auch davon, welchen Stellenwert das Vorgehensmodell bereits im Unternehmen hat und wieviel Beratung und Unterstützung der Projekte noch notwendig ist.

2.3 Information der Beteiligten

Üblich ist hier die Verteilung als mehr oder weniger umfangreiches Papierwerk. Allmählich setzt sich aber auch eine elektronische Veröffentlichung durch, im einfachsten Fall als einfacher linearer Text (wie z.B. beim V-Modell[2]), meist aber unter Nutzung der zusätzlichen Fähigkeiten elektronischer Medien wie Hypertext-Funktionalität. Für weitere Informationen zu derartiger Unterstützung siehe Kapitel XI in diesem Buch, einige Beiträge in [MKM97] oder auch die von der GMD unter *http://www.scope.gmd.de/vmodel* veröffentlichte HTML-Version des V-Modells.

Der Hauptvorteil einer solchen elektronischen Bereitstellung des Vorgehensmodelles ist, daß die Informationen dann im richtigen Moment sofort im Zugriff sind und nicht erst dicke Ordner gewälzt werden müssen, die dann im entscheidenden Moment doch nicht zur Hand sind. Außerdem erleichtert dies auch die Akzeptanz, da die Menge der Informationen nicht auf einen Blick sichtbar wird (in Form eines oder gar mehrerer Ordner), wodurch die Entwickler sich dann eher "erschlagen" fühlen. Schließlich ist auch die laufende Weiterentwicklung des Vorgehensmodells und die Verteilung der aktualisierten Versionen einfacher zu handhaben. Wichtig ist dabei allerdings, daß eine solche laufende Weiterentwicklung kontrolliert erfolgt (vgl. Abschnitt 3.2) und die einzelnen Ergebnisteile untereinander konsistent sind.

2.4 Einrichtung von Kommunikationsbeziehungen

Es gibt eine Vielzahl von Kommunikationsbeziehungen zwischen den an einem

---

2 Neben der Veröffentlichung als Buch macht die IABG das V-Modell unter der URL *http://www.Germany.EU.net/shop/vmodell* als WinWord-Datei verfügbar.

Vorgehensmodell Beteiligten. Die wahrscheinlich wichtigste und offensichtlichste ist die Kommunikation zwischen der VM-Gruppe und den Anwendern des Vorgehensmodells, also Entwickler und Projektleiter. Daneben soll hier noch die Kommunikation der Unternehmensleitung mit anderen Beteiligten in Bezug auf das Vorgehensmodell behandelt werden.

2.4.1 Kommunikation zwischen VM-Gruppe und Anwendern des Vorgehensmodells

Für den erfolgreichen Einsatz eines Vorgehensmodells ist eine ausgeprägte Kommunikation zwischen VM-Gruppe und Anwendern des Vorgehensmodells unbedingte Voraussetzung. Einerseits muß die VM-Gruppe aktiv für den Einsatz des Vorgehensmodells werben, seine Vorteile deutlich machen und die Anwender beim Einsatz beraten und unterstützen.

Damit das Vorgehensmodell inhaltlich den Anforderungen der Anwender entspricht und von diesen akzeptiert wird, ist andererseits auch ein funktionierender Kommunikationsweg von den Anwendern zur VM-Gruppe für Rückmeldungen, Verbesserungsvorschläge und Kritikpunkte notwendig. Liegt das Vorgehensmodell in elektronischer Form vor, so bietet es sich an, eine entsprechende Rückmeldungsmöglichkeit gleich dort einzubauen, so daß die Anwender, wenn sie beim Lesen des Vorgehensmodells Kommentare haben, diese auf möglichst einfachem Wege sofort absenden können und es dann auch hoffentlich tatsächlich tun.

2.4.2 Kommunikation von und zur Unternehmensleitung

Um das Vorgehensmodell in Kraft zu setzen und als verbindlich zu erklären, muß dies von der Unternehmensleitung klar kommuniziert werden. Dabei muß deutlich werden, daß das Vorgehensmodell auch von der Unternehmensleitung gewollt ist und nicht nur von der VM-Gruppe. Dazu gehört auch die Information über Rahmenbedingungen wie:

- Wann und wie ist das Vorgehensmodell einzusetzen?

- Wo bekommt man weitere Informationen?
- Wer ist für das Modell und seine Weiterentwicklung verantwortlich? Wer ist Ansprechpartner für Rückmeldungen, Kritikpunkte und Verbesserungsvorschläge?

2.5 Auswahl und Einsatz von Sachmitteln

Bei den hier angesprochenen "Sachmitteln" handelt es sich im wesentlichen um Werkzeuge für CASE, Projektmanagement, etc., die das Vorgehensmodell unterstützen. Derartige Werkzeuge sind Thema von Kapitel XI in diesem Buch.

3 Ablauforganisation - Definition und Umsetzung von Vorgehensmodellen

Zur Definition eines Vorgehensmodells für ein Unternehmen gehören seine Erarbeitung bzw. Auswahl und Anpassung, seine Inkraftsetzung sowie seine laufende Aktualisierung. Unterstützt wird dies durch die Auswahl der dazu passenden Methoden und Werkzeuge, mit denen das Vorgehensmodell umgesetzt werden kann.

Die Umsetzung eines Vorgehensmodells beginnt mit seiner Inkraftsetzung. Um es aber auch tatsächlich in die tägliche Arbeit einzuführen, sind zusätzliche Unterstützung und Beratung der Projekte sowie, in den meisten Fällen, eine kontinuierliche Überprüfung der Umsetzung notwendig.

3.1 Erarbeitung bzw. Auswahl und Anpassung

Erste Aufgabe beim Einsatz eines Vorgehensmodells ist seine Erarbeitung bzw. Auswahl und Anpassung (Tailoring, wie z.B. beim V-Modell [BrD93] beschrieben). Hierbei muß ein Mittelweg gefunden werden zwischen den theoretischen Anforderungen an ein optimales Vorgehen, der Berücksichtigung der relevanten Normen und Standards, z.B. V-Modell, ISO 900x, ISO 12207 (siehe auch [KnS95] für einen Überblick) und der Beschreibung der tatsächlich ablaufenden Prozesse in der Softwareentwicklung. Einerseits sind die tatsächlichen Prozesse nur in Ausnahmefällen so gut, daß man sie nur noch aufschreiben muß (was üblicherweise immer noch viel Arbeit ist), um ein Vorgehensmodell zu erhalten, das man als Vorgabe für zukünftige Entwicklungsprojekte nutzen will; andererseits sollen aber natürlich die vorhandenen Erfahrungen genutzt werden und die bestehenden Prozesse nicht ohne wesentlichen Grund geändert werden.

Entscheidet man sich für den Einsatz eines extern vorhandenen Vorgehensmodells, so ist trotzdem meist noch eine entsprechende Anpassung und/oder Erweiterung notwendig, da viele für das Unternehmen wichtige Details fehlen wie z.B. zur Nutzung der Werkzeuge, zu den Entscheidungsgremien und zur Zuordnung von Verantwortlichkeit zu den beteiligten Personen und Organisationseinheiten (also vor allem die Aspekte der Aufbauorganisation).

Entscheidet man sich für die Erarbeitung eines eigenen Vorgehensmodells, so steht man vor der Frage, welchen Reifegrad dieses Modell erreichen muß, bevor es, zumindest als Pilot, zur Anwendung freigegeben wird. Hier ist es sinnvoll, nicht gleich mit einem "Rundumschlag" starten zu wollen, in dem alle wichtigen Komponenten bereits vorhanden und ausgefeilt sind, sondern zuerst einmal die wichtigsten Teile zu erarbeiten und einzusetzen, um diese dann später, auf Basis der Erfahrungen und Rückmeldungen, zu ergänzen und zu verfeinern.

Falls es zu Beginn der Entwicklung eines Vorgehensmodells noch keine VM-Gruppe gibt, ist es oft auch sinnvoll, das Vorgehensmodell im Rahmen eines Projektes zu entwickeln - entweder im Rahmen eines Entwicklungsprojektes, bei dem man "nebenbei" noch ein Vorgehensmodell direkt aus der praktischen Umsetzung erstellt, oder als eigenes Projekt, bei dem es nur um die Erstellung des Vorgehensmodells geht. Die VM-Gruppe wird dann aus dem Projekt heraus gebildet.

3.2 Laufende Aktualisierung des Vorgehensmodells

Typische Auslöser einer Aktualisierung sind Rückmeldungen von den Nutzern des

Vorgehensmodells (vgl. Abschnitt 2.4.1), neue Technologien oder Methoden wie z.B. Objektorientierung oder Rapid Application Development (RAD), evtl. auch externe Anforderungen wie Normen, Gesetze oder Anforderungen der Kunden. Wichtig ist dabei, diese Änderungen kontrolliert zu bearbeiten, da nicht alle "Verbesserungsvorschläge" auch tatsächlich zu einer Verbesserung führen, sondern im Gegenteil gelegentlich sogar widersprüchlich sind. Derartige Widersprüche müssen rechtzeitig identifiziert und durch dafür kompetente Instanzen[3] entschieden werden. Auch muß nachvollziehbar bleiben, welche Ergebnisse nach welchen Vorgaben erstellt wurden, und sichergestellt werden, daß nicht durch Änderungen des Vorgehensmodells während des Verlaufes eines Projektes Inkonsistenzen entstehen.

Hierfür wird üblicherweise ein Entscheidungsgremium definiert, das dann auf Basis der Empfehlungen und Vorbereitung der VM-Gruppe entscheidet.

3.3 Inkraftsetzen und Verbindlichkeit des Vorgehensmodells

Will man ein Vorgehensmodell im Unternehmen einführen, so stellt sich sofort die Frage nach seiner Verbindlichkeit. Viele Unternehmen, zumindest im Bereich der betrieblichen Anwendungsentwicklung, beantworten diese Frage, indem sie das Vorgehensmodell zwar formal als verbindlich deklarieren, das Vorgehensmodell selbst aber dann so vage und unverbindlich formulieren, daß ein Projekt kaum noch dagegen verstoßen kann, oder die Einhaltung wird nicht ernsthaft von den Projekten gefordert und überprüft, so daß das Vorgehensmodell dann de facto doch unverbindlich ist.

Das klingt in dieser Formulierung zwar etwas abfällig, ist aber in der Praxis schwer zu vermeiden. Wird im Vorgehensmodell sehr detailliert vorgeschrieben, wie die Entwickler zu arbeiten haben, so wird es relativ häufig Projekte geben, in denen genau diese Arbeitsweise nicht angemessen ist - was man dann von den betroffenen

---

3 In der Organisationslehre sind Instanzen definiert als die Entscheidungsträger, im Gegensatz zu den ausführenden Mitarbeitern.

Entwicklern sehr schnell und sehr deutlich zu hören bekommt. Läßt man mehr Freiraum, indem man z.B. bestimmte Ergebnisse oder Aktivitäten als optional deklariert, so wird es immer Entwickler geben, die diesen Freiraum mißbrauchen. Ein Mittelweg ist die Forderung, daß die Komponenten des Vorgehensmodells grundsätzlich alle verbindlich sind, Ausnahmen aber mit entsprechender Begründung erlaubt sind, wobei über die Ausnahmen von Projekt-Externen, z.B. der QS-Abteilung oder der VM-Gruppe, entschieden wird.

Die deklarierte, aber nicht umgesetzte Verbindlichkeit des Vorgehensmodells wird manchmal genutzt, um die VM-Gruppe ruhigzustellen, ohne wirklich seine Arbeitsweise ändern zu müssen. Hat das Vorgehensmodell aus diesem oder anderen Gründen keine praktische Relevanz, so gibt es für die VM-Gruppe in erster Linie folgende Möglichkeiten:

- Durch Marketingmaßnahmen sowie Beratung und Unterstützung der Projekte wird das Vorgehensmodell forciert, auch ohne Zwangsmaßnahmen. Dieser Ansatz kann sehr effektiv sein, da die Projekte das Vorgehensmodell dann freiwillig und damit meist sehr viel erfolgreicher einsetzen. Er funktioniert offensichtlich vor allem dann, wenn das Vorgehensmodell den Projekten auch wirklich hilft. Voraussetzung ist, daß die VM-Gruppe auch gehört wird und ihr Image im Unternehmen einigermaßen gut ist.
- Rückzug auf die Produktion von Papier ("Schrankware") nach dem Motto: "Wir sind nur verantwortlich für die Erstellung und Weiterentwicklung des Vorgehensmodelles. Seine Umsetzung ist Aufgabe des Managements/der Projektleitung".[4] Diese Lösung liegt vielen Mitarbeitern von VM-Gruppen, die doch eher zur theoretischen Arbeit neigen, führt aber langfristig meist zur Auflösung der Gruppe, da ihr Nutzen zu gering ist, um die Kosten zu rechtfertigen.
- Schließlich gibt es noch die Möglichkeit der demonstrativen Selbstauflösung, wobei dem Autor mehrere Fälle bekannt sind, in denen eine solche demonstra-

---

4 Diese Argumentation ist keine bösartige Erfindung des Autors, sondern er hat sie schon fast wörtlich so gehört von Mitgliedern einer Methodengruppe.

tive Selbstauflösung diskutiert wurde, aber kein Fall, in dem sie auch umgesetzt wurde. Statt dessen entwickelte sich eine stille Selbstauflösung der VM-Gruppe, indem die Mitarbeiter nach und nach in andere Aufgabenbereiche wechselten.

3.4 Unterstützung und Beratung der Projekte

Ohne intensive Beratung und Unterstützung der Projekte, z.B. durch die VM-Gruppe, besteht kaum Hoffnung auf Umsetzung des Vorgehensmodells. Vor allem in der Anfangsphase ist eine derartige Unterstützung notwendig, bis die Nutzung des Vorgehensmodells dann (hoffentlich) irgendwann selbstverständlich ist.

Diese Unterstützung sollte aus Schulung, Beratung und auch Marketingmaßnahmen bestehen. Ein Vorgehensmodell alleine, ohne derartige Unterstützung, hat wenig Aussicht auf Umsetzung, da der Anfangsaufwand für die Einarbeitung und die notwendige Verhaltensänderung der Entwickler relativ groß ist, während die Motivation, sich mit einem unbekannten Vorgehensmodell auseinanderzusetzen, meist eher gering ist. Aus diesen Gründen wird auch eine einmalige Blockschulung wenig Aussicht auf Erfolg haben, wichtig ist ein kontinuierlicher Lernprozeß, bei dem die Anwender des Vorgehensmodells sich mit dem Modell weiterentwickeln und dabei auch Anstöße geben für die Weiterentwicklung des Vorgehensmodells.

3.5 Kontinuierliche Überprüfung der Umsetzung in den Projekten

Damit ein Vorgehensmodell eingesetzt wird, ist eine regelmäßige Überprüfung der Einhaltung des Modells notwendig. Passiert dies nicht, wird meist nicht oder zumindest erst sehr spät festgestellt, ob die Entwickler sich an die Vorgaben des Vorgehensmodells gehalten haben, und die Motivation der Entwickler, sich daran zu halten, wird sehr gering, wenn sie nicht genügend eigenen Nutzen daraus ziehen. Dies ist allerdings oft nicht ganz einfach, denn definitionsgemäß schränkt ein Vorgehensmodell die Möglichkeiten der Entwickler ein, indem es ihnen einen Leitfaden für die Durchführung ihrer Arbeit bietet und ihnen dadurch Arbeit abnimmt.

Wesentliche Vorteile eines Vorgehensmodells wie die Einheitlichkeit der Ergebnisse dienen jedoch "nur" dem Unternehmen, aber nicht dem einzelnen Projekt.

Andererseits ist Zwang bei der Umsetzung eines Vorgehensmodells ein zweischneidiges Schwert, da man mit genügend bösem Willen für jedes Vorgehensmodell zeigen kann, daß es ungeeignet ist. Wenn Entwickler ein Vorgehensmodell einsetzen müssen, das sie nicht wollen, dann ist die Gefahr groß, daß alle Probleme im Projekt dem Vorgehensmodell angelastet werden, und aufgrund der geringen Motivation der Entwickler wird es viele solche Probleme geben.

Darüber hinaus ist es heute in den meisten Unternehmen, die betriebliche Anwendungen entwickeln, überhaupt nicht möglich, ein Vorgehensmodell mit Zwang gegen den Willen der große Mehrheit der Entwickler und Projektleiter durchzusetzen.

Ziel muß es also sein, die Entwickler von den Vorteilen des Vorgehensmodells zu überzeugen, so daß sie es freiwillig einsetzen, unabhängig davon, ob es vorgeschrieben ist oder nicht; aber trotzdem ist zumindest stichprobenhaft im Rahmen der Qualitätssicherung die Einhaltung zu überprüfen.

3.6 Besonderheiten bei Vergabe der Entwicklungsprojekte an Externe

Bisher ging der Beitrag davon aus, daß die Softwareentwicklung im eigenen Haus oder zumindest unter direkter eigener Kontrolle stattfindet. Erheblich schwieriger wird die Umsetzung eines eigenen Vorgehensmodells, wenn die Entwicklung an externe Auftragnehmer (AN) vergeben wird, die sonst mit einem anderen oder evtl. sogar gar keinem expliziten Vorgehensmodell arbeiten.

In diesem Fall wird vom AN meist argumentiert, daß die Nutzung des Vorgehensmodells des Auftraggebers (AG) zu erheblichen zusätzlichen Einarbeitungskosten führt und es dem AG ja andererseits egal sein könne, wie der AN arbeitet, solange er die gewünschten Ergebnisse liefert. Hier sind zwei Punkte zu beachten:

- Dieses Argument gilt nur, wenn die Ergebnisse wirklich genau so geliefert werden wie vom AG gewünscht, also mit dem richtigen Werkzeug im richtigen Format mit allen eventuellen spezifischen Anpassungen des AG. Dazu gehören auch Zwischenergebnisse wie z.B. Fachkonzept oder DV-Konzept, die vom AG abgenommen werden sollen. Arbeiten Mitarbeiter des AG selbst am Projekt mit, was zumindest in den frühen Phasen üblicherweise unbedingt notwendig ist, so muß abgewägt werden, wessen Einarbeitung in ein fremdes Vorgehensmodell eher akzeptabel ist und welche Kosten dies verursacht.

Akzeptiert man auch die Abgabe der Ergebnisse im Format des AN, so ergibt sich nach einiger Zeit mit verschiedenen Projekten, die von verschiedenen AN durchgeführt wurden, ein buntes Durcheinander von verschiedenen Formaten mit entsprechend hohen Folgekosten in der Wartung.

- Außerdem muß der AG auch überzeugt sein, daß das vom AN vorgeschlagene Vorgehensmodell ausreichend ist, um Ergebnisse in der geforderten Qualität und im geforderten Zeit- und Kostenrahmen zu liefern. Selbst wenn der AG nicht auf der Verwendung des eigenen Vorgehensmodells besteht, so sollte er zumindest auf der Verwendung eines Vorgehensmodells vergleichbarer Qualität bestehen.

Plant man, das eigene Vorgehensmodell auch externen AN vorzuschreiben, so ändern sich die beschriebenen Aspekte der Aufbau- und Ablauforganisation kaum. Allerdings bekommen eine Reihe von Aspekten, insbesondere die Information und Kommunikation sowie die Inkraftsetzung, die Unterstützung und Beratung der Projekte und die regelmäßige Überprüfung der Umsetzung in diesem Fall noch größere Bedeutung.

Einige Besonderheiten sind jedoch zu beachten:

- Im Rahmen der Stellenbildung (vgl. Abschnitt 2.1) ist es meist sinnvoll, die Auftragsvergabe über eine mit der VM-Gruppe eng verbundene Organisationseinheit abzuwickeln, da die Fachabteilungen bei direkter Auftragsvergabe erfahrungsgemäß leicht der Verlockung erliegen, aufgrund der vom AN versprochenen niedrigeren Projektkosten auf den Einsatz des Vorgehensmodells zu verzichten.
- Bei Format des festgelegten Vorgehensmodells (vgl. Abschnitt 2.3) ist darauf zu achten, daß das Vorgehensmodell dann auch tatsächlich anderen zur Verfügung

gestellt werden kann. Exotische Formate verbieten sich damit weitgehend, auch wenn diese vielleicht innerhalb des Unternehmens weit verbreitet sind.

- Bei der Erarbeitung bzw. Auswahl und Anpassung (vgl. Abschnitt 3.1) ist ebenfalls zu empfehlen, sich weitgehend an verbreitete Standards wie das V-Modell zu halten, um den Einarbeitungsaufwand des AN nicht unnötig hoch zu treiben.

4 Relevante Standards

Im folgenden wird untersucht, welche Aussagen einige häufig verwendete Modelle zur organisatorischen Unterstützung des Einsatzes von Vorgehensmodellen machen. Das Capability Maturity Model (CMM) beschreibt relativ ausführlich die Aufgaben einer *Software Engineering Process Group*, die der oben beschriebenen VM-Gruppe entspricht, während das V-Modell sowie die Normenreihe ISO 900x vor allem Vorgaben zur Organisation *im Projekt* machen, aber nicht zur Organisation des Einsatzes von Vorgehensmodellen.

4.1 Software Engineering Process Group nach CMM

4.1.1 Das Capability Maturity Model

Das Capability Maturity Model (CMM)[5] wurde vom Software Engineering Institute (SEI) der Carnegie Mellon University im Auftrag des US-Verteidigungsministeriums (DoD) entwickelt. Ziel war es ursprünglich, Softwarelieferanten und die Qualität (Reife) ihrer Prozesse zu bewerten, inzwischen wird es auch häufig als Grundlage für die Verbesserung der Entwicklungsprozesse eingesetzt.

In dem Modell werden fünf Stufen oder Reifegrade definiert: Eine Einheit erreicht eine bestimmte Reife, wenn sie die definierten Kriterien dieser Stufe erfüllt. Die

---

5 Neben dem ursprünglichen CMM für Software gibt es inzwischen eine Reihe weiterer CMMs. In diesem Beitrag ist aber immer das CMM für Software gemeint.

Stufen sind

1. "Initial/chaotisch" - diese Stufe erreicht man, ohne irgendwelche Anforderungen zu erfüllen
2. "Repeatable" - Projekte werden kontrolliert durchgeführt und sind dadurch in gewissem Rahmen wiederholbar
3. "Defined" - die Vorgehensweise bei der Entwicklung ist über die ganze Organisation hinweg definiert und wird umgesetzt. Der Erfolg eines Projektes ist dadurch nicht mehr so stark personenabhängig
4. "Managed" - wichtige Prozeßparameter werden regelmäßig ermittelt und analysiert
5. "Optimizing" - ständige Prozeßverbesserung auf Basis der ermittelten Parameter und Problemanalysen etc.

Eine der Forderungen des CMM ab Stufe 3 ist der Aufbau einer "Software Engineering Process Group" (SEPG). Unter einer solchen SEPG versteht CMM eine Gruppe von Spezialisten, deren Aufgabe es ist, die Definition, Wartung und Verbesserung der bei der Organisation eingesetzten Software-Prozesse zu moderieren und zu unterstützen (Abschnitt Overview 4.4.2 von [PWG93])[6].

Die Aufgaben einer solchen Gruppe werden in den Schlüsselbereichen (Key Process Areas) *Organization Process Focus* und *Organization Process Definition* (auf Stufe 3), zum kleineren Teil auch in *Quantitative Process Management* (Stufe 4) und *Process Change Management* (Stufe 5) beschrieben.

4.1.2 "Organization Process Focus"

Dieser Schlüsselbereich umfaßt in erster Linie die langfristige Verpflichtung zur

---

6 Streng genommen ist bei vielen der folgenden Aktivitäten nur gefordert, *daß* sie durchgeführt werden, z.B. von der SEPG, aber nicht unbedingt, daß sie auch von der SEPG selbst durchgeführt werden. Diese Unterscheidung wird in der folgenden Darstellung nicht gemacht.

Entwicklung und Pflege der in den Projekten eingesetzten Software-Prozesse und zur Bereitstellung der dafür notwendigen Mittel. Zur Umsetzung wird eine Gruppe von Mitarbeitern benötigt, die im CMM als "Software engineering process group" (SEPG) bezeichnet wird.

Die SEPG ist verantwortlich für die die Software-Prozesse betreffenden Aktivitäten des Unternehmens, insbesondere die Entwicklung und Pflege der Standardprozesse sowie die Koordination dieser Aktivitäten mit den Projekten.

Sie sollte aus einem Kern von Vollzeit-Mitarbeitern sowie evtl. einigen unterstützenden Mitarbeitern bestehen, die neben dieser Aufgabe noch andere Aufgaben übernehmen. Zusammen sollten diese Mitarbeiter alle Disziplinen des Software Engineerings abdecken. Dafür fordert das CMM entsprechende Erfahrung und Schulung dieser Mitarbeiter.

Koordinierte Schulung in den relevanten Disziplinen des Software Engineering und Management wird nicht nur für die SEPG-Mitarbeiter, sondern über alle Projekte des Unternehmens hinweg gefordert, wobei CMM die Vorbereitung und Durchführung dieser Schulung durch die SEPG vorschlägt.

4.1.3 "Organization Process Definition"

Dieser Schlüsselbereich umfaßt die zentrale Aufgabe der SEPG, nämlich die Definition der Standardprozesse für die Softwareentwicklung im Unternehmen.

Änderungen an den verschiedenen Komponenten des Vorgehensmodells sind zu dokumentieren, einem Review zu unterziehen und schließlich von der SEPG abzunehmen, bevor sie eingeführt werden dürfen.

4.1.4 "Quantitative Process Management"

In diesem Schlüsselbereich wird zusätzlich zu den Anforderungen der Ebene 3 gefordert, daß die SEPG den von jedem Projekt zu erstellenden Plan für quantitative Prozeßverbesserung, also für den Einsatz von Metriken zur Verbesserung der Prozesse, einem Review unterzieht.

4.1.5 "Process Change Management"

Hier kommt als zusätzliche Aufgabe der SEPG die Koordination der Aktivitäten zur Verbesserung der Software-Prozesse hinzu. Dazu gehört u.a. die Definition und Abstimmung der quantitativen Ziele für die Softwareprozesse und die Bearbeitung von Vorschlägen zur Prozeßverbesserung nach einer definierten Vorgehensweise.

4.2 V-Modell der Bundesverwaltung

Ziel bei der Erstellung war die Unabhängigkeit des V-Modells von organisatorischen und projektspezifischen Randbedingungen (siehe [BrD93, S. 31]). Deshalb geht das V-Modell vom einzelnen Projekt aus und benennt die verschiedenen Rollen im Projekt, sagt aber nichts über ihre organisatorische Einbettung im Unternehmen oder über projektübergreifende Querschnittsaufgaben.

Relevant ist in diesem Zusammenhang daher nur der Abschnitt "Rollen". Dort ist u.a. festgelegt, daß die Aktivität 1.2 "Projektspezifisches V-Modell erstellen" im Submodell Projektmanagement vom Projektmanager (verantwortlich für organisatorische Belange) auszuführen ist, unter Mitwirkung des Projektleiters (verantwortlich für technische Belange) und des Auftraggebers.

Aufgaben, die sich auf das Unternehmen und nicht das Projekt beziehen, wie z.B. ein Tailoring des V-Modells zur Anpassung an die spezifischen Randbedingungen im Unternehmen analog dem "standardisierten Vortailoring", sind im V-Modell überhaupt nicht beschrieben.

4.3 ISO 900x

Ein anderes Modell, in dem der Einsatz eines (mit gewissen Einschränkungen frei wählbaren) Vorgehensmodells gefordert wird, ist die Normenreihe ISO 900x, insbesondere ISO 9000-3 [ISO91] und ISO 9001 [ISO92]. So heißt es z.B. im Element Prozeßlenkung von ISO 9001, daß die Prozesse unter beherrschten Bedingungen ausgeführt werden müssen, wozu auch Verfahrensanweisungen gehören, "welche die Art und Weise von Produktion, Montage und Wartung festlegen".

In den Normen dieser Normenreihe wird eine klare Zuordnung der Verantwortlichkeit gefordert, insbesondere (im Element Dokumentenlenkung) für die Erarbeitung, Prüfung und Freigabe des Vorgehensmodells sowie für Prüfungen, daß die Vorgaben des Modell auch eingehalten werden. Die Normen sagen jedoch wenig darüber aus, wer die einzelnen Aufgaben übernimmt.

Anders ausgedrückt machen diese Normen also eine Reihe von Vorgaben an die Ablauforganisation, während die Aufbauorganisation nur am Rande gestreift wird.

5 Schlußwort

Zur Nutzung eines Vorgehensmodells gehören neben den technischen Aufgaben (Erstellung des Modells, Auswahl der Werkzeuge etc.) auch viele organisatorische Aufgaben, mit denen das Umfeld geschaffen wird für einen erfolgreichen Einsatz des Vorgehensmodells.

Die Bedeutung dieser organisatorischen Aufgaben wird sehr deutlich dargestellt durch die Formel O > M > T, die der Autor vor einigen Jahren auf einer Tagung hörte: Die Organisation hat größeren Einfluß auf die Qualität der Ergebnisse als die eingesetzte Methode, und diese wiederum hat größeren Einfluß als die eingesetzten Werkzeuge (Tools).

XIII Ein Vorgehen für das Einführen eines Vorgehens(modells)

Manuela Wiemers

Zusammenfassung

Diese Ausführung setzt die prinzipiell positive Einstellung zu Vorgehensmodellen voraus. Und die Neugierde, wie sie e*ingeführt* werden könnten, ohne daß jemand ernsthaft Schaden nimmt. Aus einer erklecklichen Erfahrungsmenge entwickelt(e) sich ein bereits erfolgreich umgesetzter *Leitfaden*, der eine Vorgehensmodelleinführung von der Idee bis zur praktikablen Umsetzung einer sinnvollen *Splittung in eigenständige (Teil-) Projekte* unterzieht. Diese Splittung orientiert sich an den Submodellen Qualitätssicherung [QS], Projektmanagement [PM], Konfigurationsmanagement [KM] und schlußendlich Softwareentwicklung [SE] und stellt bedächtige *Planung*, vorsichtiges Anpirschen an die *Auslöser* für die Einführungsidee und *mini-psychologische* Tips und Tricks in den Vordergrund.

1 Erfahrungsbereich

1.1 Wer führte die Vorgehensmodelle ein?

Eigene (seit 1979) recht vehement geführte Kritik an sich permanent wechselnden Anforderungen, unausgereiften Vorgaben, eher wankelmütiger Termintreue und vor allem undefinierbarer Qualität führte dazu, nicht nur schimpfen zu dürfen, sondern es gefälligst besser machen zu müssen. Damit hatte ich den Joker gezogen, Vorgehensmodelle einführen zu dürfen. Die ersten demotivierenden Auswirkungen aufgrund eher zäher Erfolge wurden schnell überlagert durch enorme Motivationsschübe wegen einer neuen ungeahnten Leichtigkeit bei weiteren Softwareentwicklungsprojekten. Diese wechselten und wechseln sich immer wieder mit den Einführungsprojekten ab. Dabei nehme ich in den beiden Projekttypen unterschiedliche Rollen ein: In den Einführungsprojekten bin ich das Zugpferd, das vor allem der Projektleitung Unterstützung bietet. In den Softwareentwicklungsprojekten dagegen konzentriere ich mich meist auf Teilausschnitte, die vorgehenstechnisch und methodisch unterstützt werden müssen. In beiden Projekttypen entsteht die eben erwähnte Leichtigkeit durch den verinnerlichten Gesamtüberblick. Panikreaktionen ob eines riesigen Projektumfangs, Verzettelung an kleinsten Problemstellen und vor allem grobe Planungsfehler gehören damit (fast) der Vergangenheit an.

1.2 Welche Vorgehensmodelle wurden eingeführt?

Würde der geneigte Leser sich heute auf dem Markt einem Bücherstand nähern, der sich dem Thema Vorgehensmodelle verschrieben hätte, wäre die Qual der Wahl groß: Es gibt unterschiedlichste Typen mit unterschiedlichsten Detaillierungsgraden und entsprechendem Vollständigkeitsanspruch. Ich habe, über die Zeitachse betrachtet, folgende Vorgehensmodelle intensiv, soll heißen komplett, kennengelernt:

- Orgware4 (ADV-Orga)
- ISOTEC (Ploenzke)
- Verfahrenshandbuch (Landwirtschaftlicher Versicherungsverein Münster)
- "Das V-Modell" (erstellt im Auftrag des BMVg)
- SE/T/EC (Softlab)
- GK-Vorgehensmodell (Gerling-Konzern).

Das V-Modell wurde von mir "ein bißchen" miterstellt und teilweise komplett, teilweise in Ausschnitten eingeführt, alle anderen wurden eingeführt, angepaßt oder es wurde ihnen Leben eingehaucht.

Während ich bei anderen Themen immer dazu neigen würde, einem Anfänger der Materie ein kurzes übersichtliches Werk anzuempfehlen, damit er sich langsam dem geistigen Höhenflug annähere, stehe ich hier auf dem Standpunkt: Hinein in die Ausführlichkeit und ins Detail, sofort ran an die umfassenden Werke, später können bestimmte kürzere Überarbeitungen, z.B. der Objektorientierung, oder Erweiterungen, z.B. zur Produktionseinführung, als Schwerpunkt bewußt gewählt werden. Lieber mit einem umfassenden Werk Ersteindruck, und sich selbst, schinden und je Reaktion dämpfen oder richtig loslegen.

1.3 Bei wem wurden die Vorgehensmodelle eingeführt?

Die beiden Hauptschwerpunkte liegen einerseits im Versicherungs- (Landwirtschaftlicher Versicherungsverein Münster, Gerling-Konzern) und andererseits im Behördenbereich (Bundesamt für Zivildienst, Bundeswehr). Dies sind einige der EDV-Goliaths in Deutschland und genau auf diese bezieht sich mein Erfahrungsbereich. Ich rede von den Firmen, die mehr als 30 Programmierer beschäftigen, die mindestens zwei bis drei feste Hierarchiestufen ins Management eingebaut haben (nach der dritten Linienbereinigung noch vorhanden!) und vor allem EDV seit mindestens 20 Jahren betreiben. Das sind die, wo der Titel Projektleiter vorrangig eine gesellschaftliche Rolle spielt und erst nachrangig die inhaltliche. Und wo ohne die Helden der 70'er, die eine Anforderung mal eben über´s Telefon annehmen, und die diese (wirklich) genau den Ansprüchen gerecht umsetzen, gar nichts mehr laufen würde.

2 Was verursachte vermeidbare Probleme?

2.1 Der demotivierte Kunde

Die Annahme, daß der Kunde das Vorgehensmodell *will,* ist oft falsch.

- Vorgehensmodelle als Vorschrift
  Erlasse und Richtlinien schreiben die Nutzung eines Vorgehensmodells vor. Von *oben* kommt die Anforderung. Schwer (de)motivierend.
- Vorgehensmodelle als Vertragsgrundlage

Der Markt impliziert zudem durch die Forderung von DIN-Normen als Vertragsgrundlage (z.B. Qualitätsansprüche durch ISO 9000) die Nutzung eines Vorgehensmodells. Von draußen kommt die Anforderung. Könnte hier und da schon anregend wirken, tut es aber eher selten.

- Vorgehensmodelle aus sachlichen Gründen
  Vorgehensmodelleinführungen werden in Firmen veranlaßt, wenn es sich herausgestellt hat, daß die Softwareentwicklung nicht mehr den Effizienz-Erwartungen entspricht und damit die zeitlichen und inhaltlichen Vorstellungen der Fachabteilung bei der Realisierung ihrer Anforderungen nicht erfüllt werden. Jetzt kommt immerhin die Anforderung aus der Firma, aber managementmäßig von oben oder abteilungsmäßig von außen. Motivation: siehe oben!

2.2 Die Festlegung auf ein Projekt

Die Firma setzt ein strategisches Projekt auf, das die Einführung des theoretisch festgelegten Vorgehens zum Inhalt hat. Das Vorgehensmodell kommt einfach über seinen theoretischen Lebenszustand nicht hinaus. Und dennoch impliziert das Projekt, daß nach seiner Beendigung das Thema erledigt sei.

Dies ist von den drei folgenden Fallunterscheidungen unabhängig passiert, obwohl sie vom Umfang, von den Voraussetzungen und den bereits gemachten Erfahrungen anderes erwarten ließen.

a) **Neueinführungen (nur noch sehr selten)**
   Wenn eine Firma den Stein der Weisen entdeckt zu haben glaubte, sollte die Firma insgesamt einerseits ein Modell erhalten und andererseits gleich umorganisiert werden. *Theoretisch* wohlgemerkt. Also wurde Papier gekauft oder erstellt. Geschult wurden vorher ausgewählte Personen, die mit großer Sicherheit nichts mit der Praxis zu tun hatten. Die Anwendung wurde immer auf später verschoben. Ein bißchen Beschreibung der Durchsatzkraft im Allgemeinen, der projektspezifischen Tailoringmaßnahmen und der Operationalisierungsmöglichkeiten im Besonderen – und fertig war das Projekt. Das Vorgehensmodell verschwand im Schrank. Wenn man bedenkt, daß diese Firma noch nie ein derarti-

ges Projekt durchführte, ist die Fixierung auf die Theorie, die in einem Projekt zu schaffen ist, verständlich.

b) **Anpassungen an neue Vorgehensideen (zunehmend)**
Hier schlägt vor allem die Objektorientierung zu: Es handelt sich um Anpassungen des existierenden Vorgehensmodells, z.B. die Einbindung der Aktivitäten, Iterationen und inkrementellen Bausteine der Objektorientierung. Oder um die Idee, das bestehende Vorgehensmodell durch ein neues zu ersetzen, das beide Aspekte voll abdeckt. Obwohl diese Firmen Erfahrungen aus dem ersten Projekt mitbringen, werden sie zum Wiederholungstäter und setzen wieder nur ein Projekt auf. Die praktischen Projektteile werden wieder vergessen und die neuen Ausführungen kommen ebenfalls nicht über das Aktenordnerdasein hinaus.

c) **Anpassungen an den Werkzeugverbund (zunehmend)**
Der Werkzeugverbund kann mehr als das Vorgehensmodell und darum muß es erweitert oder präzisiert werden, damit eine lückenlose Dokumentation existiert. Derartige Nachdokumentationen sind einerseits langweilig, andererseits doch anspruchsvoll, wenn sie weiterhin für ein Vorgehensmodell abstrakt genug bleiben sollen, damit ein späterer Werkzeugwechsel nicht das gesamte Modell wieder ins Kippen bringt. Zudem werden natürlich Lücken und Fehler erkannt, die man auf diesem Weg gleich beheben könnte, wenn, ja wenn nicht auch hier nur Papier erstellt werden würde. Die Möglichkeit, mehrere Projekte ganz gezielt aufzusetzen, die sich aufeinander zu bewegen, scheint bisher einfach nicht in den Köpfen zu existieren.

2.3 Das lückenhafte Vorgehen bei der Einführung

Da wird ein Projekt zur Einführung eines Vorgehensmodells gestartet und was wird, neben der Vernachlässigung der praktischen Umsetzung, noch alles vergessen? Sich selbst zumindest eine Vorgehens-Checkliste zu gönnen. Denn sonst bleiben die nachfolgenden Fragen ungeklärt und führen zusammen zum Mißerfolg:

2.3.1 Was will das Management eigentlich wirklich?

Oben beschriebene Gründe, weshalb der Kunde nicht sonderlich motiviert ist, sind nicht änderbar, werden aber auch nicht erhoben und es kann kein Einfluß genommen werden!

Dies ist besonders peinlich, wenn von einem selbst in der Firma eine positive Erwartungshaltung geschürt wurde – und nie wieder etwas von dem Werk oder gar seiner Umsetzung zu hören ist.

2.3.2 Wie kann das eigene Verhaltensmuster positiv einwirken?

Natürlich ist ein Unternehmensberater immer ein Vorbild. Manchmal muß das Verhalten aber vorbildlicher als vorbildlich sein. Und in einem derartigen Projekt ist das eindeutig der Fall:

- Prinzipiell geduldiges "weiches" Vorgehen ist das adäquate Mittel. Es bringt nichts, den Kunden unter Mordandrohung zum Vorgehensmodell verhelfen zu wollen, auch wenn man es hier und da intensiv nachts träumt. Das ist wie mit der Menschwerdung: Vorgehensänderungen sind ein *evolutionärer* Prozeß – mit Revolution ist absolut Essig.
- Enorm viel Motivationsarbeit muß geleistet werden, die in keinem Leitfaden zu manifestieren ist. Manchmal – das sind die "leichten" Fälle – reicht die Erzählung positiver Erfahrungen (wenn man sie denn hatte!). Bei "schwereren" Fällen ist die eine oder andere minimale Verschönerung im Nachhinein bestimmt nicht strafbar. Vorausgesetzt, man ist wirklich von dem angepriesenen Ausgang überzeugt.
- Andererseits kann ein solches Projekt nicht ohne eine strikte Linie erfolgreich sein. Und die heißt es durchzusetzen. Da wird es auch schon mal weniger "weich", aber hoffentlich auf lange Sicht dennoch motivierend.
- Die Verantwortung des Vorgehensmodelleinführers geht weit über alles hinaus, was in anderen Projekten diesbezüglich zu leisten ist! Da darf – ja muß – man sich die eine oder andere schlaflose Nacht gönnen, um die eigenen Vorgaben

wirklich genau zu prüfen!

2.3.3 Wann wird Personal eingestellt und / oder verantwortlich gemacht?

Auch die nötigen Unterstützungsressourcen in Form von Personal, wie ...

- Tailoring – Hilfe und Coaching in neuen fachlichen Projekten,
- Kontrollorgane zur Durchsetzung,
- Hotline für Nachfragen,
- Qualitätssicherungsmannschaft,
- Verwaltungsinstanz der Klassenbibliothek,

... werden gern "vergessen". Dies passiert allerdings auch in stark praktisch orientierten Projekten, da hier feste Kosten auf lange Sicht abzusehen sind. Vorsichtshalber werden sie gar nicht geplant. Und es wird nicht festgelegt, wer von dem nicht bedachten Personal welche Verantwortung übernimmt. Logisch.

Das hat schon bei Kleinigkeiten Auswirkungen, die man noch belächeln kann:

Nach Übergabe des fertigen Prosawerkes sollte irgendjemand das Dokument übernehmen und ggf. weiterpflegen. Diesen Irgendjemand gab es nicht, da er nicht termingerecht "instantiiert" wurde und daraus resultierte das Problem, Diskette und Ausdruck loszuwerden! Besonders entzückend war, daß ca. ½ Jahr später der verzweifelte Anruf kam, das Vorgehensmodell solle dem Vorstand vorgestellt werden, es sei unauffindbar, ob man es vielleicht zufällig mitgenommen hätte????

Bei bestimmten Themen wird es jedoch nicht mehr komisch und vor allem teuer:

Für mehrere objektorientierte Projekte innerhalb großer Firmen ergibt sich zwar eine Idee der ähnlichen Vorgehensweise, aber die hohen Ziele der Wiederverwendbarkeit und Vereinheitlichung gehen zum Teufel. So finden sich überall Klassen unterschiedlichster Projekte derselben Firma, die sich ungemein ähneln. Und niemand merkt es! Aber die Firma zahlt es!

2.3.4 Wer vermittelt wann die Theorie firmenweit?

Das Management hat die Erstinvestition des einen strategischen Projektes einer erwarteten schnellen und effizienten Softwareerstellungsverbesserung nach Vorgehensmodell gegenübergestellt und für tragbar befunden. Die nachfolgenden bzw. parallelen Kosten für firmenweite Schulungen werden jedoch nicht mehr eingeplant. Darauf muß bestanden werden!

Es gibt firmenspezifische Randbedingungen, die Details eines Vorgehensmodells beeinflussen können. Die zudem dem Management mit hoher Sicherheit nicht bekannt sind! Wird das Wissen über die Theorie nicht weit gestreut, geht viel konstruktive Kritik verloren. Sollte dann doch einmal eine praktische Umsetzung erfolgen – also nur mal angenommen – muß sehr viel spontan geändert werden und die Akzeptanz ist gefährdet.

3 Was kann besser gemacht werden?

3.1 QS aussondern

QS in seiner gesamten Spannbreite muß *unabhängig* – davor oder danach – von dem bereits eingeführten Vorgehensmodell implementiert werden. Die Erhöhung der Qualität durch geregelte QS-Maßnahmen und den Aufbau einer QS-Gruppe bringt Unruhe in die Firma, da Kontrollmaßnahmen sehr negativ aufgenommen werden. Die psychologische Argumentation der gemeinsam (durch Ersteller und Kritiker) geschaffenen hohen Qualität ist allein ein ungemein anstrengendes Projekt.

Da QS ohne Ergebnisse aus anderen Submodellen, die sie ja qualitätssichern soll, nicht leben kann, hängt es sehr davon ab, wann das Projekt durchgeführt wird, um zu entscheiden, wie es aussieht.

- Wird das Thema QS vor der Einführung des Vorgehensmodells aufgesetzt, besteht das Projekt aus einer gründlichen IST-Analyse der Ergebnisse, die den Input der QS darstellen sollen. In die bestehenden Abläufe wird die QS eingebastelt. Das Projekt kann sehr praktisch orientiert aufgezogen werden, da es sich noch an kein Theorie-Werk anpassen muß. Die folgende Vorgehensmodelleinführung kann auf einer realen QS aufsetzen. Dies ist der bevorzugte Weg.

- Ist umgekehrt die Vorgehensmodelleinführung das zuerst geplante Projekt, läßt das QS-Projekt sehr lange auf sich warten und beinhaltet dann "nur" das Anknüpfen an die – im Vorgehensmodell erwähnten – QS-Schnittstellen. Allerdings ist sicher die IST-Analyse hinfällig und es wird sich das grundsätzliche Verständnis einer QS bereits gesetzt haben. Aber dafür muß es zwangsläufig erstmal theorielastig sein, um die Anbindung an das Vorgehensmodell zu erfüllen. Nicht bevorzugter, aber ein gangbarer Weg.

Beide Projekte zusammen klappen nie!

3.2 Einführung auf mehrere Projekte aufteilen

Ist die QS erst einmal aus dem Betrachtungswinkel verschwunden, gilt es nun, die sinnvollste Reihenfolge für die verbliebenen Bestandteile zu wählen:

3.2.1 Projekt I: Gründe, Ziele und den Markt analysieren

Die erste und wichtigste psychologische Hürde für den Kunden und den Vorgehensmodelleinführer!

Es ist für den Vorgehensmodelleinführer ausgesprochen sachdienlich, vor Beginn des Projektes mit den Anforderern, die meist einen bestimmten Ausschnitt des Managements einer Firma darstellen, eine detaillierte Begründungsanalyse durchzuführen. Historisch gibt es keine Beweise, daß jemals Zielsetzung und Zielursache vor dem Eintritt des Vorgehensmodellseinführers in das Projekt klar umrissen waren.

Sanft ist zu ermitteln, ob die Beweggründe der Vorgehensmodelleinführung eher aus Anforderungen außerhalb der Firma entstanden sind und / oder das Management inhaltlich hinter dem Vorgehensmodell steht. Dazu ist mehr als ein Gespräch notwendig, denn natürlich gilt auch für den Kunden "täuschen und tarnen"! Es bietet sich ein zweitägiger Arbeitskreis vor Projektbeginn an, in dem einerseits herausgearbeitet wird, was das Management sich vorstellt und andererseits möglichst deutlich gemacht werden kann, was denn eine Vorgehensmodelleinführung in Summe kostet.

Sind Gründe und Ziele fixiert und noch optimistische Wellenlängen zu spüren, werden die Ergebnisse zusammengetragen und ermittelt, ob denn ein Standardwerk, ein eigen erstelltes Werk oder ein angepaßtes Standardwerk gewünscht sind. Wird ein Standardwerk als grundsätzlicher Input akzeptiert, muß der Markt durchforstet werden, welches Werk in seiner Art, seiner Detaillierung und seinem Umfang für diesen Kunden das richtige ist. Ein Bauchgefühl muß mitentscheiden, was wohl vom Kunden am ehesten akzeptiert wird, ohne zuviel inhaltliche Abstriche.

Ist absehbar, daß das Einführungsprojekt wieder nur ein theoretisches Werk werden soll, gibt es drei Alternativen:

- Ablehnung des Auftrages, wenn nicht dem eigenen Anspruch genügend.
- Erstellung des Papierwerkes (ohne die nachfolgende Reihenfolge und inklusive QS) ohne Einführungsstreß, wenn der eigene Anspruch es zuläßt.
- Vertiefung dieser Analysetätigkeiten mit dem Inhalt eines bevorzugten Vorgehensmodells, einem längeren Workshop mit Auswirkungsbeschreibung der Aktivitäten des Managements (!) und ihrer Mitarbeiter und der Darlegung der notwendigen Projekte und infrastrukturellen Auswirkungen.
  Vielleicht kann über diesen Weg die praxisbezogene Einstellung zu einem Vorgehen gefördert werden! Ansonsten stehen ja immer noch die beiden ersten Punkte zur Verfügung.

Sind die *beiderseitigen* Ansprüche geklärt und vertretbar, kann jede eben beschriebene Alternative zum Erfolg für die Firma führen!

3.2.2 Projekt II: KM zum Leben erwecken

Dies ist das Projekt schlechthin, in dem die Psychologie die Hauptrolle spielt.

Wird das Projekt aufgesetzt, obwohl die Erfolge erst einmal nicht quantifizierbar sind? Gelingt es, verständlich zu machen, daß jedes Ergebnis, unter anderem auch ein Vorgehensmodell, in einer Firma vor allem eines benötigt: Eine eindeutige Identifikation mit einem eindeutigen Ablageort und einem eindeutig festgelegten Änderungsverfahren? Kurzum, hat der Kunde verstanden und entschieden, tatsächlich das Vorgehen zu verändern?

Wenn dieses Projekt aufgesetzt wird, ist eine Flasche Sekt fällig.

Inhaltlich die Definition von KM eindeutig für alle Beteiligten zu gestalten und sie dann im allgemeinen Verständnis einzuführen, ist dann nur noch Arbeit. Allerdings eine recht komplexe Arbeit.

In diesem Projekt ist neben der Theorie des Vorgehens nämlich sofort Methodik und Werkzeug festzulegen und einzuführen! Das Vorgehen darf die Firma nicht völlig auf den Kopf stellen! Wie sicher muß das Vorgehen, aber wie umständlich oder lästig darf es sein? Infrastruktur und Ressourcen müssen geschaffen werden.

Handelt es sich um die zwangsläufig immer weiter verbreitete Klassenbibliotheksverwaltung, wird es richtig spannend: Hier gehören methodische Kenner hin, denn sie müssen entscheiden, inwiefern Wiederverwendung sinnvoll angewendet wird und welche Klassenveränderung welche Konsequenzen zieht. Diese kleine Administrationsmannschaft kann sehr viel Effizienz in die Arbeit tragen. Dadurch, daß diese Mannschaft "Produkte" anbietet, die generell firmenweit verwaltet werden, ist schon ein Stück Vorgehensmodell in der Firma durchgesickert.

Das Werkzeug ist zudem der Dreh- und Angelpunkt zu allen anderen Werkzeugen. Wenn hier die Kompatibilität nicht höchste Priorität erhält, ist auf lange Sicht gesehen entweder alles für die Katz' oder eine unangenehme Einschränkung die Folge.

Die Projektreihenfolge ist so gewählt, einerseits theoretisch ein Ziel zu formulieren, mit dem zweiten Projekt sofort Ergebnisse zum Anfassen zu produzieren.

3.2.3 Projekt III: PM ernst nehmen

(Frage: Wer hat Angst vor'm bösen Linienmanagement? Antwort: Die Projektleitung!) Die dritte Psychologiestunde:

In vielen Firmen sind die Projektleiter und das schon oben erwähnte Linienmanagement der zukünftigen fachlichen Projekte nicht gewahr, worin ihr eigener Verantwortungs- und damit Tätigkeitsbereich liegt. Solange dieser Tatbestand gilt, sollte die Einführung eines Vorgehensmodells strafrechtlich verfolgt werden. Der Grund ist völlig simpel: Wenn ein Arbeiter nicht versteht, WAS er genau tut, kann er nicht argumentieren, WARUM er es tut. Ist er zudem nicht in der Lage das WANN, WIE und WIEVIEL zu formulieren, kann er sich niemals gegen Kosten- und / oder politische Argumente des Linienmanagements durchsetzen. Damit wird jedes zukünftige Projekt unter seiner Leitung zum ungebremsten Spielball der Außeneinflüsse. Und das hat doch was Kriminelles, oder? Um Projektmanagement und Linienmanagement "zusammenwachsen" zu lassen und beiden Seiten die jeweils andere Sicht auf den Sachverhalt ein wenig näher zu bringen, hat dieses Schulungsprojekt für beide Parteien zusammen zu erfolgen.

Leider hat aber das gleiche Verständnis noch nicht bewirkt, daß im Ernstfall auch – oder vor allem – das Management etwas *tun* muß. Und wenn umgekehrt zum Arbeitsantrieb das Selbstbewußtsein recht ausgeprägt ist, dann steht einem ein echt schweres Projekt ins Haus.

Das Auswahlverfahren, das mit einem Projektleitungsposten belohnt wird, ist eher amüsant als fundiert. Wer nicht schnell genug nein sagt, hat verloren und ist dran. Damit ist eine zukünftige (oder bereits bestehende) Überforderung völlig normal!

Ist jedoch bereits ein gewisses Projekterfahrungspotential vorhanden, kann es zu einem sehr konstruktiven Projekt kommen, bei dem die Theorie mit den bestehenden Abläufen gemessen wird und das bisher bereits effektive Vorgehen wird nicht völlig umgekrempelt.

Ist dieses Einführungsprojekt geschafft, ist es wirklich personenbezogen, ob jedes zukünftige Projekt der Superknüller wird, da die Theorie überzeugt und überzeugend vom Management gelebt wird, oder ob hinterher eine weitere Person in der Firma an der Berufswahl zweifelt. Letzterer Personenkreis muß sensibel auf andere Aufgaben hingesteuert werden, denn:

Werden keine guten Projektleiter eingesetzt, kann eine Firma keine effizienten Softwareentwicklungsprojekte durchführen! Das Charisma und die Überzeugungskraft der Person stehen eindeutig über dem Vorgehen selbst!

3.2.4 Projekt IV: Werkzeugverbund aufbauen

Die Festlegung von Methoden und Werkzeugen ist heute mit das schwierigste Thema bei einer Vorgehensmodelleinführung, da der Werkzeugmarkt in immer schnelleren Zyklen mächtigere und bessere Werkzeuge erzeugt. Leider steigt damit die Konkursquote der Anbieterfirmen und damit die Unsicherheit, welches Werkzeug die nächsten Jahre überlebt.

Selbst im eigenen Hause hat ein Werkzeug zur Laufzeit (ca. zwei Jahre) eines internen Schulungsprojektes trotz sorgfältiger Vorabanalyse des Marktes die obskursten Veränderungen erfahren. Die Firmennamen und damit Ansprechpartner und Telefonnummern, die das Werkzeug vertrieben und (bezahlt!) betreuten, wechselten schneller, als wir überhaupt Fragen, Fehler und Anmerkungen formulieren konnten!

Zu geringe Festlegung bedeutet, daß jedes fachliche Projekt sich seine Methoden und Werkzeuge selbst zusammenbastelt, womit hohe Investitionskosten und vor allem enormer Administrationsaufwand in einer Firma entsteht. Zu hohe Festlegung bedeutet, daß enorme Verbesserungen am Markt nicht erkannt und damit nicht genutzt werden. Die Regelbeschreibung, wer wann welche Methode und welches Werkzeug nutzen sollte, ist das A und O. Es muß das Vorgehensmodell selbst nicht jedem einzelnen in der Firma bekannt sein, die Regelbeschreibung sehr wohl!

3.3 Fachliche Projekte wie Prototypen behandeln

Sind die voran beschriebenen Projekte zur Einführung vollzogen, kommt es ein bißchen auf das Gefühl an, ob die echten Projekte mit dem Vorgehensmodell, den Methoden und Werkzeugen, den neuen Abläufen und ihren Projektleitern alleine gelassen werden können. Meist ist eine zeitweilige Unterstützung doch noch nötig.

3.3.1 Änderung von informellen Abläufen

Prinzipiell werden sich in jeder Firma rund um den einzelnen Entwickler Aktivitäten etabliert haben, die die Softwareerstellung ermöglichen. Dies sind oft informelle Wege zwischen Anforderer (Fachabteilung) und Entwickler, bestimmte Formulare zur Beschreibung eines Softwareerstellungsauftrages usw. Diese zarten Bande abrupt zu durchbrechen, ist sehr gefährlich, da enormer Widerstand gegen theoretische Paradigmen hochkommt. Zudem ist darauf zu achten, daß bestimmte Rollen nicht durch das neue Vorgehensmodell unvermittelt gesplittet werden und dies zu eher – wieder mal – psychologischen als echten Problemen führt.

Wenn sich zwei Personen gut verstehen, chemisch und verbal, kann kein exquisites Formular jemals die Information tragen, die in kürzerer Zeit zwischen diesen beiden Personen eindeutig verstanden ausgetauscht wird. Es ist immens schwer, für andere den Bogen zu schlagen, daß eine Dokumentation erfolgen muß!

3.3.2 Prototypen und ihre Rückwirkungen auf das Vorgehensmodell

Die ersten fünf fachlichen Projekte sind Prototypen zur endgültigen Lebendigwerdung eines Vorgehensmodells. Dies ist Aufwand innerhalb der Projekte, der kalkuliert werden muß, und er ist nicht zu unterschätzen.

Wenn ein Ablauf absolut nicht durchsetzbar ist, muß das irgendwann akzeptiert werden. Meist ist zu bemerken, daß der existente Ablauf vielleicht nicht so gradlinig wirkt, aber dennoch das gewünschte Ergebnis erbringt. Dauerhaft erbringt. Dann muß neu theoretisiert werden.

Wird die nächste bahnbrechende Softwareentwicklungsmethode "erfunden", ist jetzt schon absehbar, daß, Prototyp hin oder her, diese Methode eingesetzt werden soll. Dann ist sie, wenn sie Aktivitäten und ihre Reihenfolgen verändert, (zähneknirschend) einzuarbeiten.

Obwohl ein Werkzeug generell geeignet zu sein scheint, um z.B. Datenmodelle zu beschreiben, gibt es in dem einen oder anderen Projekt geeignete Gründe, ein anderes Werkzeug zu nutzen, um die Aktivitäten rund um die Softwareentwicklung bestmöglich zu nutzen. Im Rahmen einer Absprache muß das möglich sein und führt zu "Praxisbeschreibungen", wann vom Standard abgewichen werden darf.

Und natürlich muß jeder Fehler, der in einem Projekt identifiziert wird, nachgearbeitet werden.

4 Schlußwort

Wie die Aktivitätenreihenfolgen in einem Vorgehensmodell sind diese Projektreihenfolgen offensichtlich sinnvoll. Und dennoch wird immer wieder das eine oder andere vergessen. Oder mal eben zusammengefaßt.

Da wurden Submodell Softwareentwicklung und Qualitätssicherung im Vorgehensmodell mühsam auseinander dividiert und mit sauberen Schnittstellen verbunden. Und bei der Einführung wird auf die Trennung wieder verzichtet?

Nein, es kann ruhig mit Selbstbewußtsein vertreten werden, daß einige aufeinanderfolgende Projekte nötig sind, ein Vorgehensmodell "einzuführen". So wird kein Anspruch geweckt, derart umwälzende Ideen schnell umsetzen zu können und vielleicht hier und da Geld gespart, weil ob des zu erwartenden Aufwandes erstmal nur das eine oder andere Projekt alleine aufgesetzt wird. Dann stimmt endlich die Erwartungshaltung mit dem erreichbaren Ziel überein.

Jedes einzelne oben beschriebene Projekt bringt für sich allein mehr Erfolg als ein theoretisches Riesenprojekt, da die Grenzen eindeutiger und die Erfolge augenscheinlicher sind.

XIV Erste Standardaufwandsschätzung für ein größeres Projekt mit Hilfe des V-Modells

Manuela Wiemers

Zusammenfassung

Zu Beginn eines Vorhabens sind bestimmte Eckdaten festgelegt. Sie werden meist ohne intensive Analyse unternehmenspolitisch vorgegeben, und sollen mit einer Planung in sehr frühem Stadium auf Realisierbarkeit untersucht werden. Trotz des geringen Wissenstandes zu diesem Zeitpunkt sind zwei Vorgehen denkbar, die die Planung und Aufwandschätzung seriöser gestalten: Der Aufbau auf Erfahrungswerten eines ähnlichen Vorhabens und deren Anpassung an die neue Situation verschafft die größte Planungssicherheit. Aber auch ohne eine Erfahrungsgrundlage gibt es die Möglichkeit der Festlegung nach allgemeinen Standardwerten.

Der Beitrag gibt Anregungen zu diesen zeitlich sehr frühen Planungswerten einerseits in prozentualen Anteilen zum Gesamtaufwand und andererseits in Einheiten für ganz bestimmte Projekttypen. Zudem liegt der Schwerpunkt der Betrachtung auf den Softwareentwicklungsaktivitäten. Grundlage ist das V-Modell [BrD93].

1 Erfahrungswerte

Die Anregungen und Werte wurden über Jahre in 9 Vorhaben von der Autorin gesammelt. In allen Vorhaben hat das V-Modell zumindest informell als Grundlage gedient. Zwei Vorhaben hatten, wegen mangelnder Berücksichtigung der Ressourcenknappheit, erhebliche Zeitverzüge. In einem Vorhaben lagen die Kosten um 15% höher als geplant. Die anderen Vorhaben sind termingerecht und nah an der Aufwandsschätzung beendet worden. Die hier als Erfahrung zugrunde liegenden Vorhaben sind Anwendungsentwicklungsprojekte oder Organisationsprojekte.

2 Anspruch an Planungen

Für diese Vorhaben setzt ein Unternehmen Vorhabenakzente wie den Endtermin, schlagwortartige Anforderungen und Kostenrahmen zu Beginn des Vorhabens. Planungen zu diesem Zeitpunkt unterliegen folgender Zwickmühle. Sie sollen einerseits *schnell* dazu verhelfen, die eben genannten Akzente auf Realisierbarkeit zu prüfen, mehrere Vorhaben miteinander zu koordinieren, Ressourcen zu planen und zu verteilen und Kosten abzuschätzen. Andererseits besteht der Anspruch an *sichere* Planwerte. Und diese können genau so detailliert sein, wie der Wissenstand zum Zeitpunkt der Planung. Bekanntlich ist der zu Beginn sehr niedrig.

Natürlich ist ein Vorgehensmodell wie das V-Modell eine hervorragende qualitative Unterstützung, weil dort zumindest durch die Auflistung der Aktivitäten Vollständigkeit gewährleistet ist. Allein dies kann nicht reichen, da sich die einzelnen Aktivitäten quantitativ je nach Vorhabentyp stark unterscheiden.

Sollten im Unternehmen die Ist-Werte durchgeführter Vorhaben vorliegen, bietet es sich an, sie zu nutzen.

3 Vorliegende Vergleichswerte

3.1 Umfang

Liegt ein Vorgehensmodell wie das V-Modell vor, läßt sich an den Unterlagen der alten Vorhaben, im Besonderen am Projekthandbuch, erkennen, ob dieses komplett als Grundlage der Planung genutzt wurde oder angepaßte Fassungen vorliegen. Anhand der Ergebnisse aus SWE 1 - 3 lassen sich alte Vorhaben gegenüber dem neuen zum Thema Anforderungs-, Daten- und Funktionenumfang einordnen.

Selbst wenn nur alte Planungsergebnisse vorliegen, ist der Vergleich des Umfangs und die Übernahme der alten Planwerte qualitativ besser als eine völlig neue Schätzung. Zusätzlich gibt eine Analyse der alten Randbedingungen sinnvolle Planungsinformationen.

3.2 Randbedingungen

Die heutigen Randbedingungen sind zu ermitteln, ob sie ein negativeres oder positiveres Umfeld darstellen. Entsprechend sind Schätzwerte prozentual auf die alten Werte zu addieren oder von ihnen abzuziehen. Es handelt sich bei den Randbedingungen um:

- genutzte Ressourcen (Manpower) jeder Art
- Kompetenz der Mitarbeiter
- technisches Umfeld
- kritische Pfade

3.2.1 Genutzte Ressourcen jeder Art

Ist zu erkennen, daß die benötigten Ressourcen zu einem bestimmten Prozentsatz nicht so zur Verfügung stehen werden, wie es bei alten Vorhaben der Fall war, kann dieser Prozentsatz auf die Aktivitäten, die die Ressource ausführt, aufgeschlagen werden. Ist dagegen zu erkennen, daß die benötigten Ressourcen zu einem bestimmten Prozentsatz im Vergleich in größerem Umfang zur Verfügung stehen werden, muß untersucht werden, um welche Ressourcen es sich handelt:

- Handelt es sich um fachlich versierte Ressourcen, kann ¼ des Prozentsatzes von den betroffenen Aktivitäten abgezogen werden.
- Handelt es sich um technisch versierte Ressourcen, können ¾ des Prozentsatzes von den betroffenen Aktivitäten abgezogen werden.

Diese augenscheinliche Ungleichverteilung der Auswirkung im positiven oder negativen Fall begründet sich folgendermaßen:

Die Erhöhung von Ressourcen erfordert einen höheren administrativen Aufwand. Bei technisch versiertem Personal kann das sogenannte "Tausend Chinesen Prinzip" eine bessere Rate erzielen als bei fachlich versiertem Personal, da der Abstimmbedarf bei Anforderungs- und Analysetätigkeiten erheblich höher ist als der nachgelagerte Design- und Realisierungsbereich, der sich bereits auf abgegrenzte

Inhalte stützen kann.

3.2.2 Kompetenz der Mitarbeiter

Diese ist meist nicht im Nachhinein zu erheben. Vielleicht kann ermittelt werden, daß alte Vorhaben noch sehr projektunerfahrene Mitarbeiter enthielten, während dies zum neu betrachteten Zeitpunkt nicht mehr der Fall ist. In diesem positiven Fall können bis zu 10 % (!) von den betroffenen Aktivitäten abgezogen werden. Umgekehrt ist es sicherer, 1-3 % zuzuschlagen, wenn sehr viele Neulinge der Materie hinzugezogen werden.

3.2.3 Technisches Umfeld

Hatten die Vergleichsvorhaben ein bestehendes technisches Umfeld genutzt, und das jetzt zu planende Vorhaben wird auf neuen technischen Gegebenheiten (neues DBMS, erstmalig Client Server...) aufsetzen, sind 15 % auf die Vergleichssummen ab SWE 4 (siehe Punkt 7.1) aufzuschlagen!

3.2.4 Kritische Pfade

Die Reaktion auf kritische Pfade in alten Vorhaben, die zu Planverzögerungen führten, deckt auf, wie relevant sie noch sein können. Teilweise sind Gegensteuerungsmaßnahmen zu erkennen, die aufzeigen, wie auch auf dem kritischen Pfad Kosten und Termin eingehalten werden konnten. Diese kritischen Pfade sind durch ihre vorgelebte Lösung planungsweisend und daher unkritisch. Ist dies jedoch nicht der Fall, weist das auf unternehmensweite Schwierigkeiten hin, die auch in dem neuen Projekt auf diesem kritischen Pfad zu Planverschiebungen führen könnten. Ein sehr verbreiteter Auslöser für enorme Planverzögerungen ist geringe Verfügbarkeit bestimmter fachlicher Kompetenz. Die Planwerte der Aktivitäten auf den kritischen Pfaden sollten ab Beginn um genau den Prozentsatz erhöht werden, um den im alten Vorhaben dort die Ist-Werte von den Planwerten abweichten.

4 Standardwerte

Sind die Vergleichswerte eingearbeitet, ist es sinnvoll, anhand bestimmter "Standardwerte" die neue Planung zu prüfen. Lagen keine Vergleichswerte vor, muß eine völlig neue Planung anhand dieser "Standardwerte" erfolgen.

4.1 Umfang

Es gibt Vorhaben, bei denen der Umfang von Beginn an deutlich werden läßt, daß bei Mißlingen in fortgeschrittenem Zustand dem Unternehmen ein immenser Schaden zugefügt wird. Hierzu gehört z.B. jede Art von Bestandsverwaltungssystemen. Ähnlich sind Vorhaben gelagert, die flächendeckend bestimmte Aspekte verändern sollen. Ihre groben Anforderungen lassen erkennen, daß die Erhebung der Stellen, an denen gearbeitet werden muß und das spätere Zusammensetzen größeren Ausmaßes sein wird. Die Euro-Umsetzung oder der 2000er Jahreswechsel sind klassische Beispiele. Beide Vorhaben sind in eine extrem umfangreiche Kategorie einzuordnen. Sie setzen sich aus mehreren Teilvorhaben der nachfolgend beschriebenen umfangreichen oder überschaubaren Kategorie zusammen.

Eine weitere Kategorie stellen Vorhaben, deren Umfang abgegrenzter als eben beschrieben ist und weniger Schnittstellen zu umfassen scheint und dennoch nicht "mal eben" von den Erstellern abgeschätzt werden können. Anhand der groben Anforderungen ist dies erkennbar, denn z.B. ein Vorhaben "Neue Druckstücke" macht deutlich, daß es sich um eine klare Endschnittstelle mit etlichen Lieferanten handelt. Diese Art soll als umfangreiche Kategorie benannt werden.

Desweiteren treten Vorhaben auf, deren Umfang sehr schnell überschaubar ist. Meistens stehen informell die Ressourcen fest, da diese das Thema auch erstellt hatten und sich für "schnelle" Erledigung der Anforderungen anbieten. Es handelt sich um die überschaubare Kategorie. Hier sind nicht die Ad hoc-Wartungsvorhaben gemeint, die mit 20 - 30 Personentagen [PT] erledigt ein können. Für diese kleinen Vorhaben sind keine abstrakten Erfahrungswerte nötig, da die Ersteller sehr realistische Planwerte liefern können.

Damit ergeben sich 3 Kategorien:

- extrem umfangreiche Kategorie,
- umfangreiche Kategorie,
- überschaubare Kategorie.

4.2 Umfangerkennung

Um in die 3 Kategorien einzuordnen - sollte diese Einordnung nicht völlig augenscheinlich sein - bietet sich die Betrachtung der Anforderungen an:

a) Stark detaillierte Anforderungen geben einen Hinweis darauf, daß das zu bearbeitende Gebiet überschaubar bleibt. Sehr grobe Anforderungen lassen erkennen, daß bei ihrer Verfeinerung eine große Menge entstehen wird.

b) Werden Systemerneuerungen oder Anpassungen gefordert, kann über das bestehende System ermittelt werden, welcher Umfang zu erwarten ist. Dies gilt auch für Systemausschnitte.

c) Handelt es sich um sehr fest definierte fachliche Funktionalitäten ohne firmenspezifische Besonderheiten, ist eine Marktanalyse zu planen. Je höher die Wahrscheinlichkeit liegt, daß die Marktanalyse zu Erfolg führen kann, um so eher entwickelt sich das Projekt in eine völlig andere, organisatorisch orientierte Richtung. Geht es nicht nur z.B. um eine Druckerschnittstelle, ist sofort die Einstufung in mindestens umfangreich zu erwarten.

d) Gibt es Bezüge zu einem Datenmodell oder Datenbeschreibungen anderer Art, kann dieses mit dem verwiesenen Ausschnitt zur fachlichen Abschätzung herhalten. Existieren keine Datenbeschreibungen, ist diese fachliche Arbeit fundamental zu leisten, es handelt sich um ein mindestens umfangreiches Projekt.

e) Zeigt das Unternehmen, daß es bestimmte Sachverhalte im Rahmen des Vorhabens standardisieren will, wie z.B. eine zentrale neue Produktverwaltung, ist ebenfalls zumindest ein umfangreiches Projekt zu erwarten.

f) Dasselbe gilt für eine Vermischung von fachlichen und systemtechnischen Anforderungen. Sehr beliebt sind Projekte, die fachliche Aspekte verbessern und gleichzeitig reine Host-Anwendungen auf Client-Server-Anwendungen umstellen sollen.

5 Umfangreiche Kategorie

5.1 Aufwand für System-, DV- und SW- Anforderungen

Ein umfangreiches Vorhaben wird mit schlagwortartigen Anforderungen betituliert. Die eindeutige Festlegung der Anforderungen ist die Aufgabe, die bei der Erstplanung tatsächlich mit einer gewissen Sicherheit geplant werden kann. Der Rest wird hochgerechnet.

5.1.1 Ressourcen

Es ist in einem Unternehmen abschätzbar, ob die Infrastruktur dieses Vorhabenausschnittes zügig und gesichert zur Verfügung steht. Dazu gehören:

- thematisch versierte Mitarbeiter,
- projekterfahrene Mitarbeiter,
- Darstellungsmittel, Dokumentvorlagen,
- technische und räumliche Ausstattung.

5.1.1.1 Generelle Planung von Personentagen

Generell wird mit 20 PT je Mitarbeiter im Monat gerechnet. Dort sind Urlaubstage, Feiertage, Überstundentage und Krankheiten berücksichtigt. Nicht berücksichtigt sind interne Feiern (Geburtstage, Hochzeiten usw. von Kollegen), persönliche Unzulänglichkeiten, unternehmensweite Veranstaltungen mit dem nachträglichen Diskussionsbedarf und die kleinen Nebentätigkeiten aus dem vorherigen Arbeitsbereich. Der Durchschnitt über 7 (!) extrem umfangreiche Projekte hat ergeben, daß nicht mehr als 16,37 PT von einer Person erbracht werden. Bei fachlich orientierten Mitarbeitern sind es eher 15,24 PT. Bei den technisch orientierten Mitarbeitern lag der Schnitt etwas höher. Jede höhere Einplanung von Ressourcen bedingt spätere Verfügbarkeitsprobleme und Engpässe.

5.1.1.2 Thematisch versierte Mitarbeiter

Ist absehbar, daß die entsprechenden Ressourcen in den Fach-, den Programmierabteilungen, der Systemwelt oder den Technikabteilungen nicht abkömmlich sind, ist zwar zu empfehlen, das Vorhaben nicht aufzusetzen, aber die Realität sieht anders aus. Die jeweiligen Aktivitäten, in denen die Ressourcen gebraucht werden, sind um 4 % zu erhöhen!

5.1.1.3 Projekterfahrene Mitarbeiter

Liegen keine Erfahrungen vor, ist einerseits eine Einarbeitungszeit von 4 Wochen je betroffenem Mitarbeiter einzuplanen und andererseits 1 % auf die jeweiligen Tätigkeiten aufzuschlagen.

5.1.1.4 Darstellungsmittel / Dokumentvorlagen

Sind diese Punkte nicht standardisiert vorgegeben, wird ein Mitarbeiter für 2 Monate gebunden sein, die Ergebnisse zu erstellen. Handelt es sich zudem noch um Mittel und Vorlagen, die während des Vorhabens ablauforganisatorisch konsistent gehalten werden müssen, also keinem sehr strikten Werkzeug unterliegen, müssen auf das gesamte Vorhaben ab dem Grobentwurf (SWE 4) 3 % auf den Aktivitätenaufwand aufgeschlagen werden.

5.1.1.5 Technische und räumliche Ausstattung

Wird die technische Ausstattung der Mitarbeiter im Vorhaben nicht zentral vorgenommen, sind mehrere Mitarbeiter für unterschiedliche technische Wissensgebiete über den gesamten Vorhabenablauf mindestens zu 10 % bis zu 100 % ausgelastet. Dieses hängt von der Vorhabengröße ab. Zudem besteht eine sehr hohe Unsicherheit bezüglich der technischen Konfigurationskonsistenz mit ihren Auswirkungen auf das Projekt. Dafür liegen keine Planwerte vor! Dasselbe gilt für nicht befriedigte Raumanforderungen.

5.1.2 Aktivitäten

Die Beschreibung der Aktivitäten geht davon aus, daß die eben beschriebenen Ressourcen vorliegen. Es handelt bei der Benennung der Anzahl der Ressourcen um eine Mindestangabe und bei der angegebenen Dauer um eine zu erwartende Mindestzeit, unabhängig von der Anzahl der Mitarbeiter.

5.1.2.1 System- Ist- Aufnahme/ -Analyse (SWE 1.1), Bedrohung und Risiko analysieren (SWE 1.3)

Es ist zu ermitteln, welche Organisationseinheiten, DV-technischen Systeme und unternehmensweiten Abläufe betroffen sind. Diese Ermittlung hat von drei Mitarbeitern zu erfolgen, da es sich um einen sehr kreativen Prozeß handelt, der so zu einem guten Ergebnis führen wird. Die Ermittlung ist mit 40 PT zu veranschlagen und wird daher ca. 13 Tage dauern.

Je ermittelter Einheit sind zwei Mitarbeiter mit je sechs PT zur Detailbeschreibung zu veranschlagen. Weitere sechs Tage gehen ins Land.

5.1.2.2 Systemanforderungen definieren (SWE 1.2), System fachlich strukturieren (SWE 1.4)

Aus den Ergebnissen können zwei Mitarbeiter die Anforderungen herausarbeiten, sie werden dafür 20 PT benötigen, die zehn Tage dauern. Je nach Kompetenz wird die fachliche Struktur dabei implizit herausgearbeitet oder sie muß explizit in weiteren fünf PT erstellt werden. Auf der Zeitstrecke sind ebenfalls fünf weitere Tage vergangen.

5.1.2.3 System technisch entwerfen (SWE 1.5), Realisierbarkeit untersuchen (SWE 1.6), Rest SWE 1

Dieser erste Übersetzungstakt, aus der fachlichen Sicht in eine Ordnung schaffende Sicht zu gelangen, bindet sowohl die fachlichen Ressourcen als auch mindestens eine sehr projekterfahrene. Drei Mitarbeiter werden für gut einen Monat beschäftigt sein, diese Ordnung im allgemeinen Verständnis zu schaffen. Damit sind 45 PT zu veranschlagen. Bis jetzt sind um die 50 Zeittage veranschlagt.

5.1.2.4 Verfeinerungen (SWE 2, SWE 3)

Die Trennung zwischen System-, DV- und SW- Anforderungsanalyse ist ein stets aufs Neue betrachteter Streitpunkt. Nichtsdestotrotz finden Verfeinerungstakte statt. Um die 130 PT haben sich im Rahmen SWE 1 summiert, Verfeinerungen werden ¾ dieses Aufwandes ausmachen. In Summe benötigen SWE 1 - SWE 3 also um die 220 PT. Auf der Zeitstrecke ergeben sich schon Werte um die 90 Tage, also knappe fünf Monate.

5.1.2.5 Grob- und Feinentwurf (SWE 4, SWE 5)

Nachträgliche Erhebungen haben gezeigt, daß der Grobentwurf weniger Aufwand kostete als SWE 1 - SWE 3 zusammen. Der Prozentsatz bewegt sich um 40 %. Bei 220 PT bewegt man sich an einer Kenngröße von 90 PT. Diese sind sinnvoll von fünf Mitarbeitern zu leisten. Ein Monat ist zu veranschlagen. Der Feinentwurf kommt nicht so gut weg, da er einerseits darunter leidet, daß bereits viel Zeit vergangen ist und sich Änderungen einschleichen und andererseits die Vertiefung einige Grundaussagen noch einmal in Frage stellt. Er muß mit mindestens 50 % veranschlagt werden. Das ergibt 110 PT, die um die 30 Tage ausmachen werden.

Das Projekt ist um die 150 Tage [8 Monate] unterwegs, um fachliche und DV-übersetzungstechnische Beschreibungen zu leisten.

5.1.2.6 Technik (ab SWE 6)

Für die Realisierungsarbeiten nebst der Integrationsaktivitäten ist mindestens dieselbe Zeitstrecke noch einmal vorzusehen. Kurioserweise ist das nicht unbedingt von der Menge abhängig, da etliche Mengenverzögerungen durch mehr Ressourcen aufgefangen werden können und werden, sondern liegt im Reifeprozeß begründet. Solange, wie das fachliche Wissen aufgebaut wurde, wird es auch umgesetzt. In Summe bedeutet das einen Aufwand von 420 - 450 PT und ca. 150 Zeittage [8 Monate]. Bestimmte technische Besonderheiten wie z.B. ein Client-Server-Einführungskonzept, Datenupgradekonzepte usw. können parallel mit mehr Ressourcen erstellt werden!

5.1.2.7 QS und KM

QS wird nicht kontinuierlich, aber zeitweilig ausschließlich getätigt. In Summe benötigt sie ca. 1/8 des <u>SWE-Aufwandes</u>. Die Zeitschiene verlängert sie <u>zusätzlich</u>

um 1/6 der Systemerstellung. In dieser Rechnung sind 50 Tage [2 - 3 Monate] einzukalkulieren. Die zeitrelevante Mannschaft (vier Mitarbeiter) wird sich im Laufe des Vorhabens einerseits aus freiwerdenden fachlichen Ressourcen und andererseits aus unbedarften Anwendern zusammensetzen. Alle anderen QS-Ausführenden (zwei Konzeptersteller, Ergebniskoordinierer) strecken das Vorhaben nicht, sondern sind parallel zu planen. Für das Konfigurationsmanagement kann keine Erfahrungsplanung angegeben werden, da die volle Spannbreite von nicht vorhanden bis exquisit durchgeführt abzuschätzen ist. Sie darf keine Vorhabenverlängerung bewirken, sondern nur den Aufwand hochtreiben.

6 Extrem umfangreiche Kategorie

Bei extrem umfangreichen Vorhaben ist eine Erstplanung so zu vollziehen, daß das Vorhaben unterteilt wird. Das Endergebnis jedes dieser umfangreichen oder überschaubaren Vorhaben mag allein nicht lauffähig sein, so daß die Einführung nur komplett erfolgen kann. Für die Planung ist die Unterteilung unabdingbar.

Die ermittelten Bestandteile werden für die Aufwandschätzung summiert und es können 30% von der Gesamtsumme abgezogen werden, da etliche Aktivitäten für alle Bestandteile gelten. Für die Zeitschätzung geht man davon aus, daß das größte umfangreiche Projekt plus 10 % den Gesamtrahmen genügend darstellt.

Zudem sind 15 % auf die Gesamtsumme aufzuschlagen, um restliche Koordinationsaufgaben sowohl für die Aufwands- als auch die Zeitschätzung abzudecken.

Wird das Vorhaben 2 ½ Jahre in Summe dauern, sind noch einmal 10 % aufzuschlagen, da in dieser Zeit sich immer Änderungen durch äußere Einflüsse ergeben, die diesen Prozentsatz ausmachen. Dabei handelt es sich um einen Minimalwert.

7 Überschaubare Kategorie

7.1 Aufwand für System-, DV- und SW- Anforderungen

System- und SW- Anforderungen machen den größten planbaren Teil aus. Diese

Art Vorhaben erhält bereits anfänglich detailliertere Anforderungen, die einzeln in ihrer Umsetzung geplant werden können. Die Beschreibungen zu den Ressourcen gelten analog wie bei umfangreichen Vorhaben.

7.1.1 Aktivitäten

7.1.1.1 System- Ist- Aufnahme / -Analyse (SWE 1.1), Bedrohung und Risiko analysieren (SWE 1.3)

Die Ermittlung der betroffenen Organisationseinheiten, DV-technischen Systeme und unternehmensweite Abläufe können von einem Mitarbeiter erfolgen, und sie hat eher den Charakter einer sauberen Darstellung bekannter Sachverhalte. Daher kann sie mit zehn PT veranschlagt werden und wird daher ca. fünf Tage dauern. Die Detailbeschreibung ist darin enthalten.

7.1.1.2 Systemanforderungen definieren (SWE 1.2), System fachlich strukturieren (SWE 1.4)

Aus den Ergebnissen können derselbe (dieselben) Mitarbeiter die Anforderungen herausarbeiten, er (sie) werd(en) dafür 10 PT benötigen, die wiederum fünf Tage dauern.

7.1.1.3 System technisch entwerfen (SWE 1.5), Realisierbarkeit untersuchen (SWE 1.6), Rest SWE 1

Hier können entgegen dem umfangreichen Vorhaben zwei Mitarbeiter mit beschriebener Kompetenz in 10 Tagen gute Ergebnisse erbringen. Damit sind 20 PT zu veranschlagen. Damit ergibt sich eine Summe von 25 Tagen. Es ist interessant zu beobachten, daß der Aufwand nur 1/3 des umfangreichen Projektes ausmacht, die Zeitschiene hingegen die Hälfte der Zeit.

7.1.1.4 Verfeinerungen (SWE 2, SWE 3)

In Anwendung des beschriebenen Prozentsatzes beläuft sich der Aufwand auf 30 PT und es werden ca. 19 Tage benötigt. In Summe benötigen SWE 1 - SWE 3 also um die 70 PT. Auf der Zeitstrecke begibt man sich in Richtung 45 Tage [2 gute Monate].

7.1.1.5 Grob- und Feinentwurf (SWE 4, SWE 5)

Die Regeln sind jetzt gegenüber einem umfangreichen Vorhaben angenehmer: Der anteilige Prozentsatz des Grobentwurfes und des Feinentwurfes hält sich jeweils bei 25 %. Das sind 22 Tage mit ungefähr 36 PT in Summe. Das Projekt hat bisher 67 Tage [3 gute Monate] zu leben.

7.1.1.6 Technik (ab SWE 6)

Auch hier wird derselbe Umfang der Vorphasen noch einmal addiert. Knapp 140 Tage [7 Monate] mit 220 PT kommen in Summe für den SWE-Teil heraus.

7.1.1.7 QS und KM

Würde QS auch hier nur 1/6 an zusätzlicher Zeit einnehmen, käme nicht mal ein Monat heraus. Dies ist in keiner Weise ausreichend. Daher ist ¼ zu veranschlagen, das sich in ca. 26 Tagen und damit ebenfalls 2 (!) Monaten niederschlägt. Der Aufwand wird sogar als 1/3 geschätzt. Für KM ist keine zusätzliche Zeitstrecke vorzusehen.

8 Überblick und Rechenvorgabe

8.1 Standardberechnung

Sollten keine Vorgaben aus alten Vorhaben vorliegen, muß die Standardberechnung erfolgen. Liegen für Teile alte Vorgaben vor, können diese die entsprechenden Teile aus der Standardvorgabe ersetzen. Sind sogar die alten Randbedingungen bekannt, können die Zu- und Abschläge, wie unter Punkt 2.2 beschrieben, berücksichtigt werden.

8.1.1 Umfangreiche und überschaubare Projekte

WAS	Typ: umfangreich	Regel: umfangreich	Typ: überschaubar	Regel: überschaubar
SWE 1.1	3 MA 13 Tage 40 PT		1 MA 3 Tage 7 PT	
SWE 1.3	2 MA 6 Tage 12 PT		1 MA 2 Tage 3 PT	
SWE 1.2	2 MA 10 Tage 20 PT		1 MA 3 Tage 7 PT	
SWE 1.4	1 MA 5 Tage 5 PT		1 MA 2 Tage 3 PT	
Rest SWE 1	3 MA 15 Tage 45 PT		1 MA 15 Tage 20 PT	
Summe SWE 1	49 Tage 122 PT		25 Tage 40 PT	
SWE 2 / SWE 3	37 Tage 92 PT	¾ von Summe SWE 1	19 Tage 30 PT	¾ von Summe SWE 1
Summe SWE 1-3	86 Tage 214 PT		44 Tage 70 PT	
SWE 4	5 MA 20 Tage 90 PT	40% von SWE 1-3	2 MA 11 Tage 18 PT	25% von SWE 1-3
SWE 5	5 MA 30 Tage 110 PT	50% von SWE 1-3	2 MA 11 Tage 18 PT	25% von SWE 1-3
Summe bis SWE 5	150 Tage 420 PT		66 Tage 106 PT	
ab SWE 6	150 Tage 420 PT	Summe bis SWE 5 * 2	66 Tage 106 PT	Summe bis SWE 5 * 2
Summe SWE	300 Tage 840 PT		140 Tage 220 PT	
QS	2 MA 50 Tage 100 PT	Zeit: Summe SWE : 6 Aufwand: Summe SWE : 8	1 MA 30 Tage 75 PT	Zeit: Summe SWE : 4 Aufwand: Summe SWE : 3
SUMME	350 Tage 940 PT		170 Tage 300 PT	

8.1.2 Extrem umfangreiche Projekte

Alle Bestandteile müssen bereits berechnet worden sein!

Der Aufwand wird folgendermaßen aktualisiert:

a) Summe aller enthaltenen umfangreichen oder überschaubaren PT-Teile.

b) Abzug 30 % für erhöhte Effizienz durch gemeinsame Teile.

c) Aufschlag 15 % für Koordination.

d) wenn Zeitverlauf > 2 ½ Jahre: Aufschlag 10 % wegen neuer Anforderungen.

Die Zeitschiene ermittelt sich etwas anders:

a) längste Teilprojekt mit Aufschlag 10 % für Abstimmungen

b) Aufschlag 15 % für Koordination

c) wenn Zeitverlauf > 2 ½ Jahre: Aufschlag 10 % wegen neuer Anforderungen.

9 Schlußwort

Zwei Unsicherheitsaspekte bleiben: Einerseits die Einschätzung in die Projekttypen, andererseits die Beurteilung der Randbedingungen und das Vertrauen auf alte Dokumentationen. Wie auch beim Tailoring im V-Modell ist es faktisch unmöglich, alle eigenen Erfahrungswerte derart zu erfassen, zu sortieren und verallgemeinert darzustellen, daß es keine Interpretationsmöglichkeiten mehr gibt. Dies scheint auch der Grund zu sein, daß es wenig detaillierte Literatur zum Thema gibt.

Literaturverzeichnis

[ABG92] P.Armenise, S.Bandinelli, C.Ghezzi, A.Morzenti: Software process languages: Survey and assessment, in: Proceedings of the Fourth Conference on Software Engineering and Knowledge Engineering, Capri, Italy, Juni 1992

[ACC94] B. Allgood, A. Clough, G. Cunha, J. VanBuren, S. Godfrey: Process Technologies Method and Tool Report, Software Technology Support Center (STSC), Ogden ALC/TISE, Hill AFB, Utah 84056, 1994

[ADH94] J.-M. Aumaitre, M. Dowson, D.-R. Harjani: Lessons learned from formalizing and implementing a large Process Model, in: B. Warboys (Hrsg.), Proceedings of the Third European Workshop on Software Process Technology, Lecture Notes in Computer Science Nr. 772, Springer-Verlag, February 1994, S. 228-240

[AFL98] J. Angele, D. Fensel, D. Landes R. Studer: Developing Knowledge-Based Systems with MIKE, erscheint in International Journal of Automated Reasoning and Artificial Intelligence in Software Engineering

[And90] N.E. Andersen et al.: Professional Systems Development, Prentice Hall, 1990

[Ang93] J. Angele: Operationalisierung des Modells der Expertise mit KARL, Dissertationen zur Künstlichen Intelligenz, Band 53, infix, St. Augustin, 1993

[Bal82] H. Balzert: Die Entwicklung von Software-Systemen, BI-Verlag, 1982

[Bal95] H. Balzert: Moderne Software-Entwicklungssysteme und Werkzeuge, Reihe Informatik/44, BI Wissenschaftsverlag, 1995

[BBE96] U. Baumöl, J. Borchers, S. Eicker, K. Hildebrand, R. Jung, F. Lehner: Einordnung und Terminologie des Software Reengineering, in: Informatik-Spektrum, 19 (1996) 4, S. 191-195

[Bel95] R. Bellinzona et al.: Reusing Specifications in OO Applications, in: IEEE Software, März 1995, S. 65-75

[BeM93] N. Belkhatir, W.L. Melo: Supporting software maintenance processes in TEMPO, in: Proceedings of the Conference on Software Maintenance, IEEE Computer Society Press, September 1993.

[BEM93] N. Belkhatir, J. Estublier, W.L. Melo: Software process model and work space control in the Adele system, in: Leon Osterweil (Hrsg.):

Proceedings of the Second International Conference on the Software Process, IEEE Computer Society Press, Februar 1993, S. 2-11

[Ben56] H. D. Benington: Production of Large Computer Programs, Proc. ONR Symp. Advanced Programming Methods for Digital Computers, 1956, S. 15-27 (auch veröffentlicht in Proc. 9th ICSE, Computer Society Press, 1987)

[BeV97] U. Becker, M. Verlage: Das Werkzeug MoST zur Entwicklung von Prozeßmodellen. In Tagungsband Dritter Workshop der GI-FG 5.1.1 - Vorgehensmodelle - Einführung, betrieblicher Einsatz, Werkzeug-Unterstützung und Migration, Berlin, 1997

[BeW97] U. Becker, R. Webby: Towards a Logical Schema Integrating Software Process Modeling and Software Measurement, in: R. Harrison (Hrsg.): Proceedings of the Nineteenth International Conference on Software Engineering Workshop: Process Modelling and Empircal Studies of Software Evaluation, Boston/USA, Mai 1997, S. 84-88

[BFG93] S.C. Bandinelli, A. Fuggetta, S. Grigolli: Process Modeling in–the–large with SLANG, in: L. Osterweil (Hrsg.): Proceedings of the Second International Conference on the Software Process, IEEE Computer Society Press, Februar 1993, S. 75-83

[BFS96] R. Benjamins, D. Fensel, R. Straatman: Assumptions of Problem-Solving Methods and Their Role in Knowledge Engineering. In Proceedings of the 12. European Conference on Artificial Intelligence (ECAI-96), Budapest, August 1996

[BHM97] U. Becker, D. Hamann, J. Münch, M. Verlage: MVP-E: A process modeling environment, IEEE TCSE Software Process Newsletter, (10):10–15, Fall 1997

[BHS95] U. Bittner, W. Hesse, J. Schnath: Praxis der Software-Entwicklung, Methoden, Werkzeuge, Projektmanagement - eine Bestandsaufnahme, Oldenbourg 1995

[BLR95] A. Bröckers, C.M. Lott, H.D. Rombach, M. Verlage: MVP–L language report version 2. Interner Bericht Nr. 265/95, Fachbereich Informatik, Universität Kaiserslautern, 67653 Kaiserslautern, 1995

[Blu82] B.I. Blum: The Life Cycle - A Debate Over Alternate Models, Software Engineering Notes, Vol. 7, No. 4, S. 18-20

[BMR97] J. Biethahn, H. Mucksch, R. Walter. Ganzheitliches Informationsmanagement, Band II: Entwicklungsmanagement, R. Oldenbourg Verlag, München 1997

[BNF96] S. Bandinelli, E. Di Nitto, A. Fuggetta: Supporting cooperation in the SPADE-1 environment. IEEE Transactions on Software Engineering, 22(12), Dezember 1996, S. 841-865

[Boe76] B.W. Boehm: Software- Engineering, IEEE Transactions on Computers, Vol. C-25, 1976, S.1226-1241

[Boe79] B.W. Boehm: Guidelines for verifying and validating software requirements and design specifications, EURO IFIP, North-Holland, S. 711-719

[Boe88] B.W. Boehm: A Spiral Model for Software Development and Enhancement, IEEE Computer, Mai 1988, S.61-72

[Boo91] G. Booch: Object-Oriented Design with Applications. Benjamin/ Cummings Publ. Comp. 1991

[Boo94] G. Booch: Object-Oriented Analysis and Design with Applications. Second Edition, Benjamin/Cummings Publ. Comp. 1994

[Bor96] J. Borchers: Reengineering-Factory – Erfolgsmechanismen großer Reengineering-Maßnahmen, in: F. Lehner (Hrsg.): Softwarewartung und Reengineering: Erfahrungen und Entwicklungen, Deutscher Universitäts Verlag, Wiesbaden 1996, S. 19-29

[Bor97] J. Borchers: Erfahrungen mit dem Einsatz von Reengineering in einem großen Umstellungsprojekt, in: HMD, 34 (1997) 194, S. 77-94

[Bra89] I. Bratko: Fast prototyping of expert systems using Prolog. In G. Guida et. al. (Eds.): Topics in Expert Systems Design, Elsevier Science Publisher B. V., North-Holland, 1989, S. 69-86

[BRB95] N.S. Barghouti, D.S. Rosenblum, D.G. Belanger, C. Alliegro: Two case studies in modeling real, corporate processes. Software Process–Improvement and Practice, 1(1), August 1995, S. 17-32

[BrD93] A. Bröhl und Dröschel W. (Hrsg.): Das V-Modell – Der Standard für die Softwareentwicklung mit Praxisleitfaden, Oldenbourg, 1993

[BrH93] R. Bræk und O. Haugen. Engineering Real-time Systems: An object-oriented Methodology using SDL. Prentice Hall, New York, London 1993

[BrV94] J. Breuker, W. Van de Velde (Hrsg.): The CommonKADS Library for Expertise Modelling. IOS Press, Amsterdam/Holland 1994

[BSK95] I. Ben-Shaul, G. Kaiser: A Paradigm for Decentralized Process Modeling. Kluwer, Boston 1995

[BuG96] R. Buck-Emden, J. Galimow: Die Client/Server-Technologie des SAP-Systems R/3, 3. Auflage, Bonn 1996

[BuI95] HERMES – Führung und Abwicklung von Informatikprojekten, Bundesamt für Informatik, Schweizerische Bundesverwaltung, Bern 1995

[Bur97] R. Burkhardt, UML - Unified Modeling Language – Objektorientierte Modellierung für die Praxis, Addison-Wesley, 1997

[Cap92] F. Capra: Systemisches Denken – Das neue Paradigma, in: R. Königswieser, C. Lutz (Hrsg.): Das systemisch evolutionäre Management, 2. Auflage, Wien 1992, S. 307-309

[CGM88] G. Chroust, O. Gschwandtner, D. Mutschmann-Sanchez: Das Entwicklungssystem ADPS der IBM, In: T. Gutzwiller, H. Österle (Hrsg.): Anleitung zu einer praxisorientierten Software-Entwicklungsumgebung, Band 2 AIT Verlag München, 1988, S. 123-148

[ChC90] E.J. Chikofsky, J.H. Cross: Reverse Engineering and Design Recovery: A Taxonomy, in: IEEE Software, 7 (1990) 1, S. 13-17

[Chr92a] G. Chroust: Modelle der Software-Entwicklung – Aufbau und Interpretation von Vorgehensmodellen, Oldenbourg Verlag, 1992

[Chr92b] G. Chroust: Software-Entwicklungsumgebungen – Synthese und Integration, Informatik-Spektrum, 15:7:165–174, 1992

[CJS92] B. Chandrasekaran, T.R. Johnson, J. W. Smith: Task Structure Analysis for Knowledge Modeling, Communications of the ACM, 35(9), 1992, S. 124-137

[CKL98] T. Curran, G. Keller, A. Ladd: SAP R/3 Business Blueprint – Understanding the Business Process Reference Model. New Jersey 1998

[CKO92] B. Curtis, M.I. Kellner, J. Over: Process Modeling, Communications of the ACM, 35(9), September 1992, S. 75-90

[CoB89] W. Coy, L. Bonsiepen: Erfahrung und Berechnung, Informatik Fachberichte, Nr. 229, 1989

[Cor92] R. Corzilius: AD/Cycle – Ziele, Konzepte und Funktionen, Oldenbourg- Verlag, München, Wien, 1992

[CoW94] B. Convent, W. Wernecke: Bausteinverwaltung und Suchunterstützung – Basis für die Softwarewiederverwendung, in: Handbuch der modernen Datenverarbeitung, 31 (1994) 180, S. 61-70

[CoY90] P.Coad, E. Yourdon: Object-oriented analysis, 2nd edition, Yourdon Press 1990

[CoY91] P. Coad, E. Yourdon: Object-oriented design, Yourdon Press 1991

[Dae76] W.F. Daenzer: Systems Engineering - Leitfaden zur methodischen Durchführung umfangreicher Planungsvorhaben, Verlag industrielle Organisation, 1976

[DaR97] C. Dahme, A. Raethel: Ein tätigkeitsorientierter Ansatz zur Entwicklung von brauchbarer Software, Informatik-Spektrum, Nr. 1, 1997, S. 5-12

[Dei93] W. Deiters, A View Based Approach to Software Process Management, Technical Report No. 467/93, Universität Dortmund, Fachbereich Informatik

[DeK76] F. L. DeRemer, H. H. Kron. Programming-In-The-Small versus Programming-In-The-Large, in: H.-J. Schneider, M. Nagl. (Hrsg.). Programmiersprachen, 4. Fachtagung der GI, Erlangen, März 1976, Informatik-Fachberichte, Springer, Berlin, 1976

[DeL87] T. DeMarco, T.R. Lister, Peopleware: Productive Projects and Teams, New York: Dorset House Publishing, 1987

[Dem86] W.E. Deming: Out of the Crisis, MIT Press, 1986

[DGQ95] Deutsche Gesellschaft für Qualität e.V.: Begriffe zum Qualitätsmanagement, DGQ-Schrifft 11-04, 6. Auflage, 1995

[DGS95] W. Deiters, V. Gruhn, R. Striemer. Der FUNSOFT-Ansatz zum integrierten Geschäftsprozeßmanagement, Wirtschaftsinformatik 37:5, 1995

[DIN80] DIN 69901: Projektmanagement Begriffe, Beuth-Verlag, 1980

[Dud93] Duden: Informatik, Dudenverlag, Mannheim, 1993

[ECM93] Reference Model for Frameworks of Software Engineering Environments. European Computer Manufacturers Association, 1993

[EDA97] J. Estublier, S. Dami, A. Amiour: APEL: A Graphical Yet Executable Formalism for Process Modelling. Automated Software Enginnering (ASE), März 1997

[Elz94] P.F. Elzer: Management von Softwareprojekten, Vieweg Verlag, 1994

[Eng80] N. L. Enger: Classical and structured systems life cycle phases and documentation, in: Cottermann et al. [Hrsg.]: Systems Analysis and Design, A Foundation for the 80's, North-Holland, 1980, S. 1-24

[EPM94] H. Eriksson, A. R. Puerta, M. A. Musen: Generation of Knowledge

Acquisition Tools from Domain Ontologies, Int. J. Human-Computer Studies 41, 1994, 425-453

[Eri92] H. Eriksson: A Survey of Knowledge Acquisition Techniques and Tools and their Relationship to Software Engineering, Journal of Systems and Software ,19, 1992, S. 97-107

[Esh88] L. Eshelman: MOLE: A Knowledge-Acquisition Tool for Cover-and-Differentiate Systems, In [Mar88], 1988, S. 37-80

[Fah95] U. Fahrwinkel: Methode zur Modellierung und Analyse von Geschäftsprozessen zur Unterstützung des Business Process Reengineering. Paderborn 1995

[FAS98] D. Fensel, J. Angele, R. Studer: The Knowledge Acquisition and Representation Language KARL, erscheint in IEEE Transactions on Knowledge and Data Engineering.

[Fei77] E. A. Feigenbaum: The Art of Artificial Intelligence: Themes and Case Studies of Knowledge Engineering. In Proceedings of the International Joint Conference on AI (IJCAI-77), 1977, S. 1014-1029

[Fen97] D. Fensel: The Tower-of-Adapter Method for Developing and Reusing Problem-Solving Methods. In E. Plaza u.a. (Hrsg.), Knowledge Acquisition, Modeling and Management, LNAI 1319, Springer, 1997

[Fer93] C. Fernström: PROCESS WEAVER – Adding Process Support to UNIX. Proceedings 2nd Int. Conf. on Software Process, Berlin,1993

[FeS93] O.K. Ferstl, E.J. Sinz: Grundlagen der Wirtschaftsinformatik, Band 1, München, Wien 1993

[FeS95] O. K. Ferstl, E. J. Sinz: Der Ansatz des Semantischen Objektmodells (SOM) zur Modellierung von Geschäftsprozessen, Wirtschaftsinformatik 37:3, 1995

[FeS96] D. Fensel, R. Straatman: The Essence of Problem-Solving Methods: Making Assumptions for Efficiency Reasons, in: N. Shadbolt et al. (Hrsg.): Advances in Knowledge Acquisition, LNAI 1076, Springer-Verlag, 1996

[FFR97] A. Farquhar, R. Fikes, J. Rice: The Ontolingua Server: a Tool for Collaborative Ontology Construction, International Journal of Human-Computer Studies (IJHCS), 46(6), 1997, S. 707-728

[FlK84] C. Floyd, R. Keil: Integrative Systementwicklung - ein Ansatz zur Orientierung der Softwaretechnik auf die benutzergerechte Entwicklung rechnergestützter Systeme, BMFT-Forschungsbericht, TU Berlin,

1984

[Flo81] C. Floyd: A Process-Oriented Approach to Software Development, Proc. of the 6th European ACM Regional Conference, 1981, S. 285-294

[Flo84] C. Floyd: A systematic Look at Prototyping in: R. Budde, K. Kuhlenkamp, L. Matthiassen, H. Züllighoven (Hrsg.): Approaches to Prototyping, Springer-Verlag, 1984, S. 1-18

[Flo94] C. Floyd: Evolutionäre Systementwicklung und Wandel in Organisationen, Der GMD-Spiegel, Nr. 3, 1994, S. 36-40

[FoS97] M. Fowler, K. Scott, UML Distilled - Applying the Standard Object Modeling Language, Addison-Wesley, 1997

[FRS89] Ch. Floyd, F.-M. Reisin, G. Schmidt: STEPS to software development with users. in: C. Ghezzi, J. McDermid (eds.): ESEC '89, Second European Software Engineering Conference. LNCS 387, S. 48-64; Springer 1989

[GaJ96] P. Garg und M. Jazayeri (Hrsg.) Process-Centered Software Engineering Environments. IEEE Computer Society Press, USA, 1996

[Gap95] U. Gappa: Grafische Wissensakquisitionssysteme und ihre Generierung. Dissertationen zür Künstlichen Intelligenz, Band 100, infix, St. Augustin, 1995

[GeS88] M. Gerisch, J. Schumann: Software-Entwurf. Rudolf Müller-Verlag, 1988

[Gil85] T. Gilb: Evolutionary Delivery versus the Waterfall Model, ACM SIGSoft Software Engineering Notes, 1985, S. 49-61

[Gil88] T. Gilb: Principles of Software Engineering Management, Addison-Wesley, 1988

[Gla82] G.R. Gladden: Stop the Life Cycle, I Want to Get Off, Software Engineering Notes, Vol. 7, No. 2, 1982, S. 35-39

[Gla97] E. von Glaserfeld: Einführung in den radikalen Konstruktivismus, in: P. Watzlawick (Hrsg.): Die erfundene Wirklichkeit, Piper, 9. Auflage, 1997, S. 16-38

[Gör96] M. Görk: R/3-Einführung schneller und einfacher gemacht. In: SAPInfo – Continuous Business Engineering, Walldorf 1996, S. 28-29

[GoR95] A. Goldberg, K.S. Rubin: Succeeding with objects - Decision Frameworks for Project Management, Reading 1995

[GrH97] P. Grünbacher, S. Hofer, Software-Prozeßautomation in kleinen Softwareunternehmen, in: A. Oberweis, H.M. Sneed (Hrsg.) Software-Management 97, Teuber-Reihe WI, Stuttgart, Leipzig 1997

[Gro82] E. Grochla: Grundlagen der organisatorischen Gestaltung. Stuttgart 1982

[Gru93] T.R. Gruber: A Translation Approach to Portable Ontology Specifications, Knowledge Acquisition 5(2), 1993, S. 199-221

[Gru96] V. Gruhn, Geschäftsprozeß-Management als Grundlage der Software-Entwicklung, Informatik Forschung und Entwicklung, Springer-Verlag, Vol. 11, 1996, S. 94-106

[Gru97] V. Gruhn, Elektronischer Datenaustausch in zwischenbetrieblichen Geschäftsprozessen, Wirtschaftsinformatik, Vol. 39, No. 6, 1997, S. 225-230

[Gün96] B. Günter: Kundenanalyse und Kundenzufriedenheit als Grundlage der Customer Integration, in: M. Kleinaltenkamp, S. Fließ, F. Jacob (Hrsg.): Customer Integration – Von der Kundenorientierung zur Kundenintegration. Wiesbaden 1996, S. 57-71

[HaC93] M. Hammer, J. Champy: Reengineering the Corporation, A Manifesto for Business Revolution, Nicholas Breadley, London, 1993

[Hal82] P.A.V. Hall: In Defence of Life Cycles, Software Engineering Notes, Vol. 7, No. 3, 1982, S. 23

[HaL93] H. Habermann und F. Leymann: Repository – Eine Einführung, Oldenbourg Verlag, 1993

[HaZ82] H.-L. Hausen, H. Züllighoven: Ein erweitertes Modell für die Software-Entwicklung, Softwaretechnik-Trends, Nr. 3, 1982, S. 11-44

[HBB94] W. Hesse, G. Barkow, H. von Braun, H.-B. Kittlaus, G. Scheschonk: Terminologie der Softwaretechnik - Ein Begriffssystem für die Analyse und Modellierung von Anwendungssystemen, Teil 1: Informatik Spektrum 17, 1994, S.39-47, Teil 2: Informatik Spektrum 17, 1994, S.96-105

[HeE90] B. Henderson-Sellers, J.M. Edwards: Objects oriented software systems life cycle; CACM Vol. 33, No. 9, 1990

[Hes81] W. Hesse: Methoden und Werkzeuge der Software-Entwicklung - ein Marsch durch die Technologie-Landschaft, Informatik-Spektrum, Nr. 4, 1981, S. 229-245

[Hes84] W. Hesse: A systematics of software engineering: Structure, terminology and classification of techniques. In: P. Pepper (Ed.): Program Transformations and Programming Environments, Springer 1984, S. 97-125

[Hes95] W. Hesse: Evolutionäre Software-Entwicklung und Projektmanagement. In: F. Huber-Wäschle, H. Schauer, O. Widmeyer (Eds.): GISI '95 - Herausforderungen eines globalen Informationsverbundes für die Informatik. Informatik aktuell, Springer 1995

[Hes96] W. Hesse: Theory and practice of the software process - a field study and its implications for project management; in: C. Montangero (Ed.): Software Process Technology, 5th European Workshop, EWSPT 96. Springer LNCS 1149, 1996, S. 241-256

[Hes97a] W. Hesse: Life cycle models of object-oriented software development methodologies. In: A. Zendler et al.: Advanced concepts, life cycle models and tools for object-oriented software development. Reihe Softwaretechnik 7, Tectum Verlag Marburg 1997

[Hes97b] W. Hesse: Wie evolutionär sind die objekt-orientierten Analysemethoden? Ein kritischer Vergleich. Informatik-Spektrum 20.1, 1997, S. 21-28

[HeW94] W. Hesse, F. Weltz: Projektmanagement für evolutionäre Software-Entwicklung. Information Management 3/94, S. 20-33, 1994

[Hil90] K. Hildebrand: Software Tools: Automatisierung im Software Engineering, Springer-Verlag, Berlin u.a. 1990

[Hil95] K. Hildebrand: Informationsmanagement: Wettbewerbsorientierte Informationsverarbeitung, R. Oldenbourg Verlag, München, Wien 1995

[HKL84] W. Hesse, H. Keutgen, A.L. Luft, H.D. Rombach: Ein Begriffssystem für die Softwaretechnik - Vorschlag zur Terminologie, Informatik-Spektrum 7, Springer-Verlag, 1984, S. 200-213

[HLN90] D. Harel, H. Lachover, A. Naamad, A. Pnueli, M. Politi, R. Sherman, A. Shtull-Trauring, M. Trakhtenbrot: Statemate: A working environment for the development of complex reactive systems, IEEE Transactions on Software Engineering, 16(4), April 1990

[HMF92] W. Hesse, G. Merbeth, R. Frölich: Software-Entwicklung - Vorgehensmodelle, Projektführung, Produktverwaltung, Oldenbourg-Verlag, 1992

[HMS85] H. Hausen, M. Müllerburg, H. Sneed: Software-Produktionsumgebungen, R. Müller, Köln 1985

[HSW97] G. van Heijst, A. T. Schreiber und B. J. Wielinga: Using Explicit Ontologies in Knowledge-Based System Development, International Journal of Human-Computer Interaction (IJHCI), 46(6), 1997

[HuK89] W.S. Humphrey, M. Kellner. Software process modeling: Principles of entity process models. In Proceedings of the Eleventh International Conference on Software Engineering, Mai 1989, S. 331-342

[Hum89] W. Humphrey: Managing the Software Process. Addison-Wesley 1989

[HWL83] F. Hayes-Roth, D. A. Waterman und D. B. Lenat (eds.): Building Expert Systems. Addison-Wesley Publisher, 1983

[IBM91] IBM. Software Technology for adaptable, reliable Systems (STARS) program. Technical Report Task IR70E, IBM, 1991.

[IEE92] Institute of Electrical and Electronics Engineers. IEEE Standard for Developing Software Life Cycle Processes, 1992. IEEE Std. 1074-1991.

[Iso91] Isotec, Version 2.2, Ploenzke Informatik, 1991

[ISO91] DIN EN ISO 9000 Teil 3. Leitfaden für die Anwendung von ISO 9001 auf die Entwicklung, Lieferung und Wartung von Software.

[ISO92] DIN EN ISO 9001. Qualitätsmanagementsysteme - Modell zur Qualitätssicherung/QM-Darlegung in Design, Entwicklung, Produktion, Montage und Wartung

[Jab95] S. Jablonski, Workflow-Management-Systeme: Motivation, Modellierung, Architektur, Informatik Spektrum 18, No. 1, 1995, S. 13-24

[JaB96] S. Jablonski, C. Bussler: Workflow Management -Modeling Concepts, Architecture and Implementation, Thomson International Computer Press, 1996

[Jac93] I. Jacobson: Object-Oriented Software Engineering - A Use Case Driven Approach. Revised Printing, Addison- Wesley 1993

[Jac95] F. Jacob: Produktindividualisierung – Ein Ansatz zur innovativen Leistungsgestaltung im Business-to-Business-Bereich, Wiesbaden, 1995

[JBS97] S. Jablonski, M. Böhm, W. Schulze (Hrsg.): Workflow-Management: Entwicklung von Anwendungen und Systemen - Facetten einer neuen Technologie, dpunkt-Verlag, 1997

[KeF81] P. Kerola, P. Freeman: A Comparison of Lifecycle Models, Proc. 5th

ICSE, 1981, S. 90-99

[Kel91] M.I. Kellner: Software process modeling support for management planning and control. In Mark Dowson, Editor, Proceedings of the First International Conference on the Software Process, IEEE Computer Society Press, August 1991, S. 8-28

[KeP96] G. Keller, K. Popp: Referenzmodelle für Geschäftsprozesse, in: Handbuch der modernen Datenverarbeitung, 33 (1996) 187, S. 94-117

[Ker80] P. Kerola: On Infological Research into the Systemeering Process, in: Lucas, Land, Lincoln, Supper (Hrsg.): The Information Systems Environment, North-Holland, 1980, S. 199-217

[KeT97] G. Keller, T. Teufel: SAP R/3 prozeßorientiert anwenden – Iteratives Prozeß-Prototyping zur Bildung von Wertschöpfungsketten, 2. Auflage, Bonn 1997

[Kle96] M. Kleinaltenkamp: Customer Integration – Kundenintegration als Leitbild für das Business-to-Business-Marketing, in: M. Kleinaltenkamp, S. Fließ, F. Jacob (Hrsg.): Customer Integration – Von der Kundenorientierung zur Kundenintegration, Wiesbaden 1996, S. 13-24

[KLV90] W. Karbach, M. Linster, A. Voß: Models of Problem-Solving: One label - One idea? In Proceedings of the 4th European Knowledge Acquisition Workshop EKAW'90 , Amsterdam, 1990

[KnL94] K. Knight, S. Luk: Building a Large Knowledge Base for Machine Translation. In Proceedings of the American Ass. for Artificial Intelligence Conference (AAAI'94), Seattle, 1994

[KNM92] C. D. Klingler, M. Neviaser, A. Marmor-Squires, C. M. Lott, H. D. Rombach: A Case Study in Process Representation Using MVP-L, Proceedings of the 7th Annual Conference on Computer Assurance (COMPASS 92), 1992, S. 137-146

[KnS90] H.-D. Knöll, A. Schäfer: Gefragt ist experimentelles und exploratives Vorgehen, Computerwoche, Nr. 35, S. 88-89

[KNS92] G. Keller, M. Nüttgens, A.-W. Scheer: Semantische Prozeßmodellierung auf der Grundlage "Ereignisgesteuerter Prozeßketten (EPK)", in: A.-W. Scheer (Hrsg.): Veröffentlichung des Instituts für Wirtschaftsinformatik, Heft 89, Saarbrücken 1992

[KnS95] R. Kneuper, F. Sollmann: Normen zum Qualitätsmanagement bei der Softwareentwicklung, Informatik Spektrum, Band 18, 1995, S. 314-323

[KnS97] G.F. Knolmayer, D.M. Spahni: Determining Work Units in Year 2000 Maintenance Projects, in: Software-Management '97, Teubner Verlag, Stuttgart, Leipzig 1997, S. 11-32

[Kuh76] T.S. Kuhn: Die Struktur wissenschaftlicher Revolutionen, Suhrkamp, 1976

[LaL85] R. Lauber, P. Lempp: Integrierte Rechnerunterstützung für die Entwicklung, Projektmanagement und Produktverwaltung mit EPOS. El. Rechenanlagen, 27:2, 1985, S. 68-74

[Lan94] D. Landes: DesignKARL - A Language for the Design of Knowledge-Based Systems. In Proceedings of the 6th International Conference on Software Engineering and Knowledge Engineering SEKE'94, Jurmala, Latvia, Juni 1994

[Lan95] D. Landes: Die Entwurfsphase in MIKE - Methode und Beschreibungssprache. Dissertationen zur Künstlichen Intelligenz, Band 84, infix, St. Augustin, 1995

[LaS95] D. Landes, R. Studer: The Treatment of Non-Functional Requirements in MIKE. In W. Schäfer, P. Botella (Hrsg.): Proceedings of the 5th European Software Engineering Conference (ESEC´95), Sitges/Spanien, Springer, Berlin, Lecture Notes in Computer Science 989, 1995

[LeG90] D.B. Lenat, R.V. Guha: Building Large Knowledge-Based Systems: Representation and Inference in the CYC Project. Addison-Wesley Publ. Co., Inc., Reading, Massachusetts, 1990

[Leh80] M. M. Lehmann: Programs, Life Cycles and Laws of Software Evolution, Proceedings of the IEEE, Vol. 68, No. 9, 1980, S. 1060-1076

[Leh96] F. R. Lehmann: Normsprachlicher Entwurf von Workflow-Anwendungen: Fachentwurf, in: S. Jablonski, H. Groiss, R. Kaschek, W. Liebhart (Hrsg.): Geschäftsprozeßmodellierung und Workflowsysteme. Workshop-Unterlagen, Informatik '96, Klagenfurt 1996

[LeO96] F. R. Lehmann, E. Ortner: Modellierung von Workflow-Anwendungen, Arbeitsbericht des Fachgebiets Wirtschaftsinformatik I, Entwicklung von Anwendungssystemen, Bericht 96/01, Oktober 1996

[Lit95] H.-D. Litke: Projektmanagement - Methoden, Techniken, Verhaltenweisen, Hanser-Verlag, 1995

[Lon93] J. Lonchamp, A Structured Conceptual and Terminological Framework for Software Process Engineering, Proceedings of the 2nd International Conference on the Software Process - Improvement and Practice, Berlin, Feb. 93

[LRS94] P. Löhr-Richter, G. Scherrer: Software Engineering - Methoden und Vorgehensmodelle, EMISA-FORUM, GI-Fachgruppe 2.5.2, Heft 2, 1994, S.80-82

[Lud89] J. Ludewig: Modelle der Software-Entwicklung - Abbilder oder Vorbilder?, Softwaretechnik-Trends, Vol. 9, No. 3, 1989, S. 1-12

[Luh91] N. Luhmann: Soziale Systeme. 4. Auflage. Frankfurt/Main 1991

[Mad91] N. Madhavji: The process cycle, Software Engineering, 1991, S. 234-242

[MaM88] D.A. Marca und C.L. McGowan SADT: Structured Analysis and Design Techniques. McGraw Hill, New York, 1988

[MaO95] J. Martin, J.J. Odell: Object-oriented methods - A foundation. Prentice Hall 1995

[Mar88] S. Marcus (Ed.): Automating Knowledge Acquisition for Experts Systems. Kluwer Academic Publisher, Boston, 1988

[Mar90] J. Martin,: Information engineering, Prentice-Hall, Englewood Cliffs, NJ, 1990

[Mar93] J. Martin: Principles of Object-Oriented Analysis and Design, Prentice-Hall, Englewood Cliffs, NJ, 1993

[Mat96] B. Matzke: ABAP/4 – Die Programmiersprache des SAP-Systems R/3, Bonn et al. 1996

[McC93] C. McClure: Software-Automatisierung: Reengineering – Repository – Wiederverwendbarkeit, Hanser Verlag, München, Wien 1993

[McD88] J. McDermott: Preliminary Steps toward a Taxonomy of Problem-solving Methods, in [Mar88], S. 225-255

[McJ82] D.D. McCracken, M.A. Jackson: Life Cycle Concept Considered Harmful, Software Engineering Notes, Vol. 7, No. 2, 1982, S. 29-32

[Mer92] G. Merbeth: MAESTRO II – Das Integrierte CASE-System von Softlab, In: H. Balzert (Hrsg.): CASE–Systeme und Werkzeuge 4. Auflage, B-I Wissenschaftsverlag, 1992, S. 215–232

[Met73] P.W. Metzger: Managing a programming project, Prentice Hall, 1973

[Mey89] B. Meyer: From Structured Programming to Object Oriented Design: The Road to Eiffel, Structured Programming, 1989, S. 19-39

[Mey90] B. Meyer: Objektorientierte Softwareentwicklung, München 1990

[Mey96a] B. Meyer: Erfolgsschlüssel Objekttechnologie, Hanser, 1996, S. 59-74

[Mey96b] B. Meyer: The Reusability Challenge, in: IEEE Computer, 29 (1996) 2, S. 76-78

[MKM97] S. Montenegro, R. Kneuper, G. Müller-Luschnat (Hrsg.): Vorgehensmodelle - Einführung, betrieblicher Einsatz, Werkzeug-Unterstützung und Migration, Beiträge zum 4. Workshop. 17.-18.März 1997 in Berlin-Adlershof, GMD - Forschungszentrum Informationstechnik, 1997, GMD-Studien 311

[Mon96] C. Montangero (ed.), Software Process Technology - Proceedings of the 5th European Workshop on Software Process Modelling, Okt. 1996

[Mül79] H. Müller-Merbach: The Modeling Process - Steps versus Components, in: N. Szyperski und E. Grochla (Hrsg.): Design and Implementation of Computer-Based Information Systems, Alphen aan den Rijn, 1979, S. 47-59

[Mül83] H. Müller-Merbach: Systemanalyse als gelenkter kreativer Prozeß, in: H. Schelle, P. Molzberger: Psychologische Aspekte der Software-Entwicklung, Oldenbourg, S. 105-132

[Mus89] M. A. Musen: Automated Generation of Model-Based Knowledge-Acquisition Tools, Morgan Kaufmann Publisher, San Mateo, Kalifornien, 1989

[Mus92] M. A. Musen: Overcoming the limitations of role limiting methods. Knowledge Acquisition, Vol. 4, Nr. 2, Juni 1992, S. 165-170

[Nau92] P. Naur: Computing: A Human Activity, ACM Press, 1992

[Neb96] B. Nebel: Artificial Intelligence: A Computational Perspective. In G. Brewka (Hrsg.): Principles of Knowledge Representation, CSLI publications, Studies in Logic, Language and Information, Stanford, 1996

[Nee96] J. Neeb: Konzeption und Implementierung eines Transformators vom Geschäftsprozeßmodellierungswerkzeug BONAPART zur Workflow-Komponente des Produktdatenmanagement-System METAPHASE, Diplomarbeit, Universität Erlangen Nürnberg, Lehrstuhl für Datenbanksysteme, Erlangen, 1996

[Neu93] S. Neubert: Model Construction in MIKE (Model-Based and Incremental Knowledge Engineering). In N. Aussenac et al. (Hrsg.), Knowledge Acquisition for Knowledge-Based Systems, Proceedings of the 7th European Workshop (EKAW'93), Toulouse, Frankreich, 1993, LNAI 723, Springer-Verlag, 1993

[Neu94] S. Neubert: Modellkonstruktion in MIKE - Methoden und Werkzeuge. Dissertationen zur Künstlichen Intelligenz, Band 60, infix, St. Augustin, 1994

[New82] A. Newell: The Knowledge Level, Artificial Intelligence, 18, S. 87-127, 1982

[NiM95] O. Nierstrasz, T. Meijler: Research directions in Software Composition, in: ACM Computing Surveys, (1995) 2, S. 262-264

[NoN89] R. Norman und J. J. Nunamaker: CASE Productivity – Perceptions of Software Engineering Professionals, Communications of the ACM, 32:9, 1989, S. 1102-1108

[NyH81] K. Nygaard, P. Handlykken: The System Development Process - It's Setting, Some Problems and Needs for Methods, in: H. Hünke (Hrsg.): Software Engineering Environments, North-Holland, 1981

[ÖRV96] H. Österle, R. Riehm, P. Vogler (Hrsg.): Middleware – Grundlagen, Produkte und Anwendungsbeispiele für die Integration heterogener Welten, VIEWEG, 1996

[Ost87] L. Osterweil: Software processes are software too. In Proceedings of the Ninth International Conference on Software Engineering, IEEE Computer Society Press, 1987, S. 2-13

[PaK94] M.C. Paulk, M.D. Konrad: An Overview of ISO's SPICE Project, American Programmer, vol. 7, no. 2, February 1994, S. 16-20

[Par86] D. Partridge: Artificial Intelligence. Application In The Future Of Software Engineering. Ellis Horwood Limited, Großbritanien, 1986

[PCT95] Portable Common Tool Environment, Standard ECMA-149, European Computer Manufacturers Association, 1995

[Pfä95] D. Pfähler: IDES – Die Musterfirma im System R/3, in: SAPInfo, Heft 48, Walldorf 1995, S. 20

[Phi88] R. Phillips: State Change Architecture: A Protocol for Executable Process Models. C. Tully (Hrsg.): Representating and Enacting the Software Process, Proc. 4th Int. Software Process Workshop, 1988

[PiS97] Th. Pirlein, R. Studer: Integrating the Reuse of Commonsense Ontologies and Problem-Solving Methods, Universität Karlsruhe, Institut

AIFB, Forschungsbericht 354, Mai 1997

[Pla96] Platinum Process Continuum – Process Management, Project Management, and the Capability Maturity Model. 1815 South Meyers Road, Oakbrook Terrace, Illinois 60181, http://www.platinum.com, 1996

[PoG93] K. Poeck, U. Gappa: Making Role Limiting Shells More Flexible, in: N. Aussenac et al. (eds): Knowledge Acquisition for Knowledge-Based Systems, Proc. 7th European Knowledge Acquisition Workshop (EKAW '93) Toulouse, September 1993, Lecture Notes in Artificial Intelligence 723, Springer, 1993

[PoP92] K. Poeck und F. Puppe: COKE: Efficient solving of complex assignment problems with the propose-and-exchange method, In Proceedings of the IEEE International Conference on Tools with Artificial Intelligence, Arlington/Virginia, November 1992

[Pot89] C. Potts: A Generic Model for Representing Design Methods, Proc. 11th International Conference on Software Engineering, 1989

[PrG93] G.J.B. Probst, P. Gomez: Die Methodik des vernetzten Denkens zur Lösung komplexer Probleme, in: G.J.B. Probst, P. Gomez, P. (Hrsg.): Vernetztes Denken, Wiesbaden 1993, S. 3-20

[Pro92] G.J.B. Probst: Vernetztes Denken für komplexe strategische Probleme, in: R. Königswieser, C. Lutz (Hrsg.): Das systemisch evolutionäre Management. Wien 1992, S. 22-41

[PSE93] Reference Model for Project Support Environments. NGCR Project Support Environment Standards Working Group, National Institute of Standards and Technology, Software Engineering Institute, 1993

[Pup93] F. Puppe: Systematic Introduction to Expert Systems: Knowledge Representation and Problem-Solving Methods, Springer, 1993

[PWC94] M. Paulk, C. Weber, B. Curtis, M. Chrissies (Hrsg.), The Capability Maturity Model, Addison-Wesley, 1994

[PWG93] M. Paulk, C.V. Weber, S.M. Garcia, M.B. Crissis, M. Bush: Key Practices of the Capability Maturity Model, Version 1.1, Technical Report CMU/SEI-93-TR-025, February 1993

[Rae92] A. Raethel: Ein kulturhistorischer Blick auf rechnergestützte Arbeit, in: W. Coy et al. (Hrsg.): Sichtweisen der Informatik, Vieweg, 1992, S. 125-139

[RBP91] J. Rumbaugh, M. Blaha, W. Premerlani, F. Eddy, W. Lorensen: Object-Oriented Modelling and Design. Prentice Hall 1991

[ReG91] F.-M. Reisin, G. Gryczan: Kooperative Gestaltung als Theoriebildungsprozeß, Softwaretechnik-Trends, Vol. 11, No. 3, 1991, S. 53-65

[Rei89] F.-M. Reisin: Gestaltbarkeit und Gestaltung von Methoden - zwei notwendige Bedingungen kooperativer Software-Entwicklung, Softwaretechnik-Trends, Vol. 9, No. 2, 1989, S. 14-26

[Rei92] F.-M. Reisin: Kooperative Gestaltung in partizipativen Softwareprojekten, Europäische Hochschulschriften, Peter Lang, 1992

[ReS88] F.-M. Reisin, G. Schmidt: STEPS - ein Ansatz zur evolutionären Systementwicklung, Computer Magazin, Nr. 7/8, 1988, S. 44-48

[RoV95] H. D. Rombach, M. Verlage: Directions in software process research. In: M. V. Zelkowitz (Hrsg.): Advances in Computers, vol. 41, Seiten 1–63. Academic Press, 1995

[Roy70] W. W. Royce: Managing the Development of Large Software Systems: Concepts and Techniques, Proc. IEEE WESCON, 1970, S. 1-9 (auch veröffentlicht in Proc. 9th ICSE, Computer Society Press, 1987)

[Rut52] H. Rutishauser: Automatische Rechenplanfertigung bei programmgesteuerten Rechenmaschinen, Inst. für Angewandte Mathematik, ETH Zürich No. 3, 1952

[Sag90] J. Sagawa: Repository Manager Technology, IBM System Journal, 29:2:209– 227, 1990

[ScB93] D. Schefström. v. d. G. Broek (Hrsg.): Tool Integration – Environments and Frameworks, Bd. 1, John Wiley & Sons, 1993

[Sch82] B. Schmidt: Informatik und allgemeine Modelltheorie - eine Einführung, Angewandte Informatik, Nr. 1, 1982, S. 35-42

[Sch94] G. Schmidt: Organisatorische Grundbegriffe. 10. Auflage. Verlag Dr. Götz Schmidt, 1994

[Sch95] A.-W. Scheer. Wirtschaftsinformatik - Referenzmodelle für industrielle Geschäftsprozesse, Springer-Verlag, Berlin, 1995

[ShG92] M.L.G. Shaw und B.R. Gaines: The Synthesis of Knowledge Engineering and Software Engineering. In: P. Loucopoulos (ed.): Advanced Information Systems Engineering, LNCS, 593, Springer, 1992, S. 208-220

[ShM89] S. Shlaer, S.J. Mellor: Object-Oriented Systems Analysis: Modelling the World in Data, Yourdon Press 1989

[ShM91] S. Shlaer, S.J. Mellor: Object Lifecycles. Modelling the World in States, Yourdon Press 1991

[ShM97] S. Shlaer, S.J. Mellor: The Shlaer-Mellor Method, http://www. projtech.com/smmethods/smmethod.html, Oct. 1997

[SHO95] Stanley M. Sutton Jr., Dennis Heimbigner und Leon J. Osterweil: APPL/A: A language for software process programming, ACM Transactions on Software Engineering and Methodology, 4(3), Juli 1995, S. 221-286

[Som96] I. Sommerville: Software Engineering, Addison Wesley, Reading, 1996

[Ste93] W. Stein: Objektorientierte Analysemethoden - ein Vergleich; Informatik-Spektrum 16, S. 317-332, 1993

[Ste97] K. Stein: Aspektorientierte Workflow-Modellierung: Ein Erfahrungsbericht, in: J. Becker, M. Rosemann (Hrsg.): Organisatorische und technische Aspekte beim Einsatz von Workflowmanagmentsystemen, Arbeitsbericht Nr. 54, Institut für Wirtschaftsinformatik, Westfälische Wilhelms-Universität Münster, Münster, 1997

[SWA94] A. TH. Schreiber, B. Wielinga, J. M. Akkermans, W. Van De Velde und R. de Hoog: CommonKADS. A Comprehensive Methodology for KBS Development, IEEE Expert, 9(6), 1994, S. 28-37

[TBC88] R.N. Taylor, F.C. Belz, L.A. Clarke, L. Osterweil, R.W. Selby, J.C. Wileden, A.L. Wolf, M. Young: Foundations for the arcadia environment architecture. In P. Henderson (Hrsg.): Proceedings of the Third ACM SIGSOFT/SIGPLAN Symposium on Practical Software Development Environments, Seiten 1–13, November 1988. Erschienen als ACM SIGSOFT Software Engineering Notes 13(5), November 1988

[TeE95] T. Teufel, F. Ertl: Prozeßorientierte Einführung mit dem R/3-Analyzer, in: SAPinfo – Business Reengineering, Walldorf 1995, S. 22-24

[TI95] COMPOSER - Technical Overview, Texas Instrument Inc., USA, No. 2617995-0001, 5/95, 1995

[UML97] G. Booch, J. Rumbaugh, I. Jacobson: Unified Modeling Language, Notation Guide and UML Semantics, Version 1.0, Rational Software Corporation, Jan. 1997

[Van89] K. VanLehn: Problem-Solving and Cognitive Skill Acquisition. In M. I. Posner (ed.): Foundations of Cognitive Science, The MIT Press, Cambridge, 1989

[VeM97] M. Verlage, J. Münch: Formalizing software engineering standards. In Proceedings of the Third International Symposium and Forum on Software Engineering Standards (ISESS '97), Walnut Creek, California/USA, März 1997, IEEE Computer Society Press, S. 196-206

[Ver96] M. Verlage: Erfahrungen bei der Formalisierung von Projekthandbüchern. In Tagungsband der GI/OCG Jahrestagung Informatik '96, Seiten 383–402. Oldenbourg Verlag, München, Wien, September 1996

[Ves97] F. Vester: Neuland des Denkens – Vom technokratischen zum kybernetischen Zeitalter, 10. Auflage, München 1997

[Vmo90] Software-Entwicklungsstandard der Bundeswehr, AU 250, Version 2.0, 1990

[Vmo97] V-Modell-Browser, http://www.scope.gmd.de/vmodel, Oct. 1997

[WaK95] P. Watzlawick, F. Kreuzer: Die Unsicherheit unserer Wirklichkeit, Piper, 5. Auflage, 1995

[Wed96] H. Wedekind. Programming-In-The-Large und der Entwurf von Workflow-Schemata. Unveröffentlichtes Manuskript, Erlangen, 1996

[WeO92] F. Weltz, R. Ortmann: Das Softwareprojekt - Projektmanagement in der Praxis. Campus-Verlag 1992

[WiB84] B. J. Wielinga, J. A. Breuker: Interpretation Models for Knowledge Acquisition. In Proceedings of the European Conference on AI (ECAI-84), Pisa, 1984

[Wie90] J.-H. Wieken: Softwareproduktion - Ziele, Vorgehensweisen, Werkzeuge, McGraw-Hill, 1990

[WoT95] DeTeBerkom Projekt WoTel. Workflow und Telekooperation, Bericht zum 3. Meilenstein, Berlin, 1995

[Yu91] Yu, Don: A View On Three R's (3Rs): Reuse, Re-engineering, and Reverse-engineering, in: ACM SIGSOFT Software Engineering Notes, 16 (1991) 3, S. 69

[Zah83] R.H. Zahniser: Levels of Abstraction in the System Life Cycle, Software Engineering Notes, Vol.8, No. 1, 1983, S. 6-12

[Zen95] A. Zendler: Konzepte, Erfahrungen und Werkzeuge zur Softwarewiederverwendung, Marburg 1995

Stichwortverzeichnis

A

C

D

E

F

G

H

I

K

L

M

S

T

U

V

W

X

Autorenverzeichnis

Prof. Dr. Jürgen Angele
Fachhochschule Braunschweig
Institut für Angewandte Informatik
Salzdahlumer Str. 46/48
38302 Wolfenbüttel
angele@informatik.fh-wolfenbuettel.de

Hubert Biskup
ARAG Lebensversicherungs-AG
Prinzregentenplatz 9
81675 München

Jens Borchers
Case Consult
Carl-von-Linde-Straße 20
65197 Wiesbaden
JBorchers@compuserve.com

Georg Bremer
Thomas-Nast-Str. 47
76829 Landau
0634160984-0001@t-online.de

Prof. Dr. Gerhard Chroust
Universität Linz
Institut für Systemwissenschaften
Abteilung für Systemtechnik und Automation
Altenbergerstraße 69
A-4040 Linz
Österreich
chroust@sea.uni-linz.ac.at

Dr. Dieter Fensel
Universität Karlsruhe
Institut für Angewandte Informatik und Formale Beschreibungsverfahren
Kollegiengebäude am Ehrenhof
76128 Karlsruhe
fensel@aifb.uni-karlsruhe.de

Thomas Fischer
Isar-Amperwerke AG
Abt. IP-MS
Brienner Str. 40
80333 München
Fischer.Thomas.IV@iaw.de

Dr. Paul Grünbacher
Universität Linz
Institut für Systemwissenschaften
Abteilung für Systemtechnik und Automation
Altenbergerstraße 69
A-4040 Linz
Österreich
pg@sea.uni-linz.ac.at

Prof. Dr. Volker Gruhn
Universität Dortmund
Fachbereich Informatik
LS 10
44221 Dortmund
gruhn@ls10.informatik.uni-dortmund.de

Prof. Dr. Wolfgang Hesse
Universität Marburg
FB Mathematik/Informatik
Hans-Meerwein-Str.
35043 Marburg
wh@Informatik.uni-marburg.de

Prof. Dr. Knut Hildebrand
Fachhochschule Rheinland-Pfalz
Fachbereich BW III
Ernst-Boehe-Straße 4
67059 Ludwigshafen
Knut.Hildebrand@T-Online.de

Prof. Dr. Stefan Jablonski
Universität Erlangen-Nürnberg
Informatik VI
Martensstr. 3
D 91058 Erlangen
jablonski@informatik.uni-erlangen.de

Dr. Gerhard Keller
SAP AG
Neurottstraße 16
69190 Walldorf
gerhard.keller@sap-ag.de

Dr. Ralf Kneuper
TLC Transport-, Informatik- und Logistik-Consulting GmbH
Kleyerstraße 27
60326 Frankfurt
ralf.kneuper@bku.db.de
ralf_kneuper@compuserve.com

Günther Müller-Luschnat
FAST e.V.
Arabellastr. 17
81925 München
gml@fast.de

Katrin Stein
Universität Erlangen-Nürnberg
Informatik VI
Martensstr. 3
D 91058 Erlangen

Prof. Dr. Rudi Studer
Universität Karlsruhe
Institut für Angewandte Informatik und Formale Beschreibungsverfahren
Kollegiengebäude am Ehrenhof
76128 Karlsruhe
studer@aifb.uni-karlsruhe.de

Thomas Teufel
SAP AG
Neurottstraße 16
69190 Walldorf
t.teufel@sap-ag.de

Dr. Martin Verlage
Fraunhofer-Einrichtung für Experimentelles Software Engineering (IESE)
Sauerwiesen 6
67661 Kaiserslautern
verlage@iese.fhg.de

Ursula Wellen
Universität Dortmund
Fachbereich Informatik
LS 10
44221 Dortmund
wellen@ls10.informatik.uni-dortmund.de

Manuela Wiemers
GORBIT mbH
Brüderstr. 53
51427 Bergisch Gladbach
gorbit-bg@netcologne.de
nc-hosnofwi@netcologne.de

Oberweis

Modellierung und Ausführung von Workflows mit Petri-Netzen

Dieses Buch beschreibt einen auf Petri-Netzen basierenden integrierten Ansatz zur Modellierung von betrieblichen Abläufen und Objekten. Es wird eine evolutionäre Vorgehensweise zur Ablaufbeschreibung vorgestellt, welche von einer anwendungsnahen Notation zu einer präzisen und für die Ausführung mit Workflow-Managementsystemen geeigneten Notation führt.

Basierend auf den Sprachkonzepten für die Ablaufbeschreibung wird die Architektur eines Workflow-Managementsystems konzipiert.

Die Besonderheit dieses Systems besteht darin, daß Petri-Netze unmittelbar als Grundlage für die Ablaufkontrolle und -steuerung eingesetzt werden. Die beschriebenen Workflow-Engine kann auch als frei konfigurierbare Ablaufsteuerung von Standard-Softwaresystemen eingesetzt werden.

Die Abläufe sind hier nicht »fest verdrahtet« in der Software enthalten, sondern als flexible Beschreibungen in Form eines Ablaufschemas gegeben, das im Rahmen der Ablaufmodellierung erstellt und optimiert worden ist.

Von Prof. Dr.
Andreas Oberweis
Universität Frankfurt/Main

1996. 302 Seiten mit 105 Bildern.
16,2 x 22,9 cm.
(Teubner-Reihe Wirtschaftsinformatik)
Kart. DM 54,–
ÖS 394,– / SFr 49,–
ISBN 3-8154-2600-6

Preisänderungen vorbehalten.

B. G. Teubner Stuttgart · Leipzig